本书受国家自然科学基金项目资助
(项目批准号：50778086、51668027、51468026、51268022、51308269、51708486)

# 负弯矩区钢-混凝土组合梁腹板开洞试验及理论研究

FUWANJU QU GANG-HUNNINGTU ZUHELIANG FUBAN KAIDONG SHIYAN JI LILUN YANJIU

Doctoral Thesis Collection in Architectural and Civil Engineering

廖文远 周东华 著

重庆大学出版社

## 内容提要


本书以负弯矩区腹板开洞组合梁为研究对象，并通过试验、有限元数值模拟和理论计算等方法对其受力性能进行了系统研究，具体探讨了腹板开洞组合梁的技术优势，对一系列试验构件进行了试验研究，并对试件进行了非线性有限元分析，重点分析了不同影响参数对负弯矩区腹板开洞组合梁受力性能的影响；通过推导次弯矩函数，建立了负弯矩作用下腹板开洞组合梁的极限承载力计算方法；结合工程实际，探讨了几种针对负弯矩区腹板开洞组合梁的补强措施。

本书可供从事组合结构研究和设计领域的工程技术人员参考，也可作为高等院校土木工程学科硕士研究生参考。



**图书在版编目(CIP)数据**

负弯矩区钢-混凝土组合梁腹板开洞试验及理论研究/廖文远，周东华著. --重庆：重庆大学出版社，2019.6
(建筑与土木工程博士文库)
ISBN 978-7-5689-1649-3

Ⅰ.①负… Ⅱ.①廖… ②周… Ⅲ.①钢筋混凝土结构—组合梁—孔加工—实验研究 Ⅳ.①TU323.3

中国版本图书馆CIP数据核字(2019)第132352号

**负弯矩区钢-混凝土组合梁腹板开洞试验及理论研究**

廖文远 周东华 著

策划编辑：范春青

责任编辑：陈 力 版式设计：范春青

责任校对：王 倩 责任印制：张 策

*

重庆大学出版社出版发行

出版人：饶帮华

社址：重庆市沙坪坝区大学城西路21号

邮编：401331

电话：(023) 88617190 88617185(中小学)

传真：(023) 88617186 88617166

网址：http://www.cqup.com.cn

邮箱：fxk@cqup.com.cn (营销中心)

全国新华书店经销

POD：重庆新生代彩印技术有限公司

*

开本：787mm×1092mm 1/16 印张：10.75 字数：270千

2019年6月第1版 2019年6月第1次印刷

ISBN 978-7-5689-1649-3 定价：48.00元


---

# 前言

钢-混凝土组合梁作为一种受力合理的结构形式,在大量工程实践中发挥了较好的技术和经济优势。与钢筋混凝土结构相比,组合梁具有截面尺寸小、自重轻、抗震性好以及施工周期短等优点;与钢结构相比,组合梁具有节省钢材、刚度以及稳定性好等优点。近年来,钢-混凝土组合梁不仅大量应用于桥梁结构,在高层建筑、大跨度公共建筑中也得到了广泛应用。

随着社会生活水平的日益提高,房屋建筑中需要铺设的管道设备(给排水、电气、暖通等)也越来越多,为了减少这些管道设备对空间的占用,工程人员想到了在组合梁腹板上开洞让管道设备穿过,从而降低楼层高度,节约建设资金,以进一步获得较好的经济效益。腹板开洞造成了组合梁受力性能的改变,只有在充分了解其受力特性的基础上,才能最大限度地降低开洞带来的不利影响,就可以更好地实现其使用功能。目前的研究主要针对正弯矩区的腹板开洞组合梁,对负弯矩作用下腹板开洞组合梁的研究并不多,缺乏对应的理论分析方法,也没有可以遵循的设计规范和技术规程,不利于腹板开洞组合梁的应用和推广。如果能够全面深入地了解负弯矩区腹板开洞组合梁的力学特性,找出影响其受力性能的主要因素,就可以最大限度地减少开洞带来的不利影响,提出更有针对性的构造措施和补强措施,从而更好地实现腹板开洞组合梁的使用价值,达到降低层高和节约建设资金的目的。本书的研究价值正是为这一经济价值的实现而服务的。本书通过试验研究、有限元数值模拟和理论计算等方法对负弯矩作用下的腹板开洞组合梁的受力性能进行了系统研究,为负弯矩区腹板开洞组合梁在实际工程中的设计与应用提供了参考。从科学意义上看,若能解决塑性理论用于分析和计算负弯矩区腹板开洞组合梁问题,将是对组合梁计算理论的扩展和完善。另外,本书完成的研究内容也有助于后续研究工作的开展。

本书系统地介绍了腹板开洞组合梁的发展和研究进展,重点研究了负弯矩区腹板开洞组合梁的受力性能,全书共分为 8 章。第 1 章为绪论,介绍了钢-混凝土组合梁的发展和应用以及腹板开洞组合梁的研究进展,阐述了腹板开洞组合梁在实际工程中的使用价值和研究意义。第 2 章为试验内容,研究了负弯矩区腹板开洞组合梁的破坏模式和受力性能,通过试验发现,负弯矩作用下的组合梁腹板开洞后,洞口区域截面不再符合平截面假定,混凝土翼板对负弯矩区腹板开洞组合梁的抗剪承载力有极大的贡献,远高于对正弯矩区抗剪承载力的贡献。第 3 章内容为有限元分析,对试验所使用的组合梁试件进行了非线性有限元分析,得到了能够很好地模拟负弯矩区腹板开洞组合梁受力特性的有限元模型。第 4 章内容为参数分析,分析了不同影响参数对负弯矩区腹板开洞组合梁受力性能的影响,并从分析结果中找出了各种参数变化所带来的不利影响和有利因素,为工程实际应用提供了一些参考。第 5 章内容为理论计算,以空腹桁架为力学模型,根据极限状态下洞口 4 个角截面上的塑性应力分布推导了次弯矩函数,建立了负弯矩作用下腹板开洞组合梁的极限承载力计算方法,该方法考虑了洞口上方混凝土板的抗剪作用，更接近实际情况。第6章内容为补强方法，结合工程实际，提出了几种针对负弯矩区腹板开洞组合梁的补强措施。第7章推导了带补强措施的负弯矩区腹板开洞组合梁极限承载力计算公式，推导过程中考虑了补强板对洞口区域受力性能的有利影响，并对设置了不同补强板的负弯矩区腹板开洞组合梁进行了计算分析。

本书由廖文远与周东华教授合作完成。本书的研究工作得到了国家自然科学基金面上项目（项目批准号:50778086）、国家自然科学基金地区科学基金项目（项目批准号:51668027、51468026、51268022）、国家自然科学基金青年基金项目（项目批准号:51308269、51708486）以及昆明理工大学的资助，在此表示衷心的感谢！

由于作者水平有限，书中难免存在不足之处，敬请读者批评指正。

编　者

2018年12月

# 目　录

# 第1章 绪论

## 1.1 钢-混凝土组合结构的发展与应用简介

### 1.1.1 钢-混凝土组合结构的概念与特征

组合结构是由组合构件组成的结构，组合构件由两种或者两种以上性质不同的材料组成，而且在荷载作用下可以整体共同工作。钢-混凝土组合结构就是由钢与混凝土组合而成的结构，通常简称组合结构。组合结构中常见的构件形式主要包括钢-混凝土组合梁、压型钢板-混凝土组合板、钢管混凝土结构、钢骨混凝土结构和外包混凝土结构等。钢-混凝土组合结构是在钢筋混凝土结构和钢结构基础上发展而来的一种新型结构，充分利用了混凝土与钢材的受力特性。同钢筋混凝土结构相比，组合结构具有截面尺寸小、自重轻、空间利用率高和施工周期短等优点；同钢结构相比，组合结构具有刚度大、稳定性好、耐火及耐久性好等优点。

经过了半个世纪的发展与研究，钢-混凝土组合结构已经成为既有别于钢筋混凝土结构和钢结构，又与之密不可分的结构学科。其适用范围也较为广泛，包括了多层及高层建筑、大跨度桥梁、地下工程及矿山工程等多种结构领域。随着钢-混凝土组合结构的迅速发展，组合结构已经成为与传统四大结构（木结构、砌体结构、钢筋混凝土结构和钢结构）并列的第五大结构。

### 1.1.2 钢-混凝土组合结构的发展

钢-混凝土组合结构出现的时间最早可以追溯到19世纪末，美、英等国的工程人员为了达到防腐蚀和耐火的目的，使用混凝土将钢梁、钢柱包裹起来或者向钢柱内灌注混凝土，这就开创了组合结构的应用历史，但当时人们并没有意识到钢与混凝土之间的组合作用。随着组合结构在实践工程中的应用，人们开始注意到钢与混凝土组合之后构件的刚度和承载力会有所提高。组合结构的发展历程大致可以分为下述几个阶段。

**发展阶段1**：19世纪末20世纪初，这一阶段是组合结构出现的初期，工程人员并未意识到组合作用的存在，只考虑了防腐蚀和耐火的效果。1879年英国的赛文铁路桥率先使用了钢管混凝土桥墩，为了防止内部锈蚀在钢管内灌注了混凝土。1897年，美国人John Lally通过在圆管中填充混凝土作为房屋承重柱。从20世纪20年代开始，人们开始注意到了组合作用的有利影响，开始在混凝土板与钢梁之间设置各种形式的构造连接，组合结构开始进入发展阶段。

**发展阶段2**:20世纪中期，在这一阶段具有先进技术的西方国家，如日本等国对组合结构进行了较为深入的研究和应用，一些国家也开始制订相关的技术规范和规程，其中对组合梁的设计和构造较多一些。美国州际公路协会于1944年制订的《公路桥涵设计规范》包含了有关组合梁的规定，德国于1954年和1956年分别制订了《桥梁组合梁标准》和《房屋建筑组合梁标准》，英国于1967年制订了《钢-混凝土组合结构梁》设计标准。经过大量研究分析，人们对组合梁的设计与施工有了更多的认识，组合梁的应用范围开始从桥梁结构向民用建筑延伸，组合梁的设计理论也逐渐完善。

**发展阶段3**:20世纪70年代至今，在此阶段组合结构的应用范围已经非常广泛，组合结构的发展速度逐渐接近钢结构，由于组合结构可以在一定领域内代替钢筋混凝土结构和钢结构的作用，这一有利的发展趋势引起了很多结构专家的注意，从而促进了组合结构的研究与发展。随着研究的深入以及技术的进步，组合结构的发展也逐渐多样化，以组合梁为例，出现了预制装配式钢-混凝土组合梁、钢-混凝土叠合板组合梁、预应力钢-混凝土组合梁以及钢桁架-混凝土组合梁等新的结构形式[11-15]。近年来，国内外出现了大量使用钢-混凝土组合结构的高层及超高层建筑，如1999年建成的总高420.5 m的中国上海金茂大厦，2004年建成的总高508 m的中国台北101大厦以及2010年建成的高达828 m的阿联酋哈利法塔，如图1.1所示。

(a)中国上海金茂大厦

(b)中国台北101大厦

(c)阿联酋哈利法塔

图1.1　组合结构在超高层建筑中的应用

# 1.2　钢-混凝土组合梁的发展与研究概述

## 1.2.1　钢-混凝土组合梁的特点

钢-混凝土组合梁是通过抗剪连接件将混凝土翼板与钢梁连接起来共同工作的横向承重

结构构件。抗剪连接件起到了抵抗界面掀起和相对滑移的作用,确保了混凝土板与钢梁能够共同工作,栓钉是目前使用较多的一种抗剪连接件。组合梁在荷载作用下能够充分发挥钢材和混凝土的材料特性,工程实践表明,组合梁在满足结构功能要求的同时还具有较好的技术经济优势。概括起来,钢-混凝土组合梁具有以下特点:

①节省钢材。组合梁截面受力较为合理,混凝土代替了部分钢梁的作用,大幅减少了钢材用量,可以降低工程造价,工程实践表明,组合梁设计方案的用钢量比钢结构节省了20%~40%。

②刚度大、延性好。混凝土与钢梁在组合作用下共同工作,整体性好,截面的竖向和侧向刚度都有所提高,挠度明显减小;组合梁有很好的耗能效果,表现了良好的抗震性能。

③减小截面高度,增加楼层净高。同等截面下组合梁的惯性矩比钢梁要大很多,起到了减小梁高、增加楼层净高的作用,可以使房屋总高度降低,从而降低了工程造价。

④稳定性好、跨度大。混凝土板的存在使组合梁的上翼缘有很大的侧向刚度,同时截面相对较小,使组合梁具有很好的整体稳定性和局部稳定;一般情况下,钢-混凝土简支组合梁的高跨比可以达到1/16~1/20,连续组合梁的高跨比则可以达到1/25~1/35。

⑤有较高自振频率。工程实践表明,对于一些承受低频竖向振动的大跨度结构,如大跨度人行天桥,当采用钢结构设计时,很容易发生共振,大大影响了天桥的正常使用和舒适程度;如果采用组合梁设计方案,可以在不增加截面高度和用钢量的情况下提高自振频率,大幅降低振动。

⑥施工中的优势。对于使用了压型钢板的组合梁,施工中可以节省模板和支模工具,应用于市区桥梁施工时,可以减少对桥下交通的影响;在组合梁的钢梁上可以较为方便地固定和焊接各种管线装置,省去了大量的预埋件;组合梁可以用于房屋建筑的加固与改建,可以改善施工条件,提高施工速度。

⑦组合梁的抗剪连接件在焊接时需要使用专门的大功率焊接设备,而焊接好的抗剪连接件会给钢梁的吊装带来一定的困难;组合梁耐火性能较差,需要考虑防火和防腐蚀等措施。

综上所述,组合梁的大部分特点都展现了其经济技术优势,组合梁在实际工程中的应用将越来越广泛。

### 1.2.2 钢-混凝土组合梁的研究概况

#### 1)钢-混凝土组合梁在国外的研究进展

(1)20世纪初期

针对钢-混凝土组合梁的研究开始出现,Andrews[1]提出了基于弹性理论的换算截面法,该方法假定混凝土和钢梁为理想的弹性体,二者之间连接可靠,变形一致,根据弹性模量比将两种材料换算为一种材料进行计算。这一方法被许多国家的设计规范采用,一直作为弹性分析和设计的基本方法。但由于混凝土并非理想的弹性体,而且混凝土和钢梁也不会完全共同工作,界面存在滑移和掀起,所以该方法的计算结果将偏于不安全。1922年,Maning等学者对外包混凝土钢梁进行了研究,发现在混凝土与钢梁的界面上存在黏结力,其可以产生一定的组合作用。

(2)20 世纪 30 至 50 年代

组合梁开始逐步使用抗剪连接件,瑞士学者对钢-混凝土组合梁中的机械连接件进行了研究[2]。西方国家开始制订有关组合梁的技术规程,并大部分用于桥梁的设计。1944 年,美国高速公路和交通运输协会首次将组合梁有关条文列入有关规范,1945 年,德国也制订了与组合梁相关的规程。1951 年,Newmark 等[3]对不完全剪切连接的组合梁进行了试验研究和理论分析,提出了混凝土和钢梁交界面的纵向剪力微分方程求解方法。Viest[4]、Thurlimann[5]等通过推出试验方法对栓钉受力性能进行了较为全面的研究,提出了抗剪连接件临界承载力经验公式。Davies[6]进行了改变栓钉布置形式、数量和间距的推出试验研究,发现了栓钉布置形式与其抗剪承载力密切相关。

(3)20 世纪 60 年代

塑性理论分析方法开始应用于组合梁。1960 年,Viest[7]对已有试验结果进行了总结,并对不同的组合梁计算方法进行了分析对比,还概述了预应力组合梁的研究前景。Chapman[8]于 1964 年对 17 根简支组合梁进行了试验研究,试验中使用了不同的抗剪连接件及间距,还改变了梁的跨度和加载方式,得到了混凝土板压溃和栓钉破坏两种破坏模式,试验表明纵筋对组合梁的极限承载力计算影响不大,可以按极限平衡法设计栓钉连接件。1965 年,Barnard[9]通过研究发现:抗剪连接件在荷载作用下发生变形,交界面一定会存在滑移,混凝土板与钢梁的弯曲刚度不同,必然会发生竖向掀起作用,因此组合梁按完全剪切连接计算得到的极限承载力比实测极限承载力要大。1968 年,Adekola[10]对简支组合梁的混凝土翼板有效宽度进行了研究,得到了考虑剪力滞后效应以及截面尺寸和材料特性变化时的有效宽度计算法。1969 年,Davies[11]对参数不同的简支组合梁进行了试验研究,在试验基础上得到了简支组合梁的纵向抗剪计算公式。

(4)20 世纪 70 年代

1971 年,Ollgaard 等[12]根据推出试验结果,得到了栓钉承载力计算公式,该公式形式简单,适用性强,被各国规范广泛采用。1972 年,Colville[13]对用于桥梁中的曲线组合梁进行了纯扭及弯扭试验;Johnson、Willmington 对部分抗剪连接组合梁进行了试验研究;Yam、Chapman 等[14]对两跨连续组合梁进行了试验研究。1977 年,Singh、Mallick 等[15]对工字型钢-混凝土组合梁进行了抗扭试验,结果表明钢梁对组合梁极限抗扭承载力的贡献较小。1978 年,Ansourian 等[16]对 6 根简支组合梁进行了试验,同时进行了弹性和弹塑性数值分析,分析中考虑了滑移和残余应力的影响。随着有限元理论的发展,数值分析方法也开始用于组合梁的研究领域。

(5)20 世纪 80 年代

1980 年 Baus 等[17]对弯扭作用下的组合梁进行了试验研究。1982 年,Akao 等[18]进行了栓钉推出疲劳试验,试验发现栓钉高度不会影响疲劳强度,在试验基础上进行了可靠性分析,并提出了重复荷载作用下栓钉的疲劳承载力计算公式;Ansourian 等[19]分别对 6 根连续组合梁和 4 根正弯矩区组合梁的转动能力进行了试验研究,给出了计算钢梁破坏时最小非弹性转动及变形的计算公式,试验发现,当组合梁采用密实截面钢梁并具有足够的抗剪连接件时,即使对塑性铰转动能力有较高的要求,按塑性整体分析方法和塑性抗弯承载力进行设计也有足够的可靠性。1984 年,Hawkins、Mitchell[20]对 13 个试件进行了单调加载试验,对 10 个试件进行了循环加载推出试验,试验变化参数为是否使用压型钢板以及压型钢板的形状和方向等,试验观察到了 4 种破坏类型:连接件剪切破坏、混凝土受拉破坏、板肋剪切破坏和板肋冲切破坏。1986 年,Oehlers 等[21]研究了受单向循环和反向循环加载的大量推出试验结果,得到了每次疲劳循环加载引起的残余滑移变形量。1987 年,Basu 等[22]对两跨部分预应力连续梁进行了试验研究,在组合梁的负弯矩区施加了预应力,对负弯矩区组合梁的力学性能进行了分析。

(6)20 世纪 90 年代

1990 年,Wright[23]对 8 根部分抗剪连接的简支钢-压型钢板混凝土组合梁进行了试验,结果表明:组合梁中抗剪连接件的刚度要大于推出试件中抗剪连接件的刚度,在抗剪连接程度较低的情况下,需要考虑抗剪连接件的非线性特性,并提出了一种考虑组合梁非线性滑移特征的分析模型。Crisinel[24]对 3 根采用栓接角钢抗剪连接件的钢-压型钢板混凝土简支组合梁进行了试验研究,结果表明:栓接角钢抗剪连接件是有效的抗剪连接形式,同时提出了一种对截面进行折减的方法以考虑部分抗剪连接对组合梁承载力的影响。Hiragi 等[25]在总结了 179 个静力和 145 个疲劳试验数据的基础上,使用回归分析的方法得到了栓钉疲劳强度计算公式。1991 年,Bradford 等[26]对 4 根简支组合梁进行了试验研究,对其中两根试件施加均布荷载,另两根则在自重下持荷 200 天以观察混凝土板的收缩和徐变,得到了一致性较好的结果。1992 年,Bradford 等[27]对钢-混凝土简支组合梁的长期性能进行了研究分析,发现滑移应变随混凝土的收缩徐变而逐渐增大,并提出了一种计算钢-混凝土组合梁长期效应的简化方法。1994 年,Porco 等[28]使用有限元方法对钢-混凝土组合梁进行了参数分析,在有限元模型中考虑了混凝土裂缝的影响。1995 年,Kemp 等[29]对 7 根连续组合梁的非弹性性能进行了试验研究,研究发现组合梁的转动能力与钢梁的截面受压高度和负弯矩区的横向长细比有很大关系。1996 年,Gattesco 等[30]对栓钉连接件在双向循环荷载作用下的性能进行了研究,发现在双循环荷载作用下栓钉可能超过弹性范围而进入屈服状态。1997 年,Taplin 等[31]对对称循环加载和单向循环加载作用下的栓钉累计滑移进行了研究,提出了循环加载水平与每个加载循环滑移增长率的关系式;同年,Yen 等[32]对 44 根钢-混凝土简支组合梁在静力和疲劳荷载下的试验结果进行汇总并得出结论:组合梁在疲劳荷载作用下混凝土翼板首先开裂并出现裂缝,裂缝开展最终导致了试件破坏,疲劳试验中组合梁的抗弯刚度会逐渐下降。1998 年,Wang 等[33]对部分抗剪连接的组合梁挠度进行了分析研究,提出了通过抗剪连接件的刚度来计算部分抗剪连接组合梁最大挠度的计算方法。1999 年,Fabbrocino 等[34]通过对钢-混凝土组合梁进行非线性分析,分析发现抗剪连接件对组合梁的整体工作性能有很大影响,模拟过程中剪切连接件的选择非常关键,并且给出了抗剪连接件的受力和相对滑移曲线关系式;同年,Thevendran 等[35]使用有限元软件 ABAQUS 建立了简支曲线型组合梁的三维有限元计算模型,分析发现曲线型组合梁的抗弯承载力随着梁跨度与曲线半径比的增加而减小;同年,Manfredi 等[36]通过试验发现组合梁的负弯矩区在很低的应力下就会表现出较强的非线性性能。

(7)21 世纪至今

2000 年,Thevendran 等[37]对 5 根简支曲线组合梁进行了试验研究,试验结果与有限元结果吻合良好。2001 年,Salari 等[38]对钢-混凝土组合梁的非线性混合有限元模型进行了分析研究,研究发现,对单调和循环荷载作用下的部分剪切连接组合梁,使用内力和滑移相对独立的混合模型可以准确地反映混凝土板和钢梁之间的相对滑移。2002 年,Baskar 等[39]使用三维有限元模型对负弯矩作用下的钢-混凝土组合梁进行了非线性分析,其可以较好地反映组合梁在极限荷载下的受力特性;同年,Amadio 等[40]使用 ABAQUS 软件对钢-混凝土组合梁的混凝土翼板有效宽度进行了弹性分析和弹塑性分析。分析表明,弹性分析时翼板有效宽度受抗剪连接件刚度的影响较大,弹塑性分析时,翼板有效宽度受塑性重分布的影响会有所增加。2003 年,Faella 等[41]使用参数分析方法对简支组合梁的挠度进行了非线性分析,找出了多个对组合梁挠度影响较大的非线性参数。2004 年,Loh 等[42]对负弯矩作用下的部分抗剪连接组合梁的受力性能进行了研究,研究表明,组合梁的极限承载力并没有随着抗剪连接程度的降低而明显下降,其延性却有了一定的提高,同时针对实际应用提出了修正的刚-塑性方法;同年,Fragiacomo 等[43]使用改进后的切线刚度法对混凝土板和钢梁的非线性性能进行了分析,研究了材料的非线性特性对组合梁的影响程度。2011 年,Zona 等[44]通过对比分析建立了较为精确的模型,并在此基础上分析了部分交互力作用下的钢-混凝土组合梁在弯曲及剪力共同作用下的力学性能。2013 年,Lin 等[45]对 8 根组合梁进行了试验,研究了组合梁在疲劳及负弯矩作用下的力学性能,同时分析了不同加载方式、剪切连接件、橡胶涂层及钢纤维混凝土等多种因素对组合梁力学性能的影响。

### 2)钢-混凝土组合梁在国内的研究进展

组合梁在我国的应用与研究起步相对较晚。20 世纪 50 年代,国内开始将组合梁用于桥梁工程,在 1957 年建成的武汉长江大桥,其上层公路桥的纵梁就使用了组合梁,但是当时仅仅将其作为强度储备以及施工方便,并没有考虑混凝土与钢梁之间的组合作用。此后,组合梁还在电力、冶金、煤矿、交通等工程中有所应用,如唐山陡河电厂、太原第一热电厂工程中的组合楼层采用了叠合板组合梁;承德钢厂使用了 18 m 跨度的钢-混凝土组合吊车梁,比纯钢吊车梁节省了 20% 的钢材;沈阳煤矿设计院在 1963 年将组合梁结构用于煤矿井塔结构;我国铁道部还编制了公路及铁路组合梁桥梁的标准图集。近 20 年来,随着我国经济的迅猛发展,组合梁的应用越来越广泛,应用领域和规模都有较大变化。很多超高层建筑都使用了组合结构,如上海环球金融中心(492 m)、深圳赛格广场(355.8 m)等。此外,组合梁在桥梁工程方面的应用也较为广泛,如 1993 年建成的北京国贸桥,其主跨采用了钢-混凝土叠合板连续组合梁;跨度 423 m 的上海南浦大桥和跨度 602 m 的杨浦大桥均为采用了钢-混凝土组合梁的斜拉桥;2001 年在北京机场高速苇沟桥的加固改造中使用了钢-混凝土叠合板;2013 年建成的跨兰西高速公路特大桥是国内首次采用的 1 联(80 m + 168 m + 80 m)的连续梁-钢桁组合结构。大量的工程实践证明,钢-混凝土组合梁具有很好的经济效益和社会效益,符合我国国情,具有广阔的应用前景。

我国对组合梁的系统研究开始于 20 世纪 80 年代,原郑州工学院、哈尔滨建筑工程学院、山西省电力勘测设计院、华北电力设计院以及清华大学等单位研究者先后对钢-混凝土组合梁进行了研究,取得了大量有理论意义和实用价值的研究成果[46]。这一时期国内对组合梁的研究以试验及理论分析为主,内容包括:组合梁的破坏形态和极限承载力、剪切连接件的工作性能、刚度和滑移对组合梁受力性能的影响、组合梁的抗弯承载力;对于连续组合梁性能的研究也开始出现,如连续组合梁的内力重分布、负弯矩区承载力及裂缝问题等。

在20世纪90年代组合梁研究在我国进入了关键的发展阶段。从1991年开始,聂建国等对组合梁进行了大量的研究工作[47-50]:1991年,通过试验研究了剪力连接件的工作性能,提出了计算剪力连接件实际承载力的计算方法;1995年,提出用折减刚度法来分析滑移效应对组合梁变形的影响,得到了实用计算公式;1997年,对混凝土翼板的纵向抗剪性能进行了试验研究,建立了纵向抗剪计算模型和公式,分析了影响纵向开裂的因素。1998年,对叠合板组合梁进行了抗震研究,并提出了组合梁的延性指标和刚度折减系数。1999年,对组合梁的恢复力模型进行了分析研究,同年对高强混凝土组合梁的栓钉连接件的设计计算进行了研究。

1995年,王连广等[51]对钢-轻骨料混凝土组合梁和火山渣混凝土组合梁进行了研究,得到了不同类型的抗剪连接件的荷载-滑移方程。

进入21世纪以来,我国在钢-混凝土组合梁方面的研究范围更广,获得的成果也比较多。目前,大部分研究人员对组合梁的研究内容主要包括钢-混凝土组合梁负弯矩区受力性能的研究、预应力组合梁工作性能的研究、高强混凝土组合梁工作性能研究以及与组合梁理论研究有关的新方法等,简要阐述如下。

(1)负弯矩区钢-混凝土组合梁的研究

聂建国、樊健生等[52,53]对负弯矩区组合梁的刚度及承载力进行了研究,分析了负弯矩作用下组合梁的钢梁与混凝土板之间的滑移效应以及混凝土与纵向钢筋间的黏结滑移对刚度的影响,提出了对应的计算模型和计算方法;薛建阳[54]、付果[55]等对组合梁抗剪性能进行了试验研究,结果表明:组合梁负弯矩区的界面滑移规律与正弯矩区的不同,同时发现,无论组合梁翼板处于受压区还是受拉区,其对抗剪承载力都有明显的贡献,目前规程中仅考虑钢梁抗剪是偏于保守的;张彦玲,李运生等[56]计算了组合梁负弯矩区的有效翼缘宽度,将计算结果与试验结果进行了对比,并分析了组合梁负弯矩区混凝土开裂对剪力滞效应和有效翼缘宽度的影响。

(2)预应力组合梁工作性能的研究

郑则群等[57]通过编制非线性有限元程序对预应力钢-混凝土组合梁受力全过程的力学性能进行了研究分析,能较精确地预见和分析加载受力过程中预应力增量、界面相对滑移、组合梁极限承载力等受力性能;余志武、郭风琪等[58]对负弯矩作用下部分预应力钢-混凝土组合梁进行了试验研究,分析了裂缝的产生及发展规律;聂建国、陶慕轩等[59]对预应力钢-混凝土连续组合梁的变形计算进行了分析,提出混凝土支座开裂区长度以及预应力筋内力增量的计算公式,为工程设计提供了参考。

(3)高强混凝土组合梁工作性能研究

许伟、王连广等[60]通过对钢与高强混凝土组合梁进行试验,对其变形性能进行了分析,推导了不同荷载作用下的钢与高强混凝土组合梁的变形计算公式;聂建国等[61]通过试验研究了钢-高强混凝土组合梁在静载作用下的抗弯性能,并对现行规范中关于组合梁正截面受弯承载力计算公式进行了修正。

(4)理论研究有关的新方法

聂建国等[62]研究了横向荷载作用下单向简支组合梁-板体系在翼缘板中存的剪力滞后现象,通过拟合得到了有效宽度的简化计算公式。周东华等[63]提出了钢-混凝土组合梁挠度计算的新方法,即有效刚度法,该方法力学概念清晰、形式简单,计算精度较高。

## 1.3 腹板开洞组合梁的研究概况

近年来,随着建筑技术的不断发展,多层及高层建筑逐渐成为大中城市的建设主流,由于钢-混凝土组合梁自身具有优良特性,组合梁的使用日益广泛。为了满足不断提高的使用要求,需要在房屋建筑中设置更多的管道设备(给排水、电气、通信等),这会占用较多的建筑空间,于是工程人员通过在组合梁的钢梁腹板上开洞让这些管道设备穿过,可以减少其对空间的占用,降低层高,从而降低工程造价,获得较好的经济效益。因此,国内外研究者开始对腹板开洞组合梁进行一系列研究。

### 1.3.1 腹板开洞组合梁在国外的研究进展

早期对腹板开洞的研究主要针对钢梁,从 20 世纪 60 年代开始,国外研究者以试验为基础对腹板开洞钢梁进行了大量研究,例如:Redwood 等[64,65]对没有补强措施的腹板开洞钢梁进行了试验研究,并为腹板开洞钢梁的实际设计提出了建议;Cooper 等[66]对洞口设置补强板的腹板开洞钢梁进行了试验研究,结果表明,无论是双面还是单面设置,补强板都可以提供足够的刚度。

从 20 世纪 80 年代开始,国外开始出现较多关于腹板开洞组合梁的研究,研究对象以正弯矩区的腹板开洞组合梁为主。

1980 年,Todd 和 Cooper 等[67]提出了一种简化的针对矩形洞口内力的计算方法,该方法假定腹板开洞组合梁的剪力全部由钢梁承担,由于忽略了混凝土板的抗剪作用,计算结果偏于保守。

1982 年,Clawson、Darwin 等[68,69]对腹板开洞组合梁进行了试验研究,结果表明,弯矩比对腹板开洞组合梁的破坏模式有很大影响。同时,他们还提出了考虑混凝土抗弯及抗剪作用的承载力计算模型,得到的计算结果比较准确,但计算过程较为复杂。

1983 到 1984 年,Redwood 等[70]对腹板开洞简支组合梁进行了试验研究,研究重点包括抗剪连接件的数量和布置方式以及组合作用形成前施工荷载对钢梁的影响等;Clawson、Darwin 等提出的 $M$-$V$ 相关曲线虽然考虑了混凝土的作用,但是计算不便,在此基础上,Rewood 等[71]提出只需确定 3 个未知量 $M_m$、$V_m$ 和 $M'_m$ 就可以确定洞口处的 $M$-$V$ 相关曲线,对应曲线如图 1.2 所示。图中的二次曲线通过($V_m$,$M'_m$)和(0,$M_m$)两点,直线段通过($V_m$,$M'_m$)和($V_m$,0)两点,$M'_m$ 为不完全组合作用下组合梁洞口中心截面处的纯弯承载力,$M_m$ 为完全组合作用下组合梁洞口中心截面处的纯弯承载力;$V_m$ 代表洞口中心截面处的纯剪承载力。

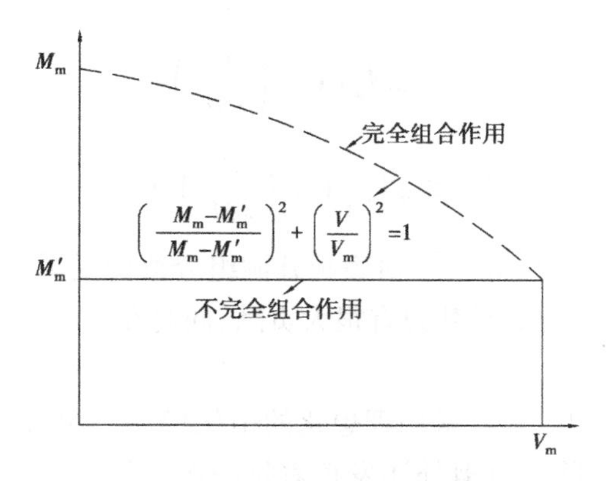


图 1.2 洞口剪力-弯矩相关曲线

1988 年,Donahey、Darwin 等[72]对 15 根腹板开洞压型钢板组合梁进行了试验研究,研究了栓钉数量及布置、弯矩比、压型钢板厚度等因素对组合梁受力性能的影响,试验表明腹板开洞组合梁的极限承载力与混凝土翼板的破坏形式有关系;同年,Darwin 等[73]在 Redwood 提出的模型基础上完善了弯矩-剪力相关关系,提出了使用三次曲线代替二次曲线,弯剪相关方程如式(1.1)所示,曲线如图 1.3 所示,点 1、点 2 表示满足设计要求的区域,点 3 表示不满足设计要求的区域,该曲线计算更为简便,精度也较好。

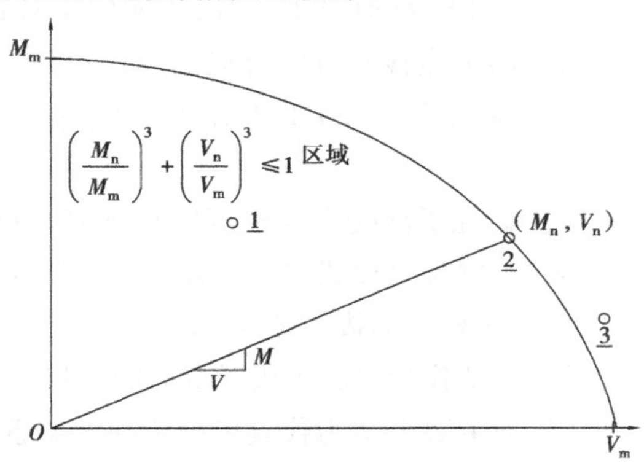


1 2 满足设计要求区域　　3 不满足设计要求区域

图 1.3 洞口剪力-弯矩相关曲线

$$\left(\frac{M_n}{M_m}\right)^3+\left(\frac{V_n}{V_m}\right)^3\leqslant 1 \tag{1.1}$$

式中 $M_m$——洞口中心截面处的纯弯承载力;

$V_m$——洞口中心截面处的纯剪承载力;

$M_n$——洞口中心截面处的设计弯矩值;

$V_n$——洞口中心截面处的设计剪力值。

Darwin 等[74,75]还推荐在具体计算 $M_m$ 和 $V_m$ 时乘以一个系数 $\varphi$ 进行折减,推荐的折减系数 $\varphi$ 取值为 0.85,$M_m$ 和 $V_m$ 乘以折减系数 $\varphi$ 后弯矩-剪力相关关系表达式变为:

$$\left(\frac{M_n}{\varphi M_m}\right)^3+\left(\frac{V_n}{\varphi V_m}\right)^3\leqslant 1 \tag{1.2}$$

根据洞口位置确定洞口中心处的弯剪比 $\lambda=M_n/V_n$ 后,将弯剪比的表达式代入式(1.2)可得:

$$M_{n} \leqslant \varphi M_{m}\left[1+\left(\frac{M_{n}}{\lambda M_{m}}\right)^{3}\right]^{-\frac{1}{3}} \tag{1.3}$$

$$V_{n} \leqslant \varphi V_{m}\left[1+\left(\frac{V_{m}}{\lambda M_{m}}\right)^{3}\right]^{-\frac{1}{3}} \tag{1.4}$$

1989 年,Narayanan、Roberts 等[76,77]对腹板开洞组合梁的受剪性能进行了试验研究,试验中发现组合梁的混凝土板对抗剪承载力有很大贡献,同时在试验基础上给出了腹板开洞组合梁纯剪承载力的计算方法。

1992 年,Cho、Redwood 等[78,79]采用理想化的桁架模型对组合梁洞口处的传力机制进行了分析,通过试验发现栓钉除了抗剪外还发挥着抗拔的作用,保证了混凝土翼板可有效参与抗剪作用,可以将栓钉作为桁架模型中的受拉构件,从钢梁上翼缘到栓钉顶部之间的斜向混凝土可作为斜向受压构件,通过该桁架模型可以计算出腹板开大洞口时的组合梁极限承载力。

1996 年,Fahmy 等[80]对腹板开洞组合梁进行了试验研究,对洞口高度、宽度、偏心等参数与承载力的关系进行了分析。

2000 年,Darwin[81]对已有的腹板开洞组合梁的研究成果进行了较为全面的总结,包括腹板开洞组合梁的承载力计算、挠度计算及构造要求等,为实际工程设计提供了参考。Chung 等[82]结合了 EC4 的相关规定,提出了腹板开洞组合梁的简化设计方法,内容较为全面,包括强度、稳定、挠度、构造要求等。Lawson[83]于 2011 年对其方法和内容进行了完善,推出了腹板开大洞口时的组合梁设计方法。

2003 年,Park 等[84]通过试验研究了混凝土翼板宽度和弯剪比对腹板开洞组合梁破坏模式及承载力的影响程度,结果表明,混凝土板宽度对其破坏模式有较大影响,板宽较小时容易发生斜拉破坏,板宽较大时容易发生栓钉的拔脱破坏,在试验基础建立了强度模型,取混凝土板抗剪承载力和栓钉抗拔力的较小值作为混凝土板对抗剪的贡献。

从 2004 年开始,以德国凯泽斯劳滕大学为代表的研究机构对腹板开洞组合梁进行了较多的试验研究[85],研究不仅包括简支组合梁,还涉及腹板开洞连续组合梁以及腹板开大洞的情况,有些洞口高度甚至接近了腹板的高度,如图 1.4 所示。

图 1.4　腹板开洞组合梁大洞口试验图

2012 年,Chung[86]对近年来与腹板开洞组合梁相关的研究成果进行了总结,不仅对用于实际工程的设计方法进行了介绍,而且还通过有限元分析给出了不同参数下的腹板开洞组合梁的弯矩-剪力相关曲线。

### 1.3.2 腹板开洞组合梁在国内的研究进展

我国对腹板开洞组合梁的研究起步较晚,已有成果主要针对钢筋混凝土梁开洞和钢梁开孔,对腹板开洞组合梁的研究相对较少。周东华等[87]在试验基础上对正弯矩区的腹板开洞组合梁进行了有限元分析,所得洞口区域的应变规律与试验吻合良好,验证了有限元方法的可靠性。陈涛和顾祥林等[88,89]在试验和有限元基础上,参照ASCE中正弯矩区腹板开洞组合梁承载力计算原理,对负弯矩区腹板开洞组合梁的承载力进行了分析。王鹏、周东华等[90]对正弯矩作用的腹板开洞组合梁进行了试验研究,重点分析了洞口区域的剪力分担情况,结果表明,洞口区域的混凝土板承担了大约60%的截面剪力,证明现行《钢结构设计标准》(GB 50017—2017)中有关组合梁的相关规定已不再适用于腹部开洞组合梁;在试验基础上,王鹏、周东华等[91]提出了一种带加劲肋的腹板开洞组合梁极限承载力计算方法,结果与试验和有限元吻合较好,该方法适用于正弯矩区的情况。李龙起、周东华等[92,93]对洞口位于正弯矩区的腹板开洞连续组合梁进行了试验研究,分析了腹板开洞连续组合梁塑性铰的形成、内力重分布情况及其受剪性能等。

## 1.4 研究的背景及意义

### 1.4.1 研究背景

钢-混凝土组合梁作为一种受力合理的结构形式,在大量的工程实践中都发挥了较好的技术优势和经济优势。与钢筋混凝土结构相比,组合梁具有截面尺寸小、自重轻、抗震性好以及施工周期短等优点;与钢结构相比,组合梁具有节省钢材、刚度和强度大以及稳定性好等优点。近年来,钢-混凝土组合梁不仅大量应用于桥梁结构,在高层建筑、大跨度公共建筑中也得到了广泛应用。

随着社会生活水平的日益提高,房屋建筑中需要铺设的管道设备(给排水、电气、暖通等)也越来越多,为了减少这些管道设备对空间的占用,工程人员想到了在组合梁腹板上开洞让这些管道设备穿过的办法,从而降低楼层高度,节约建设资金,获得较好的经济效益。腹板开洞造成组合梁受力性能的改变,只有充分了解其受力特性,才能最大限度地降低开洞带来的不利影响,就可以更好地实现其使用功能。从1.3节的研究概况中可以看到,目前的研究主要针对正弯矩区的腹板开洞组合梁,对负弯矩区腹板开洞组合梁的研究则相对较少,大部分以悬臂梁为主,对其受力性能了解不多,很多相关问题需要研究。

### 1.4.2 研究意义

近年来,国内外对腹板开洞组合梁的实际应用开始增多,不仅包括多洞口、大洞口的情况,还出现了一些在负弯矩区开洞的工程实例,如位于上海浦东新区一座大楼在相对标高

17.5 m处使用了负弯矩区开洞的连续组合梁；位于昆明市南屏步行街的世纪中心大厦的连续次梁结构使用了腹板开洞组合梁，如图1.5所示，其中的部分洞口位于负弯矩区。虽然实际应用已经出现，但目前对于负弯矩作用下腹板开洞组合梁的研究并不多，缺乏对应的理论分析方法，也没有可以遵循的设计规范和技术规程，不利于腹板开洞组合梁的应用和推广。如果能够全面深入地了解负弯矩区腹板开洞组合梁的力学特性，找出影响其受力性能的主要因素，就可以最大限度地减少开洞带来的不利影响，提出更有针对性的构造措施和补强措施，才能更好地实现腹板开洞组合梁的使用价值，达到降低层高和节约建设资金的目的。本书在国家自然科学基金项目支持下，对负弯矩作用下的腹板开洞组合梁进行了试验和理论研究，为负弯矩区腹板开洞组合梁在实际工程中的设计与应用提供了参考。

图1.5　腹板开洞组合梁的工程应用

# 1.5　研究方法与主要内容

## 1.5.1　研究方法

本书的研究方法主要由以下3个方面组成。

(1)试验研究

对负弯矩作用下的腹板开洞组合梁试件进行试验，研究重点包括试件的破坏模式、洞口区域的传力机制、抗剪力学性能、钢筋及抗剪连接件的工作性能等。

(2)有限元分析

采用有限元方法对试验试件进行非线性模拟计算，将有限元结果与试验结果进行对比，在得到了可靠的计算结果后，开始进行全面的参数分析，对各种影响因素进行分析研究。

(3)理论计算

以试验和有限元结果为基础，提出合理的力学模型和理论计算方法，使用推导出的公式计算负弯矩作用下腹板开洞组合梁的极限承载力，并将计算结果与试验及有限元结果进行对比。

### 1.5.2　研究内容

本书主要研究内容如下所述。

①通过对负弯矩作用下腹板开洞组合梁进行了试验，研究了开洞组合梁在负弯矩区的破坏模式和受力特性，同时还分析了混凝土板厚度及配筋率变化对抗剪性能和变形能力的影响；为了弄清洞口处的传力机制，对洞口区域进行了重点研究，分析了洞口截面的应力、应变规律以及洞口区域的栓钉和钢筋的受力性能，并且详细分析了混凝土翼板对抗剪承载力的贡献；试验结果为理论分析和工程应用提供了依据和参考。

②使用有限元软件 ANSYS 对试验试件进行了模拟计算，建立了能够正确反映负弯矩区腹板开洞组合梁受力过程的有限元分析模型，并通过与试验结果进行对比来验证模型的可靠性。

③对负弯矩区腹板开洞组合梁进行系统的参数分析，找出对受力性能影响较大的因素，分析各种参数变化带来的影响，为工程实际应用提供参考。

④在试验研究的基础上，确定负弯矩区腹板开洞组合梁的力学模型，根据极限状态下洞口 4 个角截面上的塑性应力分布，采用换算应力图法推导了负弯矩作用下腹板开洞组合梁的极限承载力计算方法，通过与试验结果进行对比验证计算方法的准确性。

⑤为了尽可能降低开洞造成的不利影响，结合试验及有限元结果，对负弯矩区腹板开洞组合梁的补强方法进行了研究，考虑实际应用的可行性，提出了几种有效的补强方法。

⑥推导了带补强措施的负弯矩区腹板开洞组合梁极限承载力计算公式，对设置不同补强板的负弯矩区腹板开洞组合梁进行了计算分析，将计算结果与有限元结果对比，验证了计算方法的精确性。

# 第2章
# 负弯矩区组合梁腹板开洞试验研究

## 2.1 引 言

腹板开洞会对组合梁受力性能带来不利的影响,开洞造成了刚度急剧下降,组合梁的抗弯和抗剪承载力也明显降低,组合梁的力学性能随着洞口的出现发生了变化,同时产生了相关的理论计算问题。目前对腹板开洞组合梁的研究主要针对的是正弯矩区的组合梁,而对负弯矩区腹板开洞组合梁的试验研究则相对较少,对其破坏模式和受力特性了解不多,缺乏对应的理论分析和计算方法,更没有可以参照的规范,很多相关问题需要研究。对于一般的无洞组合梁而言,国内外学者的试验研究[19,94-96]表明:组合梁腹板能承担截面总剪力的60%~70%,而混凝土翼板对抗剪承载力的贡献也是比较大的;对腹板开洞组合梁而言,已有的针对正弯矩区的试验研究[90]表明:混凝土翼板承担的剪力达到了截面总剪力的52%~60%。可见,现有国内外规范[97-99]对组合梁的抗剪计算中没有考虑混凝土板的贡献是比较保守的,没有充分利用材料强度,并不适用于腹板开洞组合梁。对于负弯矩区的腹板开洞组合梁,由于受力情况更为不利,混凝土翼板和钢梁腹板对抗剪承载力的贡献又会有怎样的变化?另外,还需要对影响负弯矩区腹板开洞组合梁受力性能的主要因素进行研究。为解答以上问题,本书对负弯矩作用下的腹板开洞组合梁进行了试验研究。

## 2.2 试验目的和内容

本次试验以负弯矩作用下的腹板开洞组合梁为研究对象,洞口完全位于负弯矩区,以矩形洞口为主。试验的研究重点之一是洞口区域的受力性能,分析剪力在洞口处的传递方式,研究洞口区域各个截面对抗剪承载力的贡献和变化规律。此外,还需要通过试验解答以下问题:与正弯矩区相比,负弯矩区腹板开洞组合梁的力学性能有哪些差异?剪力是否主要由洞口上方的混凝土板承担?混凝土板厚度对抗剪承载力有哪些影响?配筋率对抗剪承载力有哪些影响?抗剪连接件栓钉及板内钢筋有哪些受力特点?

根据试验目的,我们设计了6根反向加载的组合梁试件,其中5根为腹板开洞组合梁试

件,1根为无洞对比组合梁试件,主要的变化参数为混凝土翼板厚度和配筋率,主要研究内容如下:

①通过与无洞组合梁试件进行对比,研究腹板开洞对负弯矩区组合梁的刚度和承载力的影响程度。

②研究负弯矩作用下腹板开洞组合梁的破坏过程和破坏模式,并与无洞组合梁试件进行比较。

③研究不同参数(混凝土板厚、配筋率)变化对负弯矩作用下腹板开洞组合梁承载力和变形能力的影响。

④研究负弯矩作用下腹板开洞组合梁的挠曲变形规律和特点,并与无洞组合梁试件进行对比。

⑤研究负弯矩作用下腹板开洞组合梁洞口区域的应变和应力分布,分析洞口区域的受力特点和规律。

⑥研究洞口区域各部分截面对负弯矩区腹板开洞组合梁抗剪承载力的贡献情况。

⑦研究负弯矩区腹板开洞组合梁的抗剪连接件栓钉以及混凝土翼板内钢筋的受力情况。

## 2.3　试验概况

### 2.3.1　试件设计与制作

#### 1)试件设计

本次试验设计了6根编号为SCB-1～SCB-6的组合梁试件,包括了3种不同的板厚和3种不同的配筋率,其中SCB-1试件的腹板未开洞,作为对比梁试件;SCB-2～SCB-6均为腹板开洞组合梁试件,洞口中心线与钢梁形心轴重合,洞口位于负弯矩区。6根组合梁试件全部按完全剪切连接设计,剪切连接件栓钉以等间距100 mm沿全梁均匀布置,栓钉采用$\phi$19,长度80 mm;试件的断面尺寸、几何尺寸以及各组合梁试件的基本参数分别如图2.1、图2.2和表2.1、表2.2所示,由于试验对试件进行的是反向加载,所以图2.2中的示意图为倒置后的组合梁试件。

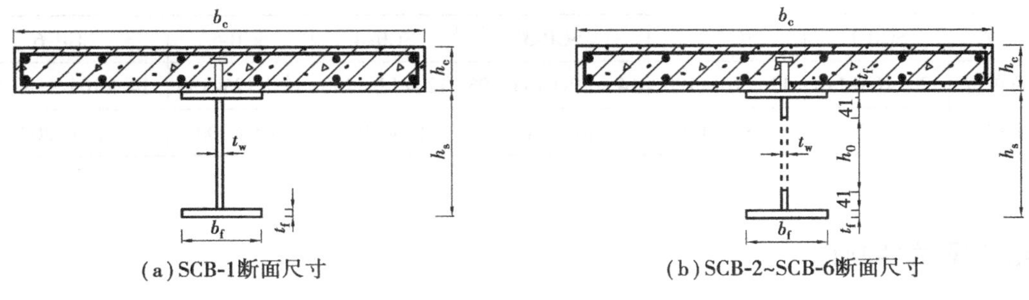


图2.1　组合梁试件断面尺寸示意图

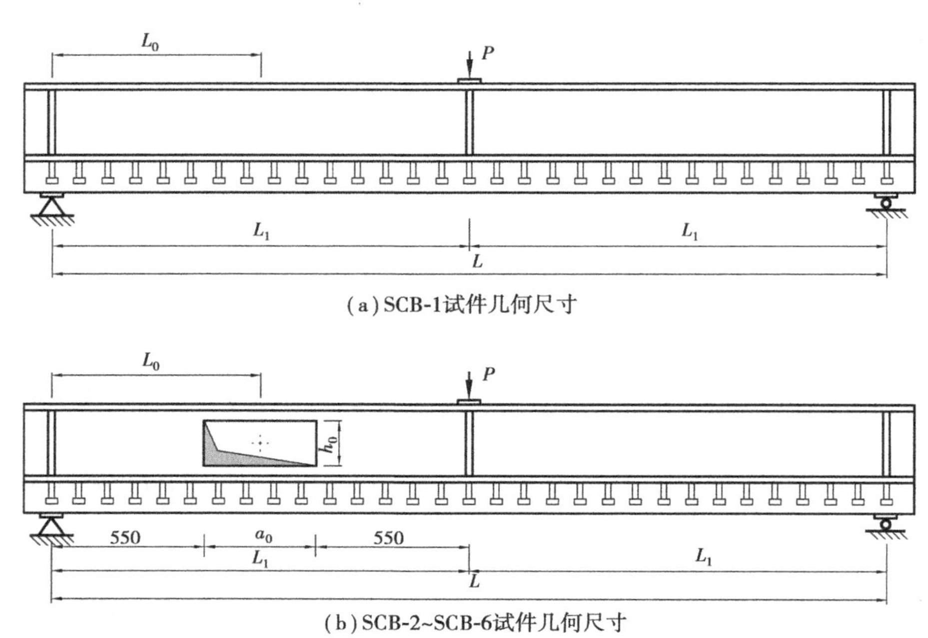


图 2.2　组合梁试件几何尺寸示意图(倒置)

**表 2.1　组合梁试件参数**

| 编　号 | 钢梁尺寸 $(h_s \times b_f \times t_w \times t_f)$ /mm | 跨度 $L$ /mm | 洞口位置 $L_0$ /mm | 荷载位置 $L_1$ /mm | 洞口尺寸 $a_0 \times h_0$ /mm | 混凝土板 /mm | | 配筋率/% | | 栓钉 | 研究要点 |
|---|---|---|---|---|---|---|---|---|---|---|---|
| | | | | | | $h_c$ | $b_c$ | 纵向 | 横向 | 单排 | |
| SCB-1 | 250×125×6×9 | 3 000 | — | 1 500 | — | 110 | 1 000 | 0.8 | 0.5 | @100 | 对照组 |
| SCB-2 | 250×125×6×9 | 3 000 | 750 | 1 500 | 400×150 | 110 | 1 000 | 0.8 | 0.5 | @100 | 板厚 |
| SCB-3 | 250×125×6×9 | 3 000 | 750 | 1 500 | 400×150 | 125 | 1 000 | 0.8 | 0.5 | @100 | 板厚 |
| SCB-4 | 250×125×6×9 | 3 000 | 750 | 1 500 | 400×150 | 140 | 1 000 | 0.8 | 0.5 | @100 | 板厚 |
| SCB-5 | 250×125×6×9 | 3 000 | 750 | 1 500 | 400×150 | 110 | 1 000 | 1.2 | 0.5 | @100 | 配筋率 |
| SCB-6 | 250×125×6×9 | 3 000 | 750 | 1 500 | 400×150 | 110 | 1 000 | 1.6 | 0.5 | @100 | 配筋率 |

**表 2.2　混凝土板内钢筋布置**

| 试　件 | SCB-1 | SCB-2 | SCB-3 | SCB-4 | SCB-5 | SCB-6 |
|---|---|---|---|---|---|---|
| 纵筋布置 | 12 Φ 10@190 | 12 Φ 10@190 | 14 Φ 10@155/195 | 12 Φ 12@190 | 12 Φ 12@190 | 14 Φ 10@155/190 |
| 横筋布置 | Φ 8@200 | Φ 8@200 | Φ 8@200 | Φ 8@200 | Φ 8@200 | Φ 8@200 |

## 2)组合梁试件制作

组合梁试件的钢梁部分由云南建工集团第二安装公司制作和加工,如图 2.3 所示,钢材采用山东莱钢公司生产的 Q235B 热轧 H 型钢;钢梁加工完成后,在钢梁翼缘和腹板的相应位置上粘贴应变片,同时做好对应变片的保护,如图 2.4 所示。

图2.3　钢梁的制作与加工

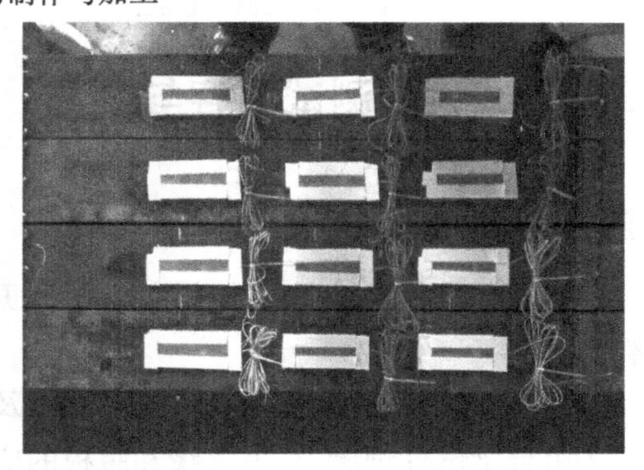

图2.4　应变片粘贴与保护

钢梁部分的加工和应变片粘贴及保护完成后，进行钢筋的绑扎(图2.5)、支模(图2.6)，在模板制作完成后，在钢筋上粘贴应变片并做好保护(图2.7)，最后进行混凝土浇筑(图2.8)和养护(图2.9)等后续工作。

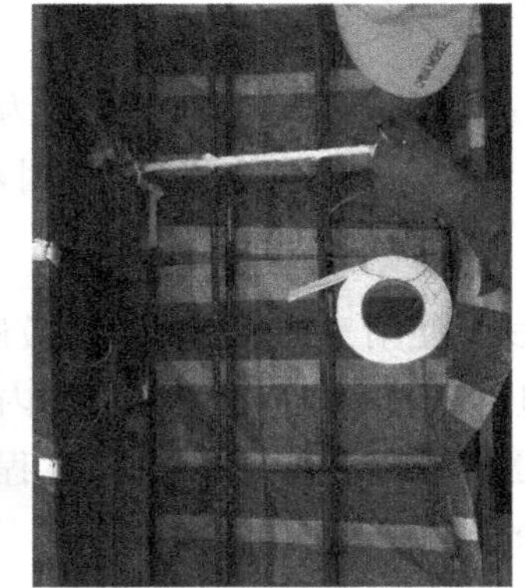

图2.5　绑扎钢筋　　图2.6　试件支模　　图2.7　钢筋应变片

组合梁试件均采用现浇C30商品混凝土，在混凝土浇筑的同时，留制150 mm×150 mm×150 mm混凝土试块3组共9块，混凝土试块与组合梁件在相同条件下养护，养护28 d后对试块进行抗压强度试验，最后取其抗压强度平均值作为混凝土立方体抗压强度的指标。

图 2.8　浇筑混凝土

图 2.9　混凝土养护

## 2.3.2　试验的测试内容与方法

### 1) 测试内容

①组合梁试件各阶段的荷载,如混凝土开裂荷载,接近弹性极限状态时的荷载以及极限荷载等。

②组合梁试件洞口左、中、右端、加载点及跨中的挠度。

③组合梁试件钢梁上、下翼缘和腹板的应变分布。

④组合梁试件混凝土板顶、板底的应变分布。

⑤组合梁试件相应位置处钢筋、栓钉的应变。

⑥组合梁试件交接面上的相对滑移值及竖向掀起值。

### 2) 测试方法

试验采用了单调静力加载,为使组合梁完全处于负弯矩区,所有试件都是在倒置后进行加载。测点布置时考虑了下述因素。

(1) 荷载测量

试验使用 YAW-10000 kN 微机控制电液伺服压力试验机进行加载,虽然试件是静定结构,但由于洞口的存在使试件的内力不能直接求出,所以在两支座处分别设置了 30 t 的压力传感器,这样就可以观测加载过程中试件支座反力的变化情况,可以求得组合梁试件对应截面上的内力。

(2) 位移测量

在组合梁试件的洞口左、中、右端、加载点及跨中处设置了电子位移计,如图2.10、图 2.11 所示。

(3) 应变测量

在钢梁的上、下翼缘设置应变片,腹板处设置应变花,由于洞口处为重点测量区域,所以在洞口区较密集地设置了应变花;混凝土板顶、板底及侧面都设置了应变片,应变片的布置如图 2.10、图 2.11 所示;同时,在纵向钢筋和栓钉上也布置了多个应变测点。

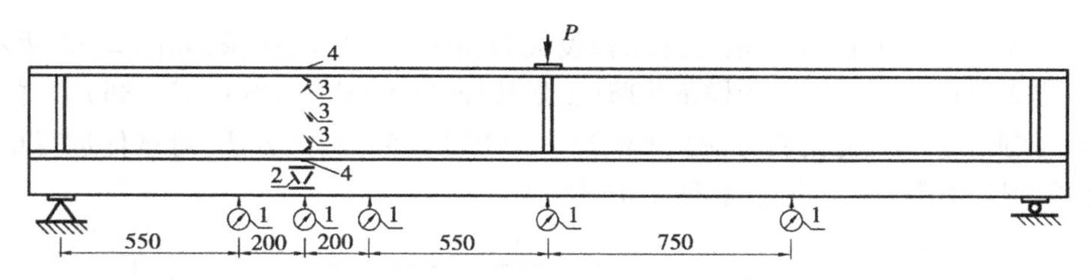


1—电子位移计;2—混凝土应变片;3—腹板应变花;4—翼缘应变片

图 2.10 SCB-1 试件应变及挠度测点分布

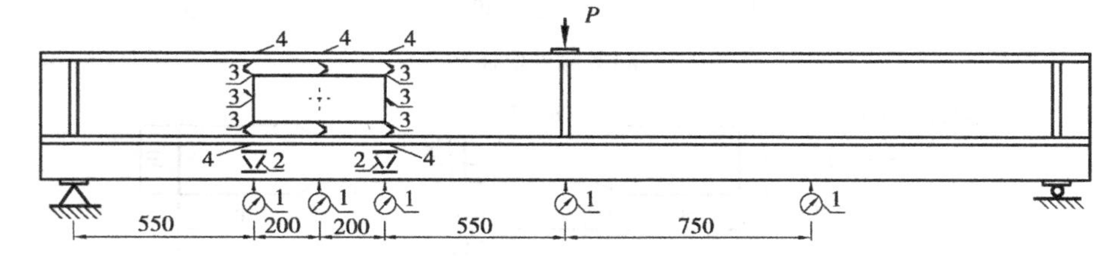


1—电子位移计;2—混凝土应变片;3—腹板应变花;4—翼缘应变片

图 2.11 SCB-2 ~ SCB-6 试件应变及挠度测点分布

(4)滑移及掀起位移测量

为了测定混凝土板与钢梁之间的相对水平滑移和竖向掀起位移值,沿着组合梁试件梁长方向布置了多个测点,如图 2.12 所示。

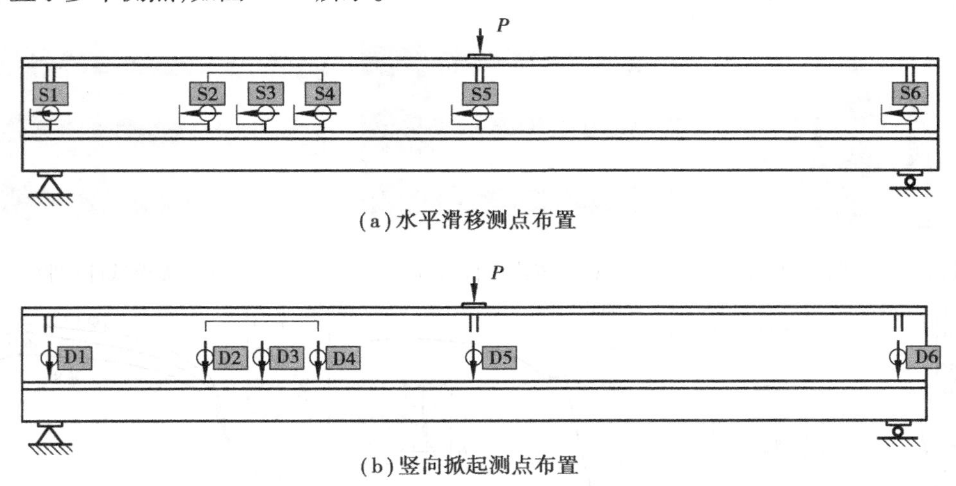


(a)水平滑移测点布置

(b)竖向掀起测点布置

图 2.12 SCB-2 ~ SCB-6 试件滑移及掀起位移测点分布

试验过程中,通过计算机对组合梁试件的荷载-挠度曲线进行监控,各级荷载作用下的测量数据由计算机自动采集。

## 2.3.3 材料的力学性能

### 1)钢梁的力学性能

组合梁试件的钢梁均采用 Q235B 热轧 H 型钢,根据《钢及钢产品力学性能试验取样位置及试样制备》(GB/T 2975—2018)[100] 和《中华人民共和国国家标准金属拉力试验法》

(GB 228—76)[101]的规定,从型钢的翼缘和腹板的相应位置取出样条,如图 2.13 所示,每个部位各取出 3 个样条。将取出的样条按照《金属拉伸试验试样》(GB 6397—86)[102]的规定加工成试件,按照《金属拉伸试验方法》(GB 228—2002)[103]的测试方法,对试件进行单轴拉伸试验,在单轴拉力试验机上进行,如图 2.14 所示。

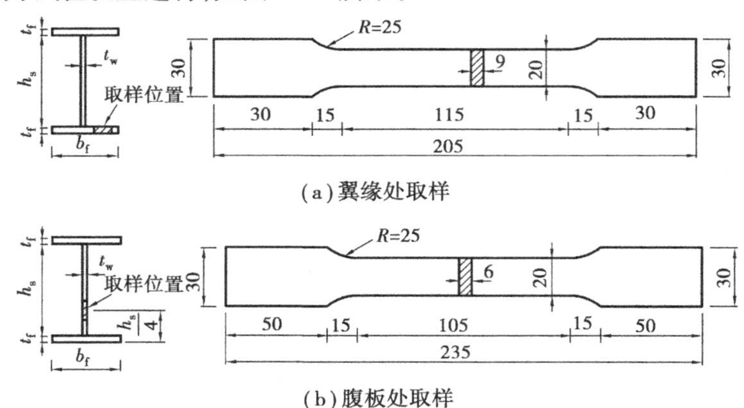


图 2.13　钢材拉伸试验取样

钢梁翼缘及腹板处的试件试验如图 2.15、图 2.16 所示,可以看出,试件有良好的延性,塑性发展是比较充分的,通过拉伸试验得到的钢材试件的应力-应变曲线如图 2.17(a)、(b)所示,试验中考虑了结构变形等因素的影响。

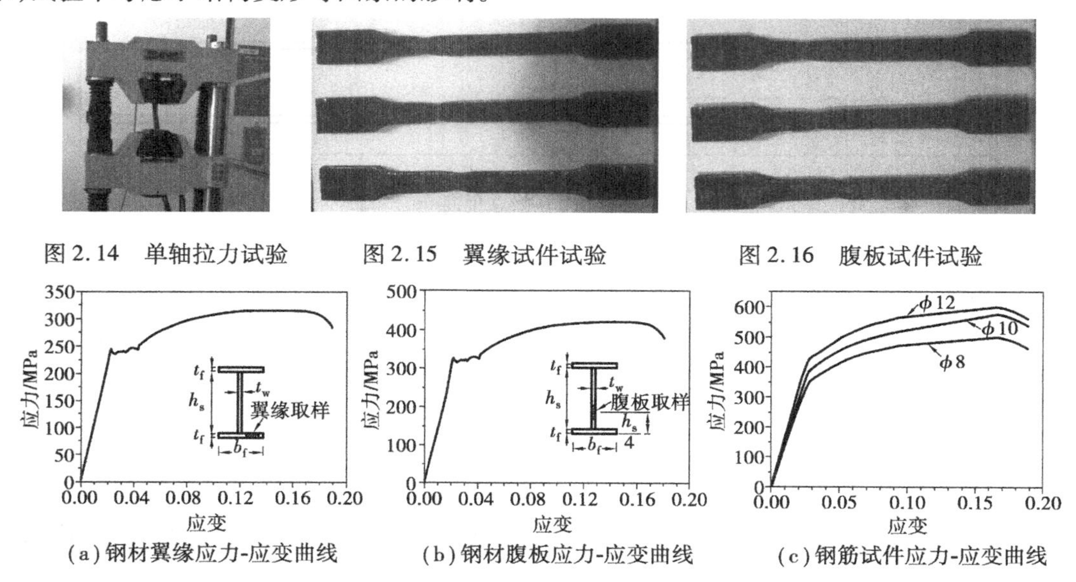


图 2.17　钢材、钢筋试件拉伸试验所得应力-应变曲线

通过试验得到的钢材力学性能见表 2.3。

**表 2.3　钢材的力学性能**

| 取样部位 | 屈服强度 $f_y$/MPa | 抗拉强度 $f_u$/MPa | 屈强比 $f_u/f_y$ | 伸长率 $\delta$/% | 弹性模量 $E_s$/MPa | 泊松比 $\mu$ |
|---|---|---|---|---|---|---|
| 翼缘(9 mm) | 247.25 | 314.83 | 1.27 | 26.35 | $2.03\times10^5$ | 0.3 |
| 腹板(6 mm) | 316.84 | 420.33 | 1.33 | 28.07 | $2.05\times10^5$ | 0.3 |

### 2) 钢筋的力学性能

组合梁试件使用的钢筋有 8 mm、10 mm 和 12 mm 3 种直径，按照《金属拉伸试验方法》(GB 228—2002)的规定进行拉伸试验，不同直径的钢筋各加工 3 根试件，试验得到钢筋试件的应力-应变曲线，如图 2.17(c)所示。

通过试验得到的钢筋基本力学性能见表 2.4。

**表 2.4　钢筋基本力学性能**

| 钢筋直径 /mm | 屈服强度 $f_y$/MPa | 抗拉强度 $f_u$/MPa | 屈强比 $f_u/f_y$ | 伸长率 $\delta$/% | 弹性模量 $E_s$/MPa | 泊松比 $\mu$ |
|---|---|---|---|---|---|---|
| $\phi$8 | 356.18 | 487.85 | 1.37 | 17.6 | $2.04\times10^5$ | 0.3 |
| $\phi$10 | 392.27 | 563.91 | 1.44 | 18.6 | $2.06\times10^5$ | 0.3 |
| $\phi$12 | 429.98 | 587.54 | 1.37 | 23.5 | $2.06\times10^5$ | 0.3 |

### 3) 混凝土的力学性能

本试验所有试件使用强度等级为 C30 的商品混凝土，在翼板浇筑过程中，每组各制作 3 个尺寸为 150 mm×150 mm×150 mm 的标准立方体试块，并且与试件在相同的环境条件下进行养护。试验方法参照《普通混凝土力学性能试验方法标准》(GB/T 50081—2002)[104]。组合梁试件加载当天对立方体试块进行测试，混凝土材料力学性能见表 2.5。

**表 2.5　混凝土的力学性能**

| 组　别 | 混凝土强度等级 | 立方体试块尺寸/mm | 立方体抗压强度 $f_{cu}$/MPa | 弹性模量 $E_c$/MPa |
|---|---|---|---|---|
| 第一组 | C30 | 150×150×150 | 36.2 | $3.12\times10^4$ |
| 第二组 | C30 | 150×150×150 | 35.6 | $3.08\times10^4$ |
| 第三组 | C30 | 150×150×150 | 34.5 | $3.03\times10^4$ |

## 2.3.4　加载装置及加载程序

### 1) 加载装置

本次试验采用 YAW-1000 kN 微机控制电液伺服压力试验机进行加载。试验中将简支组合梁倒置，反向加载，使组合梁完全处于负弯矩区。为了防止支座处混凝土板在加载过程中受应力集中而提前被破坏，在两端支座处各设置了尺寸为 1 100 mm×200 mm×10 mm 的刚性垫板，在支座垫板下分别放置 30 t 压力传感器，自动记录加载过程中支座反力的变化，加载装置示意图如图 2.18、图 2.19 所示。

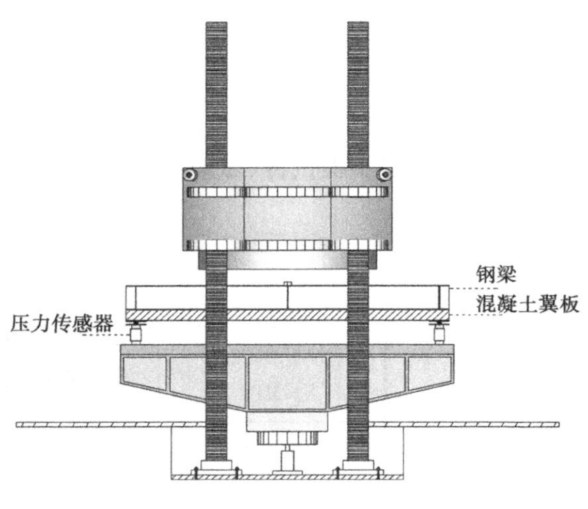

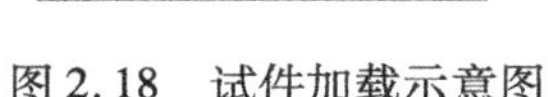

图 2.18　试件加载示意图

图 2.19　试件加载图

### 2)加载程序

试验在昆明理工大学工程抗震研究所进行,使用 YAW-1000 kN 微机控制电液伺服压力试验机对试件进行单调静力加载,加载模式为力加载和位移加载变换进行。加载程序可分为预加载阶段、标准加载阶段和破坏加载阶段。

(1)预加载阶段

采用力加载模式,荷载增量为 5 kN,分级加载到开裂荷载的 40%,数据稳定后再卸载至零。为了消除试验各个装置中存在的应力松弛,至少应对试件进行两次加卸载过程,在加载和卸载过程中对试验仪器等进行检查和调整,以确保各仪器正常工作后再进入下一阶段。

(2)标准加载阶段

采用力加载模式,荷载增量为 10 kN,观察并记录试件混凝土裂缝的出现,记录其开裂荷载和裂缝的宽度及走向;观测试件钢梁的变化,当钢梁底部出现屈服后,进入下一阶段。

(3)破坏加载阶段

切换为位移加载模式,加载速率为 1 mm/min,在位移加载过程中观测荷载变化和试件的变形,直至试件破坏。

## 2.4　数据计算处理

数据处理的重点是在应变数据基础上计算出负弯矩作用下组合梁洞口区混凝土板和钢梁所承担的剪力大小。由于总剪力由支座反力得到,因此只需求出钢梁部分的剪力值,即可得到混凝土板的剪力。

### 2.4.1　钢梁主应变计算

在荷载作用下,钢梁上、下翼缘属于单向应力状态,单个应变片足以确定其应力状态;钢梁腹板则属于平面应力问题,需要知道 3 个应变($\varepsilon_x,\varepsilon_y,\gamma_{xy}$)才可以确定某点的应力状态。有

3个未知数,应该布置3条应变片,通过联立3应变方程进行求解,见式(2.1)。

$$\begin{cases}\varepsilon_{\theta_1}=\varepsilon_x\cos^2\theta_1+\varepsilon_y\sin^2\theta_1+\gamma_{xy}\sin\theta_1\cos\theta_1\\\varepsilon_{\theta_2}=\varepsilon_x\cos^2\theta_2+\varepsilon_y\sin^2\theta_2+\gamma_{xy}\sin\theta_2\cos\theta_2\\\varepsilon_{\theta_3}=\varepsilon_x\cos^2\theta_3+\varepsilon_y\sin^2\theta_3+\gamma_{xy}\sin\theta_3\cos\theta_3\end{cases}\tag{2.1}$$

本试验在钢梁的腹板上设置了直角应变花(图2.20),角度为 $\theta_1=0°$、$\theta_2=45°$、$\theta_3=90°$,分别代入式(2.1),就可求出对应的正应变 $\varepsilon_x$,$\varepsilon_y$ 和剪应变 $\gamma_{xy}$,见式(2.2)。

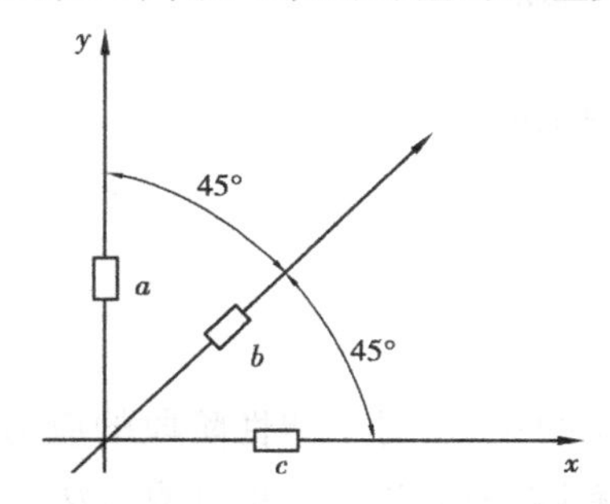

图2.20 直角应变花

$$\begin{cases}\varepsilon_{0°}=\varepsilon_x\\\varepsilon_{45°}=\frac{1}{2}\varepsilon_x+\frac{1}{2}\varepsilon_y+\frac{1}{2}\gamma_{xy}\\\varepsilon_{90°}=\varepsilon_y\end{cases}\Rightarrow\begin{cases}\varepsilon_x=\varepsilon_{0°}\\\varepsilon_y=\varepsilon_{90°}\\\gamma_{xy}=2\varepsilon_{45°}-\varepsilon_{0°}-\varepsilon_{90°}\end{cases}\tag{2.2}$$

将式(2.2)计算结果代入材料力学公式可以得到主应变 $\varepsilon_1$,$\varepsilon_2$ 以及夹角 $\alpha_0$,见式(2.3)。

$$\begin{cases}\varepsilon_1=\frac{\varepsilon_x+\varepsilon_y}{2}+\sqrt{\left(\frac{\varepsilon_x-\varepsilon_y}{2}\right)^2+\left(\frac{\gamma_{xy}}{2}\right)^2}=\frac{\varepsilon_{0°}+\varepsilon_{90°}}{2}+\sqrt{\left(\frac{\varepsilon_{0°}-\varepsilon_{90°}}{2}\right)^2+\left(\frac{2\varepsilon_{45°}-\varepsilon_{0°}-\varepsilon_{90°}}{2}\right)^2}\\\varepsilon_2=\frac{\varepsilon_x+\varepsilon_y}{2}-\sqrt{\left(\frac{\varepsilon_x-\varepsilon_y}{2}\right)^2+\left(\frac{\gamma_{xy}}{2}\right)^2}=\frac{\varepsilon_{0°}+\varepsilon_{90°}}{2}-\sqrt{\left(\frac{\varepsilon_0-\varepsilon_{90°}}{2}\right)^2+\left(\frac{2\varepsilon_{45°}-\varepsilon_{0°}-\varepsilon_{90°}}{2}\right)^2}\\\alpha_0=\frac{1}{2}\arctan\left(\frac{\gamma_{xy}}{\varepsilon_x-\varepsilon_y}\right)=\frac{1}{2}\arctan\left(\frac{2\varepsilon_{45°}-\varepsilon_{0°}-\varepsilon_{90°}}{\varepsilon_{0°}-\varepsilon_{90°}}\right)\end{cases}\tag{2.3}$$

## 2.4.2 钢梁主应力计算

根据 Mises 屈服条件,当等效应力 $\sigma_{eq}$ 小于钢材的屈服强度 $f_y$ 时,材料处于弹性阶段;当等效应力 $\sigma_{eq}$ 大于或等于钢材的屈服强度 $f_y$ 时,材料处于塑性阶段。为了求得等效应力 $\sigma_{eq}$,首先由应变数据求出主应力 $\sigma_1$,$\sigma_2$,见式(2.4):

$$\begin{cases}\sigma_1=\frac{E}{1-\mu^2}(\varepsilon_1+\mu\varepsilon_2)=\frac{E}{2}\left[\frac{\varepsilon_{0°}+\varepsilon_{90°}}{1-\mu}+\frac{\sqrt{2}}{1+\mu}\sqrt{(\varepsilon_{0°}-\varepsilon_{45°})^2+(\varepsilon_{45°}-\varepsilon_{90°})^2}\right]\\\sigma_2=\frac{E}{1-\mu^2}(\varepsilon_1+\mu\varepsilon_2)=\frac{E}{2}\left[\frac{\varepsilon_{0°}+\varepsilon_{90°}}{1-\mu}-\frac{\sqrt{2}}{1+\mu}\sqrt{(\varepsilon_{0°}-\varepsilon_{45°})^2+(\varepsilon_{45°}-\varepsilon_{90°})^2}\right]\end{cases}\tag{2.4}$$

再由式(2.5)就能求出等效应力 $\sigma_{eq}$:

$$\sigma_{eq}=\sqrt{\sigma_1^2+\sigma_2^2-\sigma_1\sigma_2} \tag{2.5}$$

### 1)弹性应力计算

当材料处于弹性阶段时,应力-应变曲线服从胡克定律(Hooke's law),可以根据应变数据直接求出不同荷载阶段的应力值,如式(2.6)所示:

$$\begin{cases}\sigma_x=\dfrac{E}{1-\mu^2}(\varepsilon_x+\mu\varepsilon_y)\\ \sigma_y=\dfrac{E}{1-\mu^2}(\varepsilon_y+\mu\varepsilon_x)\\ \tau_{xy}=G\gamma_{xy}\end{cases} \tag{2.6}$$

### 2)塑性应力计算

由于塑性阶段的应力-应变曲线不存在一一对应的关系,对于塑性阶段的应力计算相对困难,本书采用塑性流体理论得到的分离组合梁混凝土板和钢梁剪力的计算方法。

材料在塑性状态下,两个主应变的增量比 $\beta=\Delta\varepsilon_1/\Delta\varepsilon_2$ 近似地趋于一个常量。根据应变数据,利用式(2.3)和图 2.21 可以求出 $\beta$,将 $\beta$ 代入式(2.7)就可以得到两个主应力;再根据应力圆(图 2.22),用式(2.8)求出塑性阶段的剪应力。

$$\begin{cases}\sigma_1=\dfrac{2\beta+1}{\sqrt{3(\beta^2+\beta+1)}}f_y\\ \sigma_2=\dfrac{\beta+2}{\sqrt{3(\beta^2+\beta+1)}}f_y\end{cases} \tag{2.7}$$

$$\tau_{xy}=\frac{1}{2}(\sigma_1-\sigma_2)\sin(2\alpha_0) \tag{2.8}$$

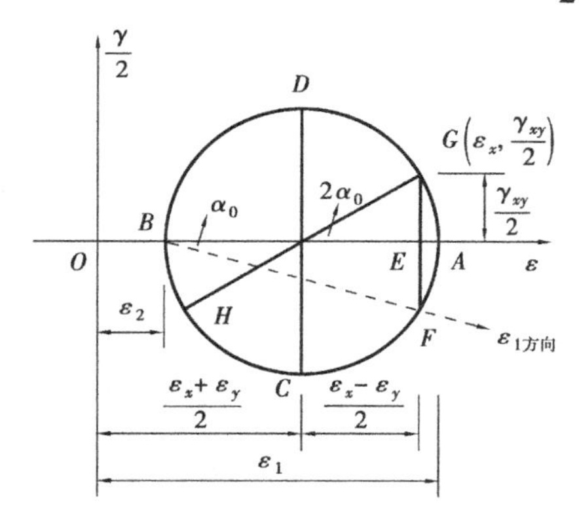


图 2.21　应变圆

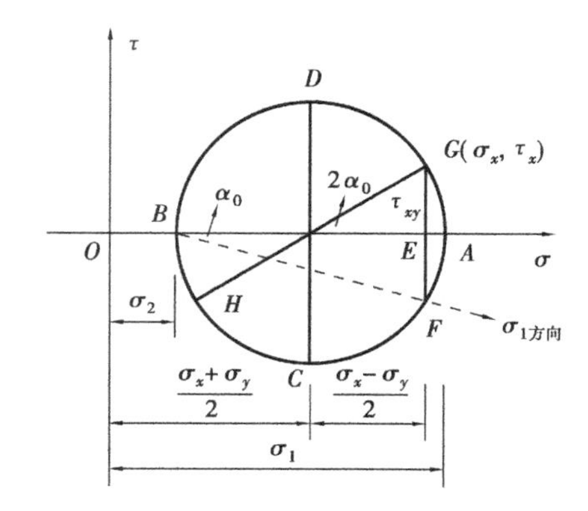


图 2.22　应力圆

求出剪应力值 $\tau_{xy}$,就可以得到钢梁部分的剪力值 $V_s$,这时由总剪力 $V$ 减去 $V_s$,即可得到混凝土板承担的剪力值 $V_c$:$V_c=V-V_s$。

以上述理论方法为基础,可以计算出负弯矩区腹板开洞组合梁钢梁和混凝土板各自承担的剪力,根据计算步骤列出对应的计算流程图,如图 2.23 所示,按流程图可以方便地使用计算机编程进行计算。

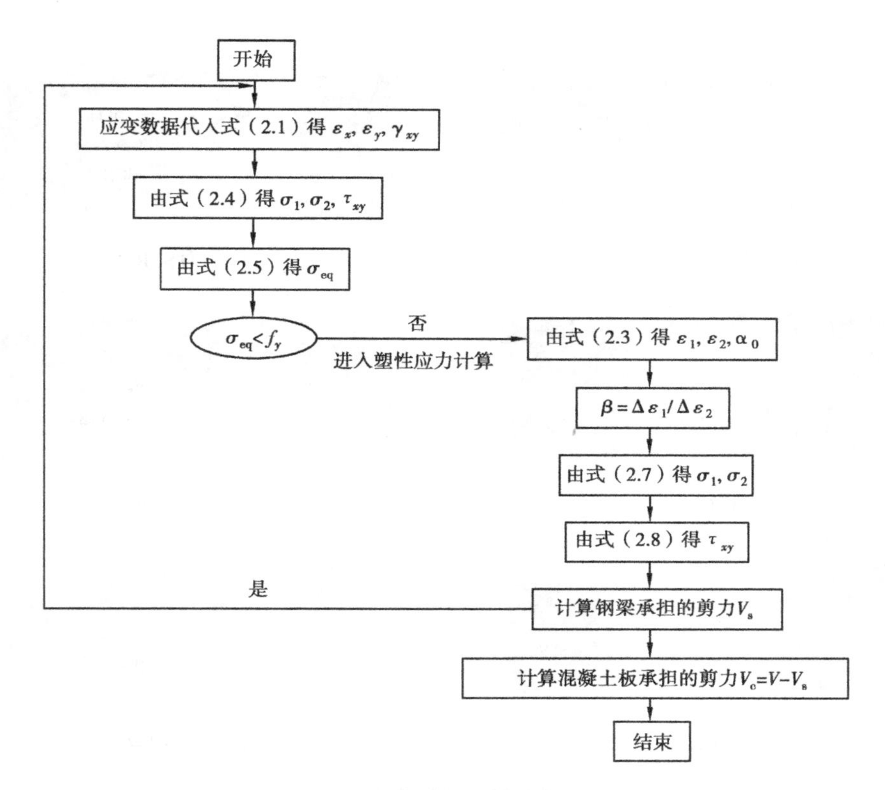


图 2.23　钢梁与混凝土翼板的剪力计算流程

# 2.5　试验结果与分析

## 2.5.1　试验现象与破坏形态

试件 SCB-1 为无洞组合梁，作为对比试件。在荷载作用初期，试件 SCB-1 的混凝土板已经开始出现微小的裂缝：当荷载达到 $0.32P_u$ 时，在弯矩最大处，即跨中部分的混凝土板上表面首先出现了微小的横向裂缝，随着荷载的增加，裂缝数量逐渐增加，但发展缓慢，宽度也不大，且主要集中在跨中部分；荷载达到 $0.89P_u$ 时，混凝土板出现明显变形，裂缝宽度也明显增加，最终跨中的钢梁腹板和下翼缘出现屈曲变形[图 2.24(a)]，加载不能再继续增加，标志着 SCB-1 试件达到了承载力极限状态。

SCB-2 ~ SCB-6 5 根腹板开洞组合梁试件的试验现象和破坏过程都比较相似，由于混凝土板的厚度和配筋率等参数不同，各试件的变形情况、裂缝宽度与位置将会有所不同，如图 2.24 所示。

以 SCB-2 试件为例对试件的破坏过程进行说明。在荷载作用初期，开洞组合梁变形较小，整个试件处于弹性工作阶段。当荷载达到 $0.25P_u$ 时，靠近加载点的洞口右侧的混凝土板下表面开始出现微小的横向裂缝，随着荷载增加，裂缝有缓慢发展；当荷载达到 $0.58P_u$ 时，洞口呈现出初期的剪切变形形态（平行四边形），挠度明显增加，洞口区域混凝土板的横向和纵向裂缝也显著增加。当荷载达到 $0.75P_u$ 时，洞口剪切变形十分明显，洞口角部开始出现塑性

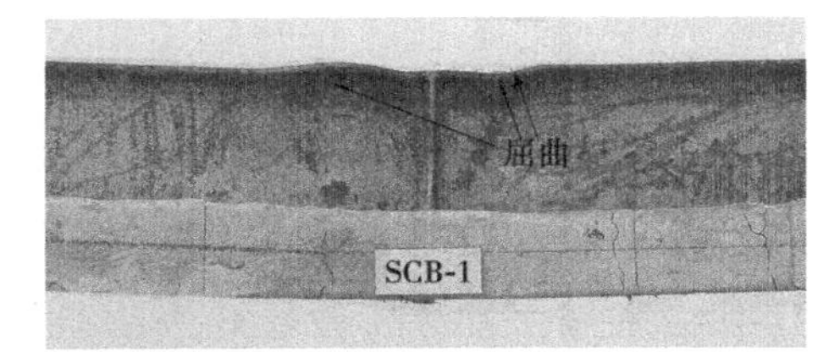


(a)试件SCB-1

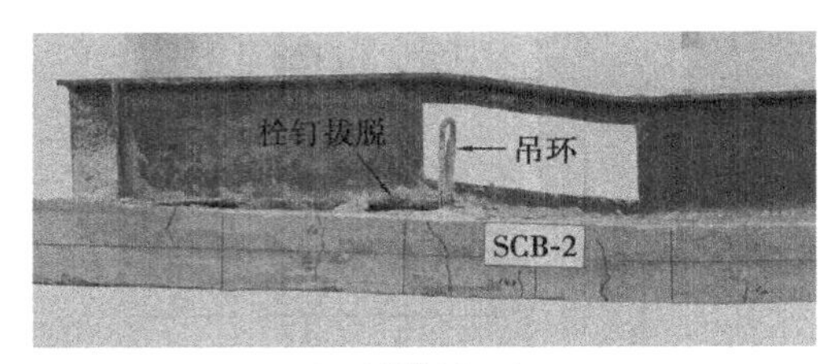


(b)试件SCB-2

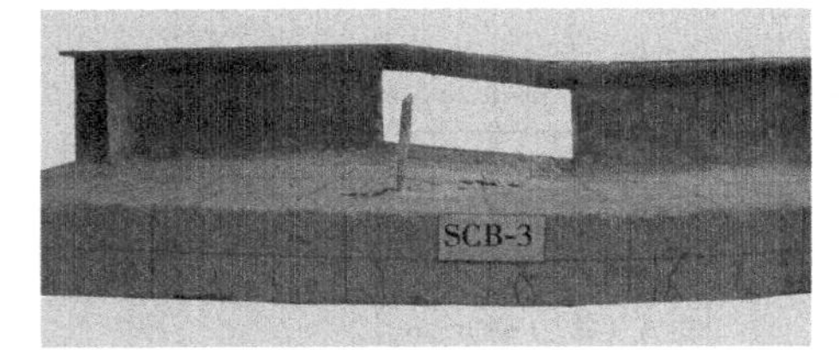


(c)试件SCB-3

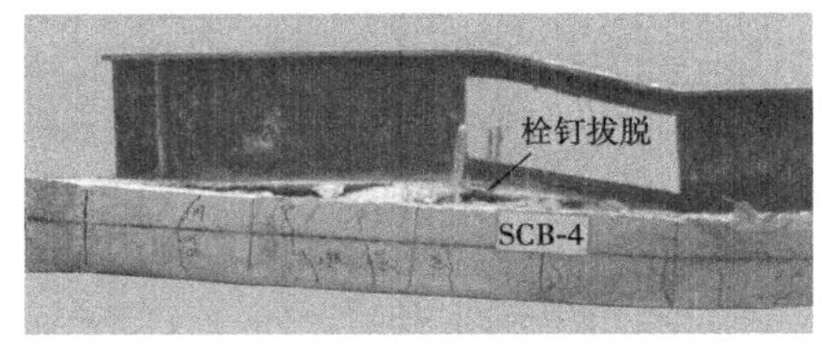


(d)试件SCB-4

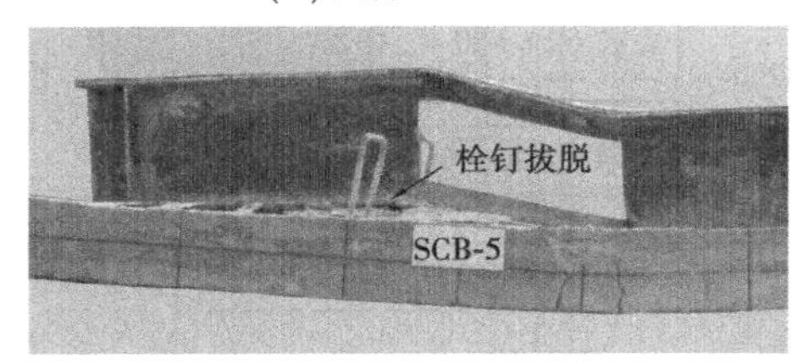


(e)试件SCB-5

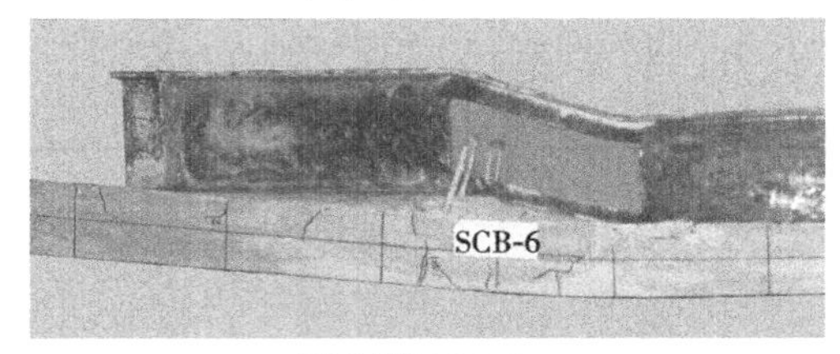


(f)试件SCB-6

图 2.24　试件破坏形态

铰,右侧洞口上部混凝土板明显鼓出,横向和纵向裂缝开始贯通,宽度也有所增加。当荷载达到 $0.9P_u$ 时,洞口右上角、左下角被拉裂,如图 2.25(a)所示,挠度增加较快,裂缝宽度明显增加;荷载达到 $P_u$ 时,洞口左侧靠近支座部分出现拔脱现象,栓钉在较大的掀起力作用下被拔出一段,如图2.25(a)所示,靠近洞口区域的混凝土板出现明显断裂,如图 2.25(b)所示,最终组合梁试件丧失承载力。由于洞口位于弯剪区段,在弯矩和剪力共同作用下,洞口区不仅发生了剪切变形,角部还出现了塑性铰,因此从整体上看,开洞试件的破坏形态属于空腹破坏,破坏位置都在洞口区域,而不是跨中的最大弯矩处。

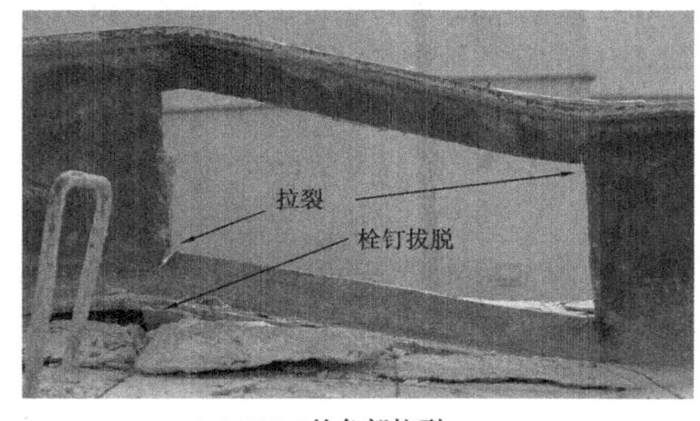


(a)SCB-2的角部拉裂

(b)SCB-2的破坏位置

图 2.25　试件局部破坏现象

## 2.5.2 荷载-挠度曲线分析

试验得到了各组合梁试件的荷载-挠度曲线，如图 2.26 所示。从结果来看，可以将组合梁试件的荷载-挠度曲线分为弹性阶段、弹塑性阶段和破坏阶段 3 个主要阶段。

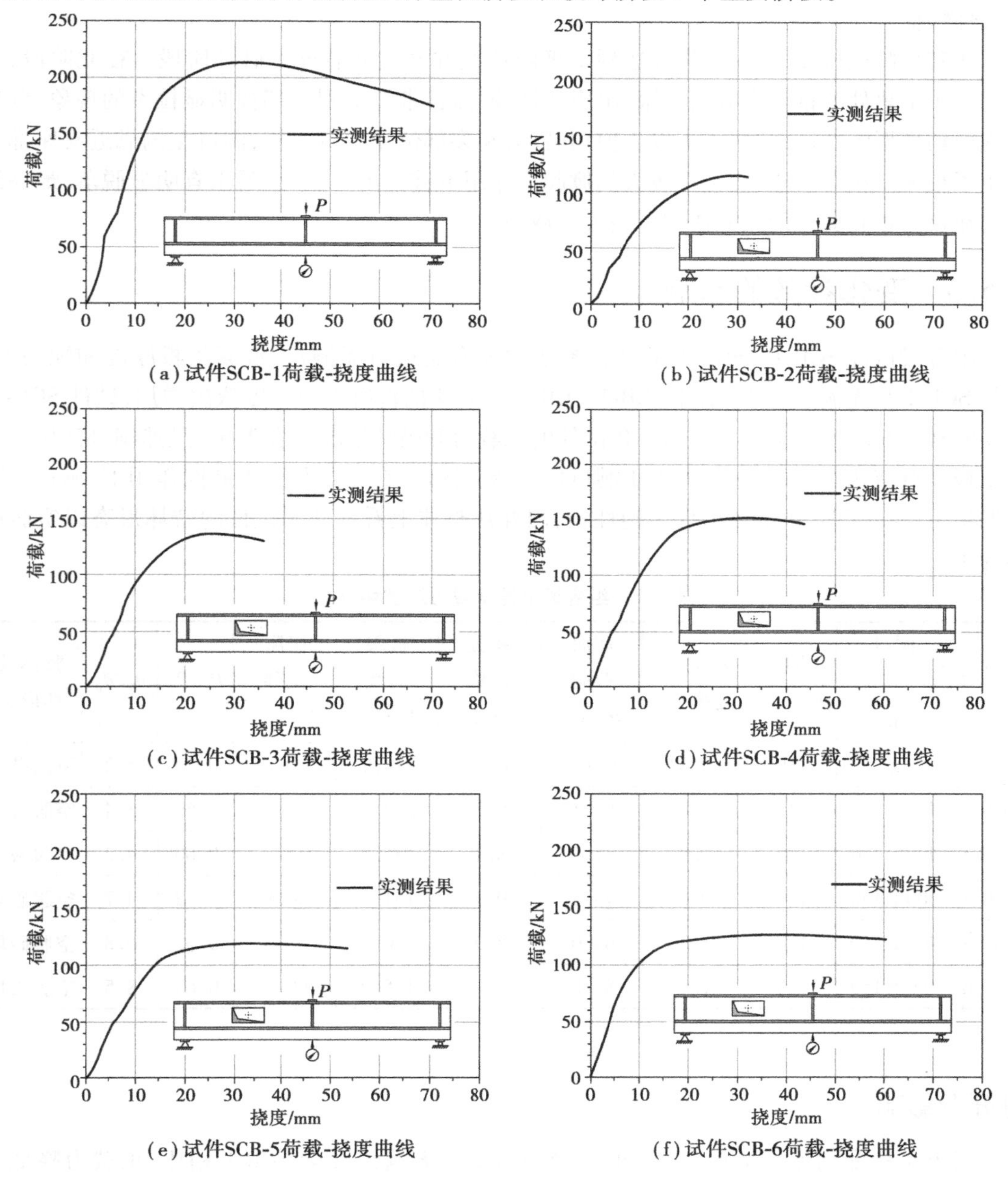


图 2.26　组合梁试件荷载-挠度曲线

①弹性阶段（$P \leqslant P_y$）：组合梁试件在这一阶段的工作性能正常，荷载-挠度曲线基本保持线性增长；钢梁全截面处于弹性应变状态，在跨中和洞口右侧的混凝土板底部出现少量微小的横向裂缝，发展速度缓慢；混凝土板上的应变值接近最大拉应变。

②弹塑性阶段（$P_y < P < P_u$）：当洞口区域的腹板或者下翼缘开始出现屈服时，试件就进

入了弹塑性阶段。在此阶段中,洞口处4个角部相继发生变形屈服;混凝土板与钢梁交接处发生了明显的滑移,裂缝发展迅速;随着荷载的增加,各测点的挠度增加很快,钢梁洞口处腹板和下翼缘的最大应变超过钢材屈服应变,钢梁进入了弹塑性阶段,整个组合梁刚度明显下降,各测点挠度值增加很快,试件整体变形明显,荷载-挠度曲线逐渐偏离直线,表现出明显的非线性特征。

③破坏阶段($P \geq P_u$):当荷载达到了极限荷载并开始卸载即为破坏阶段。在此阶段,洞口区域4个角处的钢梁全截面屈服,出现塑性铰,而且带有个别角部被明显拉裂的现象,洞口出现剪切变形的特征;混凝土板发生剪切破坏,断裂部位在洞口两侧,洞口左侧靠近支座部分发生了很大的相对滑移,栓钉在较大的掀起力作用下被拔出一段,混凝土有明显脱落,最终组合梁在负弯矩和剪力的共同作用下丧失承载力。

## 2.5.3 变化参数的影响

组合梁试件SCB-1~SCB-6的变化参数主要有腹板有无洞口、混凝土板厚度和配筋率。试件SCB-1是无洞组合梁,试件SCB-2、SCB-3、SCB-4的混凝土板厚度依次增加,试件SCB-2、SCB-5、SCB-6的配筋率依次增加。各试件的承载力和破坏情况见表2.6。虽然洞口区域的混凝土板具有剪切破坏的特征,但由于洞口位于弯剪区段,在弯矩和剪力共同作用下,洞口区不仅发生了剪切变形,角部还出现了塑性铰,因此从整体上看各开洞试件的破坏形态以空腹破坏为主。

**表2.6　组合梁试件承载力及破坏形态**

| 编　号 | 洞口 $a_0 \times h_0$ /mm | 板厚 $h_c$/mm | 纵向配筋率/% | 屈服荷载 $P_y$/kN | 屈服位移 $d_y$/mm | 极限荷载 $P_u$/kN | 极限位移 $d_u$/mm | $P_y/P_u$ | $d_y/d_u$ | 整体破坏形态 |
|---|---|---|---|---|---|---|---|---|---|---|
| SCB-1 | 无 | 110 | 0.8 | 170.2 | 13.6 | 214.2 | 70.8 | 0.79 | 5.2 | 弯曲破坏 |
| SCB-2 | 400×150 | 110 | 0.8 | 67.1 | 9.3 | 114.6 | 32.1 | 0.59 | 3.4 | 空腹破坏 |
| SCB-3 | 400×150 | 125 | 0.8 | 81.2 | 8.4 | 136.2 | 35.2 | 0.60 | 4.2 | 空腹破坏 |
| SCB-4 | 400×150 | 140 | 0.8 | 95.0 | 9.5 | 151.3 | 44.8 | 0.62 | 4.7 | 空腹破坏 |
| SCB-5 | 400×150 | 110 | 1.2 | 64.0 | 7.9 | 120.2 | 53.5 | 0.53 | 6.8 | 空腹破坏 |
| SCB-6 | 400×150 | 110 | 1.6 | 81.8 | 7.1 | 125.0 | 60.5 | 0.65 | 8.5 | 空腹破坏 |

### 1)开洞影响

当板厚和配筋率相同时,开洞组合梁SCB-2和无洞组合梁SCB-1相比,承载力降低了46.5%,变形能力降低了55%。可见负弯矩区组合梁开洞后组合梁承载力和变形能力都有很大降低。

### 2)板厚变化影响

当以混凝土板厚为变化参数,配筋率不变时的结果见表2.6和图2.27,从结果可以看出,用试件 SCB-3、SCB-4 与 SCB-2 作比较，洞口尺寸相同，板厚依次增加 15 cm 和 30 cm，其承载力分别提高了 18.8% 和 32%，变形能力只提高了 1% 和3.9%。可见混凝土板的抗剪承载力随着板厚的增加而提高，增加混凝土板厚可以有效提高负弯矩区腹板开洞组合梁的承载力，但不能明显提高其变形能力。

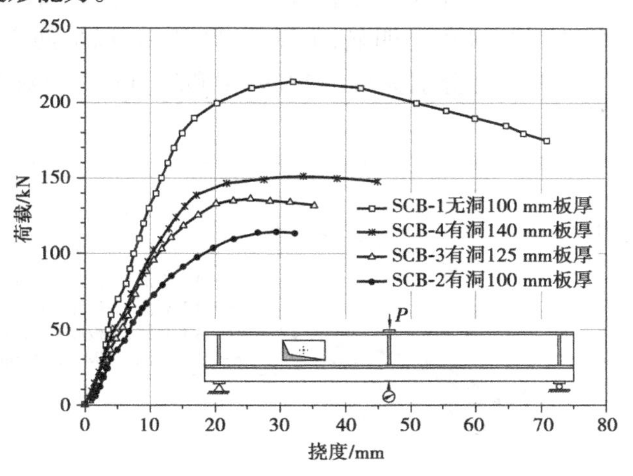


图 2.27　板厚变化时的荷载-挠度曲线

## 3）配筋率变化影响

当以配筋率为变化参数，板厚不变时的结果见表 2.6 和图 2.28，试件 SCB-5、SCB-6 与 SCB-2 作比较，洞口尺寸相同，配筋率依次提高了 0.4% 和 0.8%，其承载力分别提高了 4.9% 和 9.1%，变形能力则提高了 66.7% 和 88.4%。可见增加纵向钢筋配筋率可以显著提高负弯矩区腹板开洞组合梁的变形能力，但对其承载力的提高则很少，主要原因是开洞后组合梁的破坏由洞口 4 个角处的截面强度控制，洞口左侧上下截面的次弯矩均为负弯矩，而洞口右侧上下截面的次弯矩均为正弯矩，只有位于洞口右侧混凝土板上部的纵向钢筋能有效且较多地发挥作用。

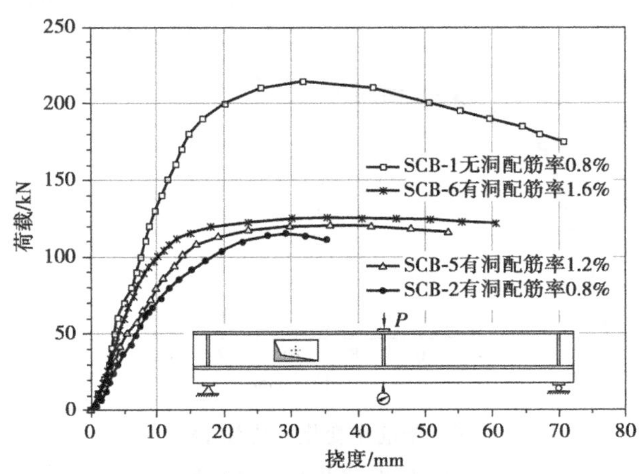


图 2.28　配筋率变化时的荷载-挠度曲线

### 4)正、负弯矩试验结果对比

王鹏等[90]对正弯矩作用下的腹板开洞组合梁进行了试验研究,得到了不同参数下的试验结果。以板厚为变化参数时,试件A3、试件A4与试件A2相比,承载力分别提高了11.73%和26.18%,但对变形能力的提高则不明显,如图2.29所示;以配筋率为变化参数时,试件B1、B2与试件A2相比,变形能力分别提高了13.97%和24.45%,但对承载力的提高则不明显,如图2.30所示。

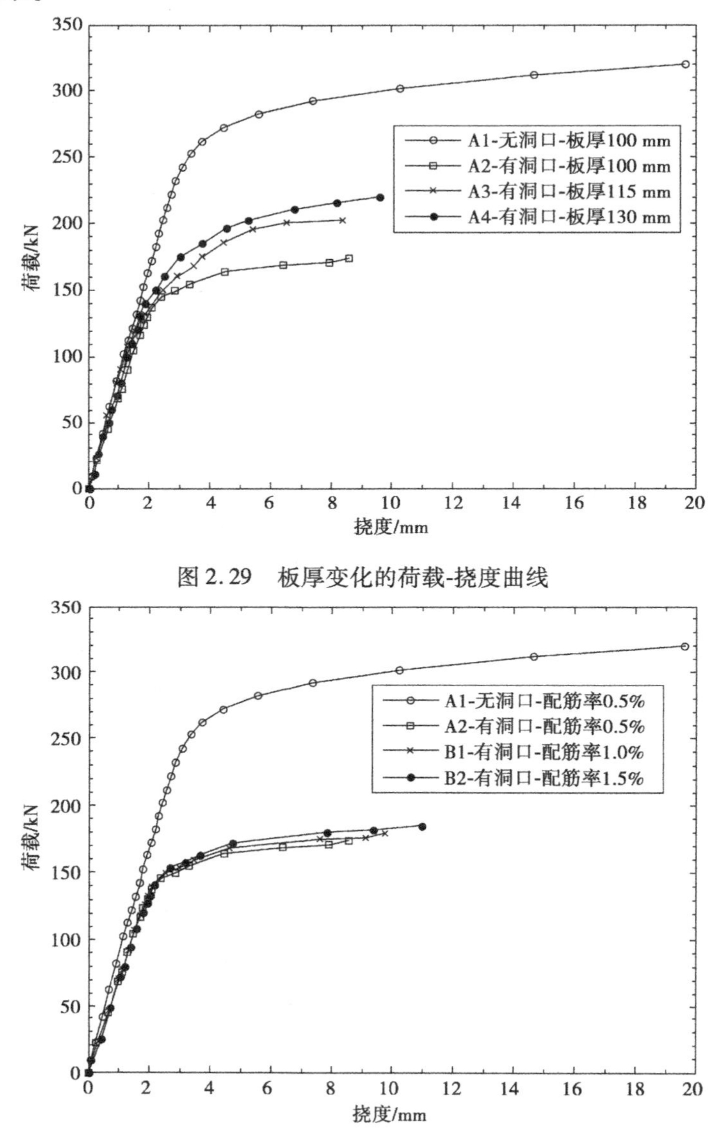


图2.29 板厚变化的荷载-挠度曲线

图2.30 配筋率变化的荷载-挠度曲线

将本书试验结果与王鹏等[90]进行的正弯矩区腹板开洞组合梁的试验结果进行对比可以发现:

①通过增加混凝土板厚度可以有效提高正弯矩区或负弯矩区的腹板开洞组合梁的承载力,对负弯矩区腹板开洞组合梁的提高效果(18.8%~32%)更为明显,如图2.31(a)所示,但

混凝土板厚的增加不能有效提高其变形能力。

②通过增加配筋率可以有效提高正弯矩区或负弯矩区的腹板开洞组合梁的变形能力,值得注意的是,其对负弯矩作用下的腹板开洞组合梁的提高效果(66.7% ~88.4%)比正弯矩作用下的高很多,如图2.31(b)所示,但是通过增加配筋率并不能有效提高其承载力。

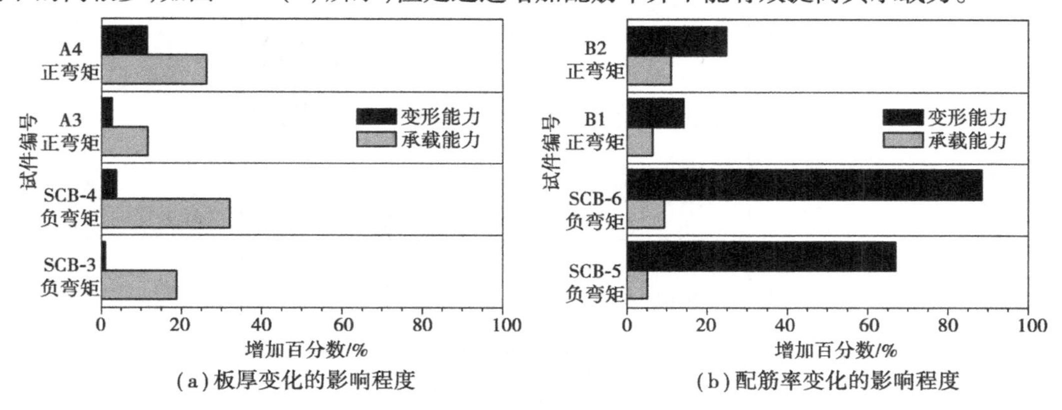


(a)板厚变化的影响程度　　(b)配筋率变化的影响程度

图2.31　正、负弯矩作用下腹板开洞组合梁参数影响对比

## 2.5.4　挠曲变形分析

试验测出了不同荷载阶段组合梁试件的挠曲变形,如图2.32所示。

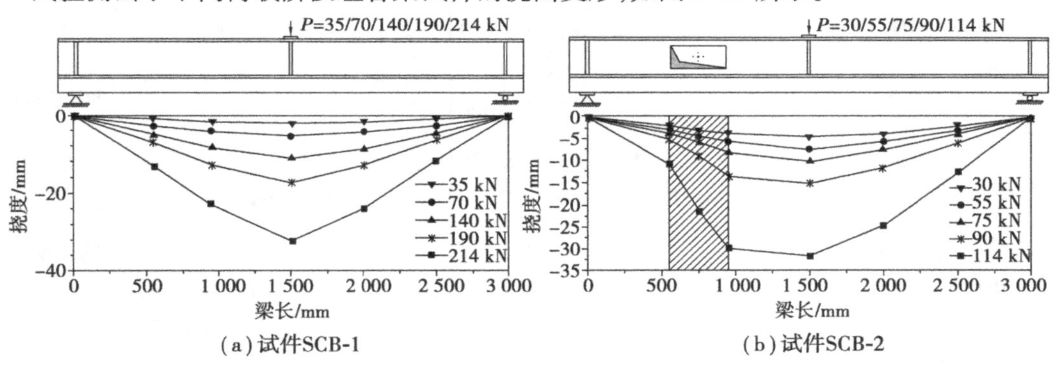


(a)试件SCB-1　　(b)试件SCB-2

图2.32　负弯矩区组合梁挠度沿梁长的分布曲线

对于负弯矩作用下的无洞组合梁,最大挠度始终出现在荷载作用点处,挠度曲线没有出现突变现象,整个试件以弯曲变形为主,如图2.32(a)所示,当荷载接近屈服荷载时,挠度增加速率变快。SCB-2试件由于洞口的出现,组合梁刚度明显下降,挠度曲线出现明显突变;在洞口处的挠度随着剪切变形的增大而急剧增加,洞口右侧的挠度增加幅度明显大于洞口左侧,达到极限荷载时,挠度最大值仍出现在洞口右端,但与最大弯矩处的挠度值相差不大,如图2.32(b)所示。

## 2.5.5　截面应变与应力分析

### 1)截面应变

负弯矩作用下无洞组合梁试件SCB-1的纵向应变分布如图2.33所示,测点位于1/4跨中截面处。试验结果表明:负弯矩区无洞组合梁截面纵向应变基本为线性分布,符合平截面假定,虽然混凝土板与钢梁交界处存在相对滑移应变,但混凝土板和钢梁上的应变还是基本平行,即有相同的曲率。

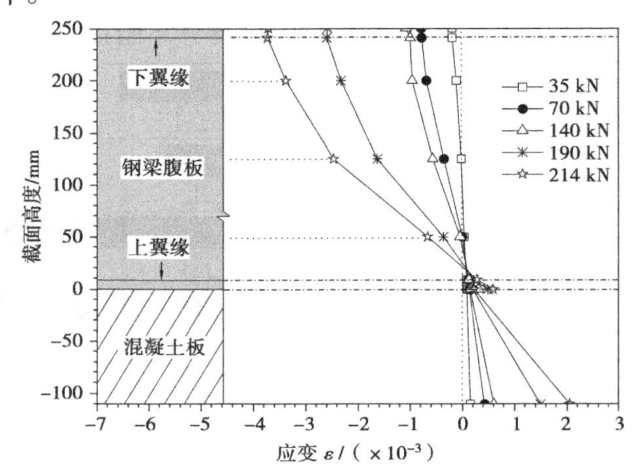


图 2.33　SCB-1 试件 1/4 跨横截面应变分布

对于负弯矩作用下的腹板开洞组合梁试件,研究重点在于洞口区域的受力情况,为此对洞口两侧进行了应变测量,如图 2.34 所示。

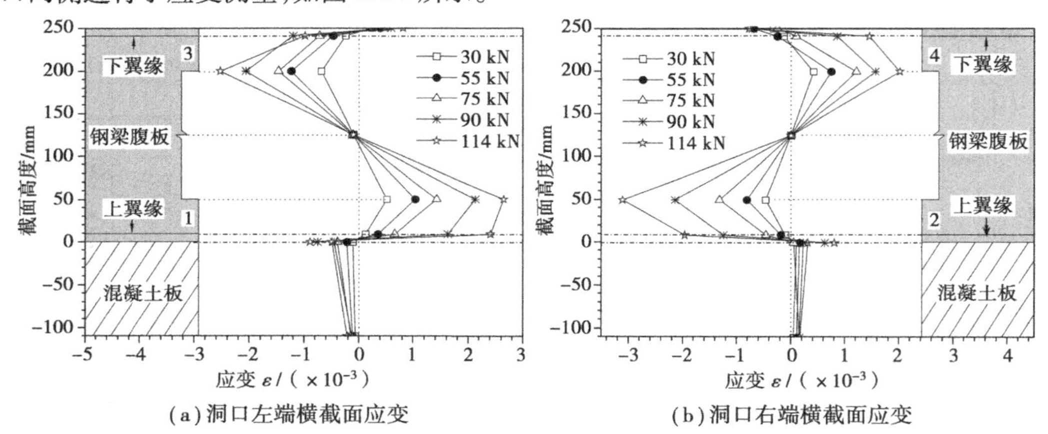


图 2.34　SCB-2 试件洞口区横截面应变分布

试验表明,负弯矩作用下腹板开洞组合梁洞口区域应变有如下特点:

①由于腹板开洞后,截面刚度削弱严重,出现了应力集中现象,同时截面上存在着较大的剪切变形,因此洞口区域纵向应变沿组合梁截面高度大致为 S 形分布,已经不再符合平截面假定。

②从图 2.34(a)可以看出,在左端洞口横截面中,洞口上部钢梁截面腹板受拉、翼缘顶面受压,洞口下部钢梁截面腹板受压、翼缘底面受拉,即在洞口上、下截面各有一根中和轴;右端洞口横截面中情况与洞口左端的正好相反,如图 2.34(b)所示。

③对于 SCB-2 试件,当荷载达到 75 kN,即极限荷载的 65% 时,洞口 4 个角部开始出现屈服,应力集中现象加重,随着荷载的增加,4 个角部应变增加明显,逐渐形成塑性铰,最终破坏。

通过以上分析可以得到负弯矩区腹板开洞组合梁洞口内力分布情况,取隔离体如图 2.35

所示，为了与试验的反向加载对应，此处的隔离体也是倒置的。

从图2.35中可以看出，洞口区域内力为3次超静定，$M_g^L$、$M_g^R$ 分别为洞口左端和右端的总弯矩；$M_1$，$M_2$，$M_3$，$M_4$ 分别为洞口1、2、3、4四个角部处的次弯矩；$M_l^c$，$M_r^c$ 分别是混凝土板中剪力产生的次弯矩；$V_b$，$N_b$ 分别为洞口下钢梁截面的剪力和轴力；$V_s$，$N_s$ 分别为洞口上钢梁截面的剪力和轴力；$V_c$，$N_c$ 分别为混凝土板上的剪力和轴力；$Z_t$，$Z_b$ 分别为混凝土板截面形心至洞口上钢梁截面、洞口下钢梁截面形心的距离。

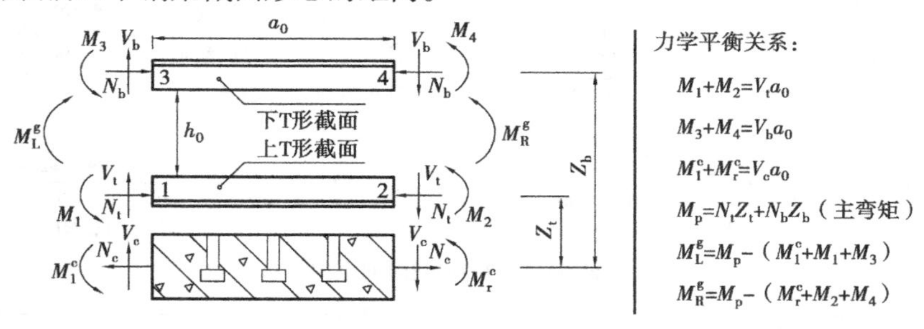


图2.35 负弯矩作用下洞口区域内力分布（倒置）

### 2）截面应力

根据试验所得的应变数据，按照2.4节的数据处理方法，计算得到了组合梁试件钢梁部分的应力值。

无洞组合梁试件SCB-1的横截面应力分布如图2.36所示。从试验结果可以看出，钢梁在荷载作用初期处于弹性工作阶段，随着荷载的增加，正应力和剪应力也有不同程度的增加，当荷载达到0.79$P_u$ 时，钢梁下翼缘首先开始屈服，腹板随后屈服，截面内力出现了重分布，即下部区域的材料强度主要由受压应力所耗用，剪应力就不得不向上部区域转移，也就是说，在正应力屈服的区域剪应力会被排挤到其他区域。荷载达到一定值时，塑性区的应力不再增加，弹性区应力则继续增加，荷载达到 $P_u$ 时钢梁截面大部分区域已经屈服。

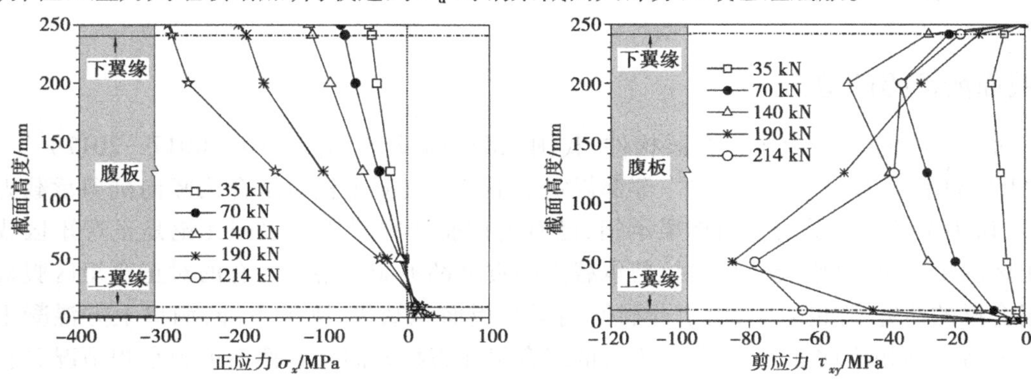


图2.36 SCB-1试件横截面应力分布

负弯矩作用下腹板开洞组合梁洞口区域的横截面应力分布以SCB-2试件为例进行说明，SCB-2试件洞口区域横截面应力分布如图2.37所示。试验结果表明：钢梁在荷载作用初期处于弹性工作阶段，随着荷载的增加，正应力和剪应力都增加，由于洞口处出现应力集中，洞口角部边缘处的应力增加幅度很大；当荷载达到0.58$P_u$ 时，洞口4个角部开始依次屈服，塑性区的正应力仅有微小增加,剪应力则有一定减小,随着荷载的增长,塑性区域还在扩大。荷载达到极限荷载时,洞口4个角部处塑性发展都很充分。同时发现,在正应力屈服的区域内,剪应力也被排挤到了其他区域。

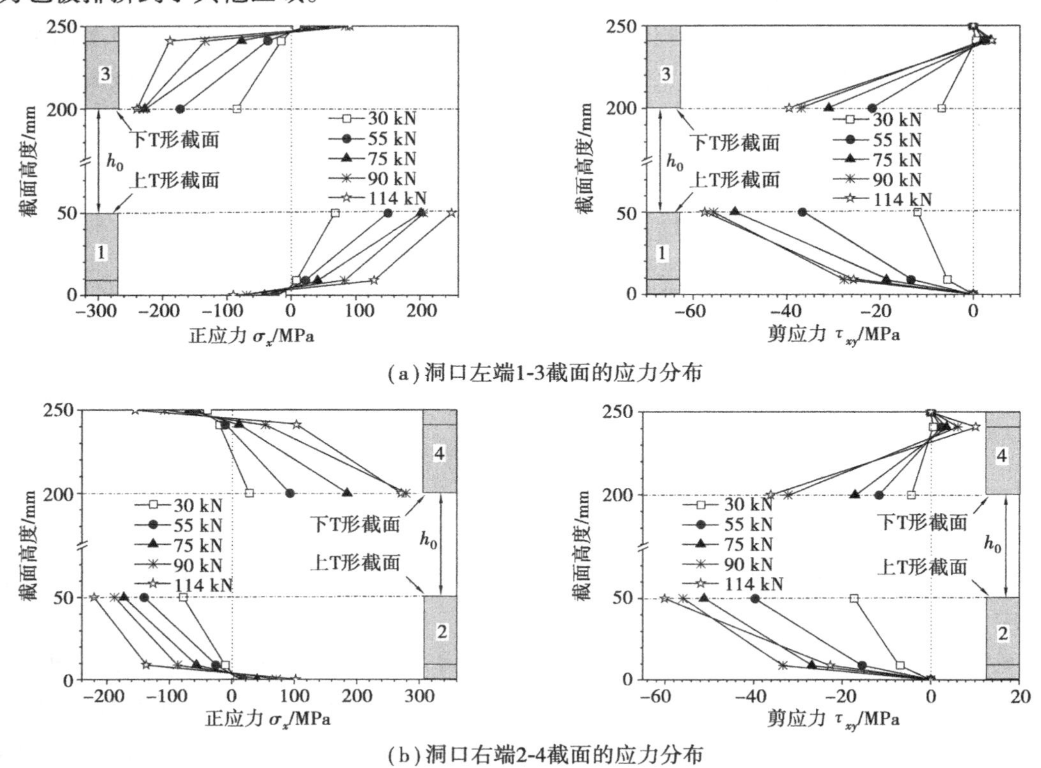


(a)洞口左端1-3截面的应力分布

(b)洞口右端2-4截面的应力分布

图2.37　SCB-2试件洞口区域横截面应力分布

## 2.5.6　抗剪性能分析

### 1)截面所承担的剪力

对于一般的钢-混凝土组合梁构件,我国《钢结构设计标准》(GB 50017—2017)[97]、国外AISC规范[98]以及EC4规范[99]等都规定了不考虑混凝土板对组合梁竖向抗剪承载力的贡献,认为全部竖向剪力仅由钢梁承担,已有的试验研究[94-96]则表明无论是正弯矩区或负弯矩区的组合梁,其混凝土板对抗剪承载力的贡献都不能忽略。已有的对正弯矩区腹板开洞组合梁的研究[90]也表明,由于开洞使钢梁腹板面积缺失,刚度下降,洞口上方混凝土板承担的剪力会相应增加,那么负弯矩区的组合梁在腹板开洞后其截面剪力承担情况又会如何变化?

为了分析负弯矩区腹板开洞组合梁各部分截面承担剪力的情况,根据试验应变数据,通过2.4节的计算方法得到了对应的剪力值,见表2.7。试验结果表明:对于负弯矩区的无洞组合梁试件SCB-1,钢梁承担了截面总剪力的74.5%,混凝土板则承担了25.5%,可见虽然无洞组合梁截面上大部分剪力由钢梁承担,但是混凝土板也对抗剪有不可忽略的贡献。对于负弯矩区的腹板开洞组合梁试件SCB-2~SCB-6,洞口上方混凝土板承担的剪力达到了截面总剪力的82.3%～90.2%，上部和下部钢梁截面承担的剪力仅有3.1%～13%。可见，目前国内外相关规范没有考虑混凝土板对抗剪承载力的贡献是比较保守的，并未充分利用材料强度，相关规范已不适用于指导负弯矩区的腹板开洞组合梁的设计。

**表2.7　负弯矩区洞口各部分截面承担的剪力**

| 洞口剪力分布 | 编号 | 参数 | $P_u$/kN | $V$/kN | $V_c$/kN | $V_s$/kN | $V_b$/kN | $V_c/V$ | $V_s/V$ | $V_b/V$ |
| --- | --- | --- | --- | --- | --- | --- | --- | --- | --- | --- |
| $V_c$ $V_c$ $V_s$ $V_s$ 1 2 上钢梁截面 $h_0$ 下钢梁截面 3 4 $V_b$ $V_b$ $a_0$ 总剪力：$V=V_b+V_s+V_c$ 洞口剪力分布 | SCB-1 | 对比 | 214.2 | 107.1 | 27.3 | 75.2 | — | 25.5% | 74.5% | — |
| | SCB-2 | $h_c$ = 110 mm | 114.6 | 50.30 | 41.4 | 6.60 | 2.3 | 82.3% | 13.1% | 4.6% |
| | SCB-3 | $h_c$ = 125 mm | 136.2 | 64.10 | 55.2 | 6.21 | 2.7 | 86.1% | 9.70% | 4.2% |
| | SCB-4 | $h_c$ = 140 mm | 151.3 | 72.65 | 65.5 | 4.92 | 2.2 | 90.2% | 6.70% | 3.1% |
| | SCB-5 | $\rho$ = 1.2% | 120.2 | 54.10 | 44.9 | 6.34 | 2.8 | 83.1% | 11.7% | 5.2% |
| | SCB-6 | $\rho$ = 1.6% | 125.0 | 57.50 | 48.4 | 6.61 | 2.3 | 84.2% | 11.5% | 4.3% |

注：$h_c$ 为混凝土板厚度；$\rho$ 为纵向钢筋配筋率；$P_u$ 为极限荷载；$V$ 为截面总剪力；$V_c$ 为混凝土板剪力；$V_s$ 为洞口上钢梁截面剪力；$V_b$ 为洞口下钢梁截面剪力。

图2.38所示为各组合梁试件洞口区截面的混凝土板和钢梁截面承担剪力的百分比，对于腹板开洞组合梁试件，钢梁部分又划分为洞口上钢梁截面和洞口下钢梁截面。试验结果表明：对于无洞组合梁试件SCB-1，钢梁部分承担了总剪力的82.3%，混凝土板则承担了总剪力的25.5%，可见，负弯矩作用下的组合梁试件其混凝土板对抗剪承载力的贡献是不可忽略的。对于负弯矩作用下的腹板开洞组合梁，其洞口区截面剪力承担有如下特点：

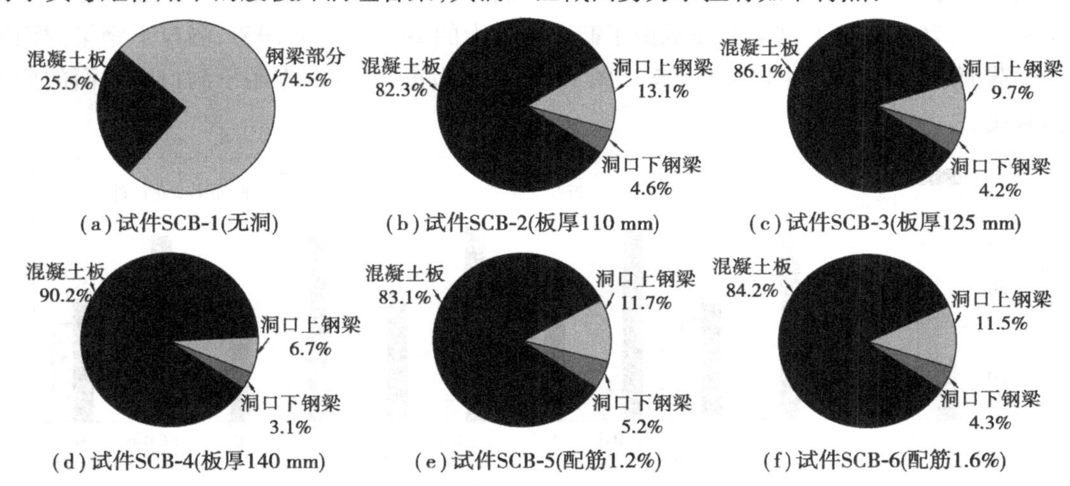


图2.38　负弯矩区组合梁试件洞口区截面承担剪力百分比

①随着混凝土板厚度的依次增加，试件SCB-2、SCB-3、SCB-4的洞口上方混凝土板承担了总剪力的82.3%，86.1%和90.2%，洞口上钢梁截面承担了总剪力的13.1%，9.7%和6.7%，洞口下钢梁截面承担了截面总剪力的4.6%，4.2%和3.1%，可见，混凝土板厚度变化对其承担的剪力大小有明显影响。

②随着混凝土板配筋率依次提高，试件SCB-2、SCB-5、SCB-6的洞口上方混凝土板所承担的总剪力为82.3%，83.1%和84.2%，洞口上钢梁截面承担了总剪力的13.1%，11.7%和

11.5%,洞口下钢梁截面承担了截面总剪力的4.6%,5.2%和4.1%,可见,随着配筋率的提高,混凝土板承担的剪力增加幅度很小。

### 2)正、负弯矩作用下抗剪性能对比

为了对洞口处于正、负弯矩区的组合梁抗剪性能进行比较,将本书相关试验数据与王鹏等[90]进行的正弯矩区试验进行了对比,正弯矩作用下腹板开洞组合梁截面承担剪力见表2.8。

**表2.8　正弯矩区洞口各部分截面承担的剪力**

| | 编　号 | 参　数 | $P_u$/kN | $V$/kN | $V_c$/kN | $V_s$/kN | $V_b$/kN | $V_c/V$ | $V_s/V$ | $V_b/V$ |
|---|---|---|---|---|---|---|---|---|---|---|
| $V_c$ $V_s$ 1 2 上钢梁截面 $h_0$ 下钢梁截面 $V_b$ 3 4 $a_0$ 总剪力: $V=V_b+V_s+V_c$ 洞口剪力分布 | A-1 | 对比 | 320.0 | 213.3 | 64.3 | 148.7 | — | 30.1% | 69.9% | — |
| | A-2 | $h_c$ = 100 mm | 175.0 | 116.6 | 62.5 | 37.3 | 16.8 | 53.6% | 31.9% | 14.5% |
| | A-3 | $h_c$ = 115 mm | 194.2 | 129.4 | 72.8 | 35.3 | 21.2 | 56.3% | 27.3% | 16.4% |
| | A-4 | $h_c$ = 130 mm | 219.3 | 146.2 | 87.2 | 35.1 | 23.9 | 59.7% | 24.0% | 16.3% |
| | B-1 | $\rho$ = 1.0% | 184.6 | 123.0 | 64.1 | 34.4 | 24.5 | 52.1% | 27.9% | 20.0% |
| | B-2 | $\rho$ = 1.5% | 192.5 | 128.3 | 70.6 | 33.3 | 24.4 | 55.1% | 25.9% | 19.0% |

注:$h_c$ 为混凝土板厚度;$\rho$ 为纵向钢筋配筋率;$P_u$ 为极限荷载;$V$ 为截面总剪力;$V_c$ 为混凝土板剪力;$V_s$ 为洞口上钢梁截面剪力;$V_b$ 为洞口下钢梁截面剪力。

从试验数据中可以看出:在正弯矩作用下,洞口上方的混凝土板承担了截面总剪力的53.6% ~59.7%,洞口上钢梁截面承担了截面总剪力的24.0% ~31.9%,洞口下钢梁截面则承担了截面总剪力的14.4% ~20.2%。图2.39所示为正、负弯矩作用下洞口区截面的剪力分担对比。

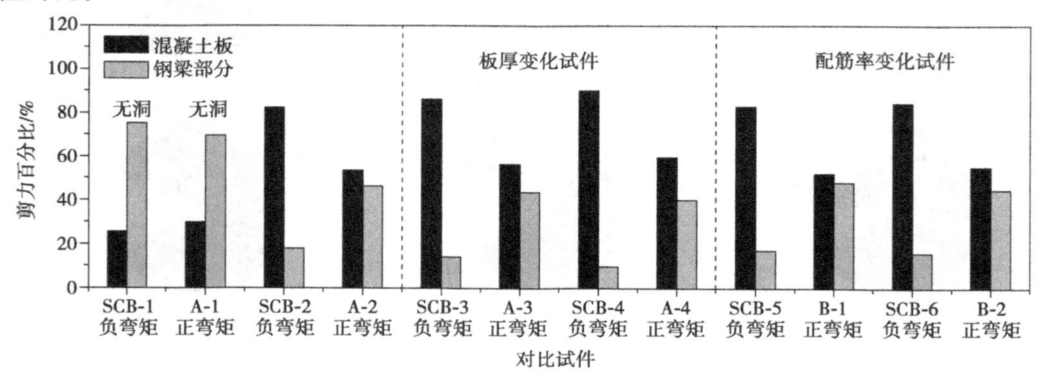


图2.39　正、负弯矩作用下洞口区剪力分担对比

从图2.39中可以看出:虽然正弯矩区洞口上方的混凝土板也承担了大部分的截面剪力,但是远没有负弯矩区洞口上方混凝土板承担的剪力所占比重(82.3% ~90.2%)大。由此可见,负弯矩作用下洞口上方混凝土板的抗剪性能比正弯矩作用下更为突出,加强混凝土翼板对提高负弯矩区的抗剪承载力和变形能力的效果会更加明显。

## 2.5.7 栓钉受力性能分析

本试验中的组合梁采用栓钉作为剪切连接件，按完全剪切连接设计，但由于栓钉属于柔性抗剪连接件，并不存在完全刚性[48,55]，所以在荷载作用下，在组合梁的钢梁与混凝土板的交界面上会出现一定的水平滑移和竖向掀起。同时，在负弯矩和腹板开洞等不利因素作用下，使得组合梁的界面受力更为复杂，其变化规律和力学特性值得研究。

### 1）界面水平滑移特性分析

为了研究负弯矩区腹板开洞组合梁的界面水平滑移，我们在每个开洞组合梁试件上分别设置了 6 个滑移测点，对应的荷载-滑移曲线如图 2.40 所示。

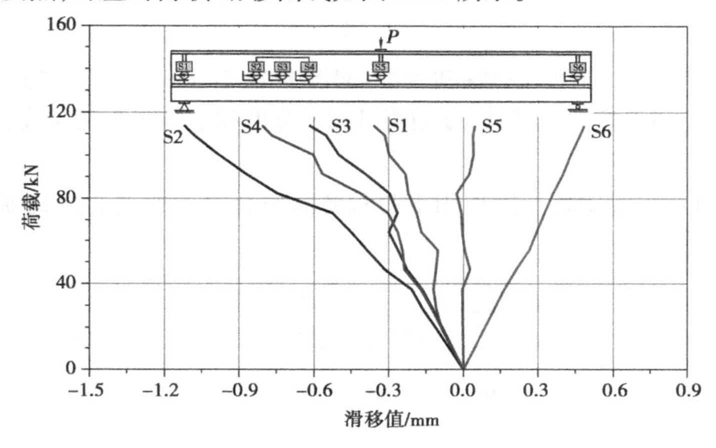


图 2.40　负弯矩区腹板开洞组合梁荷载-滑移曲线（试件 SCB-2）

现以 SCB-2 试件为例说明负弯矩作用下腹板开洞组合梁的荷载-滑移曲线，试验结果如图 2.40 所示。从结果中可以看出：在荷载作用初期，各个测点上的滑移值都比较小，荷载-滑移曲线保持线性增长；当荷载超过 $0.35P_u$ 时，测点 S2、S3、S4 的滑移值开始增大，荷载-滑移曲线开始出现偏移，不再符合线性关系，说明纵向剪力重分布开始出现；测点 S2、S3、S4 的滑移值增长较快，而且大于其他测点，说明腹板开洞削弱了截面刚度，洞口上方栓钉受力较大，发生了较大的变形；S3 测点位于洞口中部，其滑移值小于洞口两端的测点，原因是栓钉出现了拔脱现象，抵消了一部分水平相对滑移；测点 S6 的滑移值在整个受力过程中，基本上保持着线性增长，说明栓钉在没有洞口的组合梁一端受力相对较小，工作性能良好；测点 S5 位于组合梁试件跨中，在整个荷载过程中滑移值变化较小。

图 2.41 所示为试件 SCB-2 沿梁长的滑移值分布，可以看出洞口区的 3 个测点上的滑移值变化比较明显，说明洞口区域的栓钉受力较大，特别是测点 S2 的滑移值，在整个荷载阶段，其滑移值始终是最大的，而跨中测点 S5 的滑移值则变化很小。

### 2）界面竖向掀起位移

为了研究负弯矩作用下的腹板开洞组合梁中钢梁与混凝土板的竖向掀起位移大小，我们在每个开洞组合梁试件上分别设置了 6 个掀起位移测点。试验中使用位移计测量竖向掀起

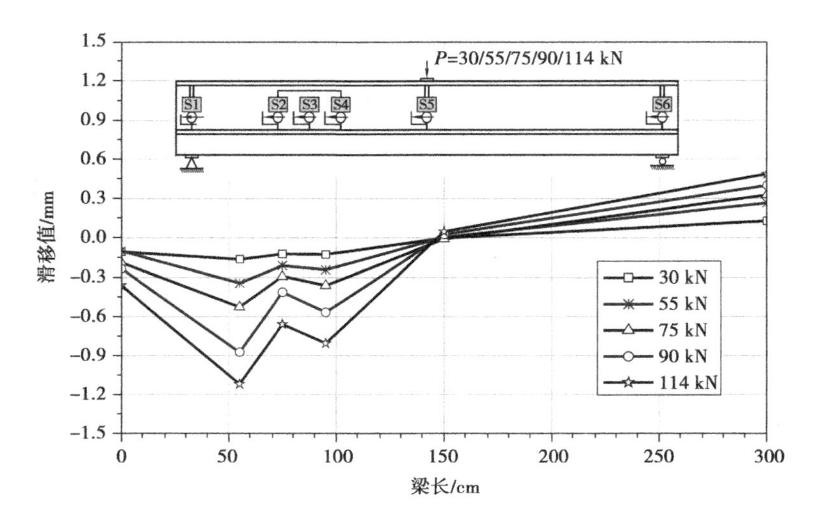


图 2.41 负弯矩区腹板开洞组合梁滑移沿梁长分布(试件 SCB-2)

位移,在每个测点上布置两个位移计,分别测量钢梁挠度和混凝土板的挠度值,可以得到相应测点的竖向掀起位移值。

以 SCB-2 试件为例说明负弯矩作用下腹板开洞组合梁各测点的荷载-掀起位移曲线,试验结果如图 2.42 所示。

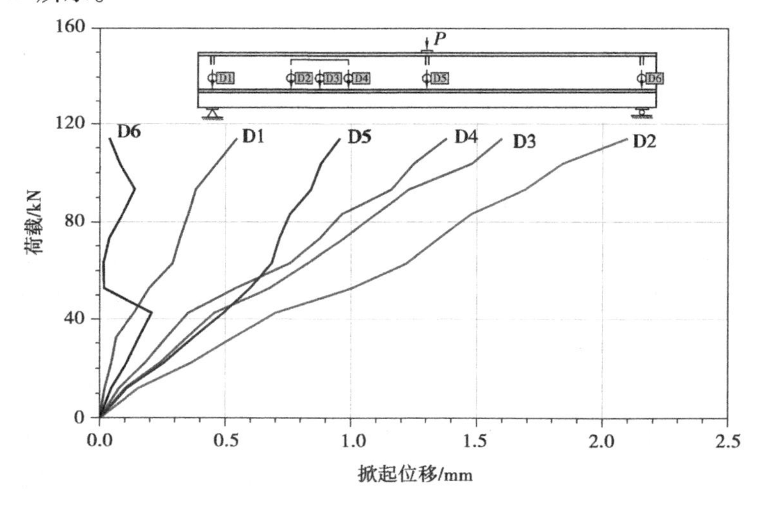


图 2.42 负弯矩区腹板开洞组合梁荷载-掀起位移曲线(试件 SCB-2)

从图 2.42 的试验结果可以看出:洞口区的测点 D2、D3、D4 的竖向掀起位移较大,并且在加载过程中持续增长直至试件破坏,与试件的破坏形态(图 2.19)是符合的,其中测点 D2 的掀起位移最大,在试验过程中也发现在该位置处栓钉出现了明显的拔脱现象[图 2.25(a)],说明组合梁在开洞和负弯矩等不利因素作用下,在较小荷载下即出现了竖向掀起位移,洞口降低了负弯矩区组合梁的抗掀起性能,而且越靠近洞口,掀起位移越大;测点 D1、D5 靠近洞口,掀起位移也有明显增长,而测点 D6 距离洞口较远,其掀起位移在整个加载过程中变化幅度很小。

图 2.43 所示为试件 SCB-2 沿梁长的掀起位移分布,可以看出洞口区域 3 个测点的竖向掀起位移变化都比较大,其中测点 D2 的掀起位移在整个加载阶段始终最大,与观察到的试件

破坏现象符合。测点 D1 与测点 D6 都位于试件的端部，但测点 D1 的掀起位移明显大于测点 D6 的，原因是腹板开洞对截面刚度削弱很大，而测点 D1 位于开洞一端，更靠近洞口，受到的不利影响更大。

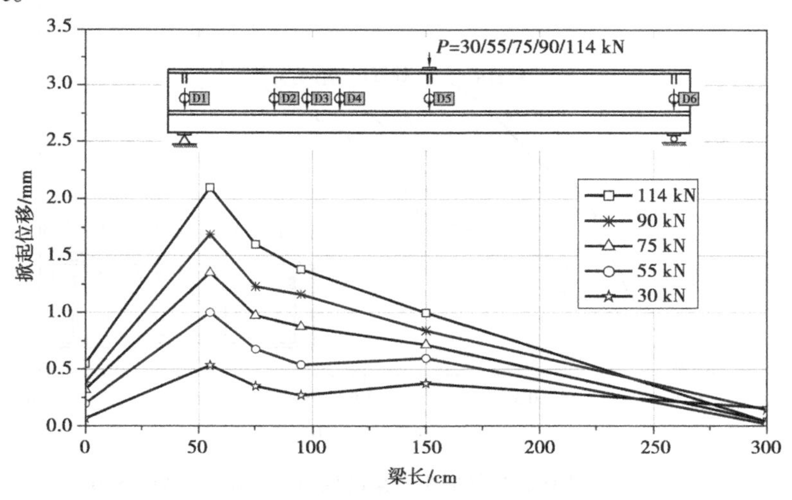


图 2.43　负弯矩区腹板开洞组合梁掀起位移沿梁长分布（试件 SCB-2）

### 3）栓钉应变分析

为了研究负弯矩区腹板开洞组合梁的栓钉应变特征，我们在每个开洞组合梁试件上分别选择 5 个栓钉作为测点，如图 2.44 所示，每个栓钉上对称设置两个应变值为 $\varepsilon_{i1}$，$\varepsilon_{i2}$，取其平均值作为栓钉的应变值，如栓钉 1 的应变片 $\varepsilon = (\varepsilon_{11} + \varepsilon_{12})/2$。

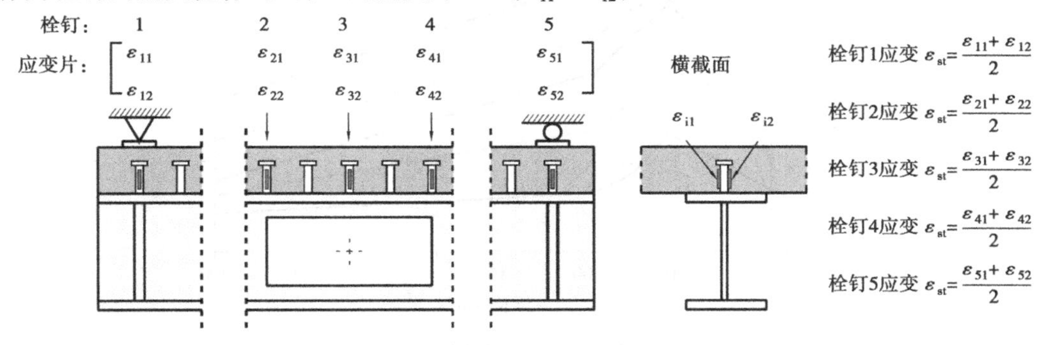


图 2.44　负弯矩区腹板开洞组合梁试件的栓钉应变片设置

以 SCB-2 试件为例说明负弯矩区腹板开洞组合梁栓钉的应变曲线特点，试验结果如图 2.45所示。

从图 2.45 的试验结果可以看出：在荷载作用初期，各测点的栓钉荷载-应变曲线可以保持线性增长，当荷载达到一定值时，应变会出现突变，原因主要是随着荷载的增加混凝土板开始出现裂缝，裂缝影响了栓钉的抗剪连接性能，裂缝的不断发展使得栓钉应变不均匀增长；洞口区域 3 个测点上的栓钉应变值较大，说明腹板开洞对刚度削弱很大，导致洞口处的变形较大，使得洞口上方的栓钉受力较大；栓钉 2 的应变值增长速度最快，突变最为明显，表明该点处的栓钉受力较大，随着荷载的增加，混凝土裂缝迅速展开，栓钉会发生拔脱现象[图 2.25(a)]，裂缝干扰了栓钉的抗剪作用，应变增加速度减慢；栓钉 3、栓钉 4 的应变值也始终保持增长，受混凝土裂缝影响，荷载作用后期的应变增加速度也会减慢；由于栓钉1比栓钉5更靠近洞口区域，所以栓钉1的应变值大于栓钉5的应变值。

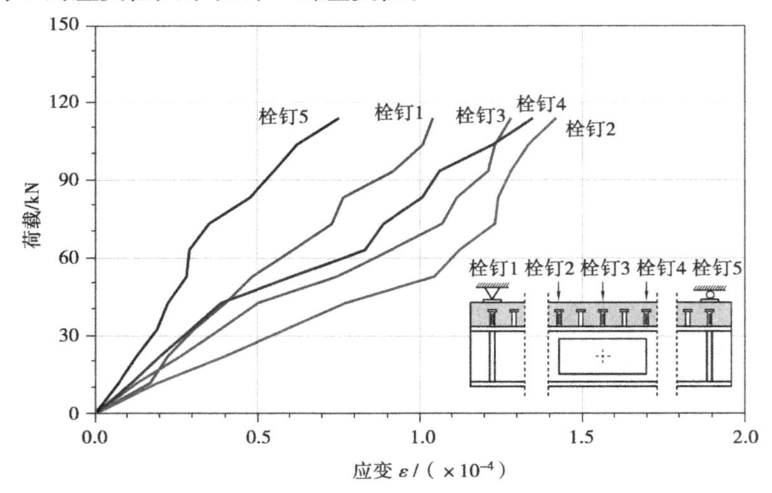


图2.45 负弯矩区腹板开洞组合梁的栓钉应变曲线（试件SCB-2）

图2.46所示为栓钉应变沿梁长的分布，可以看出随着荷载的增加，混凝土板出现裂缝，使得洞口区的栓钉应变出现波动。

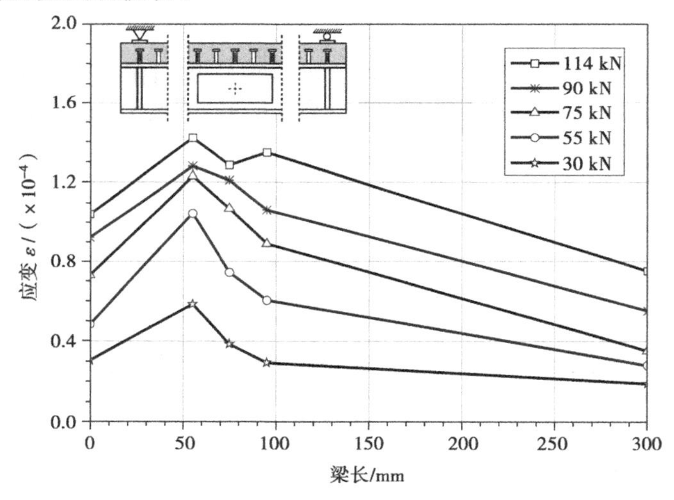


图2.46 负弯矩区腹板开洞组合梁栓钉应变分布（试件SCB-2）

## 4）栓钉掀起力近似计算

在试验结束后，剥离洞口区域的混凝土，以便观察洞口区栓钉的变形情况，图2.47所示为试件SCB-2洞口左端栓钉，即测点2栓钉的变形情况，可以看到栓钉在水平剪切力的作用下在根部略有倾斜，但整体并没有发生明显变形，栓钉的主体基本保持直线。

基于栓钉的应变曲线和变形图，假设负弯矩作用下腹板开洞组合梁的栓钉在竖向承受轴向掀起力、在水平方向承受作用于根部的剪力，如图2.48所示，可以将栓钉受力模型假定为受拉构件；同时，从栓钉应变图中可以看到，栓钉的应变值较小，即栓钉在轴向掀起力作用下拉应力达不到抗拉屈服强度，所以可以根据实测的应变值近似计算出栓钉所承受的掀起力 $F_s$

的大小，计算公式见式(2.9)。

$$F_s = \varepsilon_{st} \cdot A_{st} \cdot E_{st} \tag{2.9}$$

式中　$\varepsilon_{st}$——实测栓钉应变平均值；

$A_{st}$——栓钉截面面积；

$E_{st}$——栓钉弹性模量，取为 $2.06 \times 10^5$ MPa。

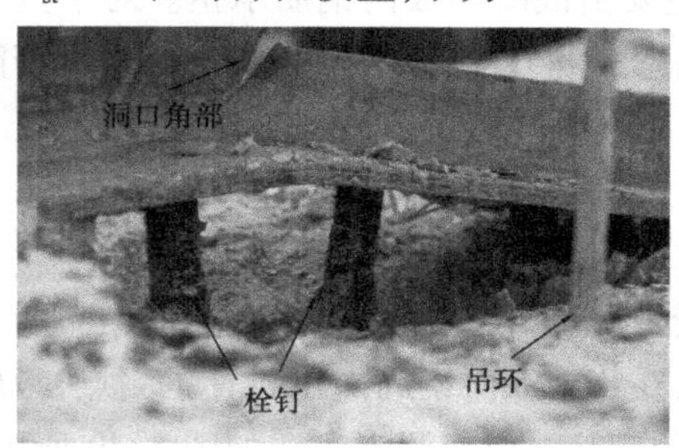


图 2.47　栓钉变形图(倒置)

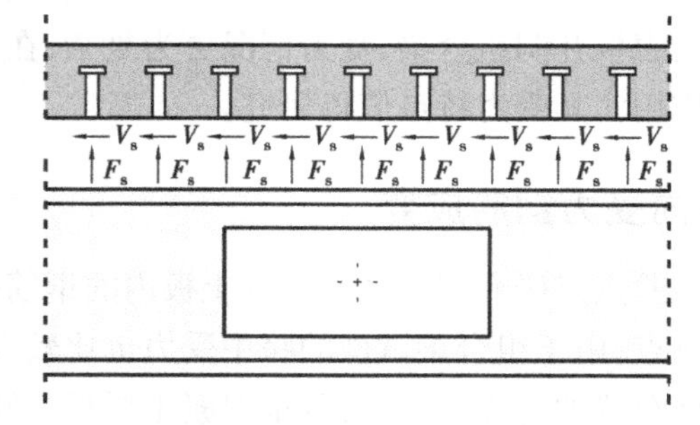


图 2.48　简化栓钉受力简图

根据试验得到的栓钉应变值，由式(2.9)计算负弯矩作用下腹板开洞组合梁试件部分栓钉的掀起力大小，见表 2.9、表 2.10。

**表 2.9　屈服荷载下栓钉掀起力大小**

| 试　件 | $P_y$/kN | $F_{s1}$/kN | $F_{s2}$/kN | $F_{s3}$/kN | $F_{s4}$/kN | $F_{s5}$/kN |
|---|---|---|---|---|---|---|
| SCB-2 | 67.1 | 4.26 | 7.18 | 6.24 | 5.19 | 2.06 |
| SCB-3 | 81.2 | 5.45 | 9.19 | 7.99 | 6.64 | 2.63 |
| SCB-4 | 95.0 | 6.05 | 10.2 | 8.87 | 7.37 | 2.92 |
| SCB-5 | 64.0 | 4.60 | 7.76 | 6.74 | 5.60 | 2.22 |
| SCB-6 | 81.8 | 4.81 | 8.12 | 7.05 | 5.86 | 2.32 |

注：$P_y$ 为组合梁试件屈服荷载；$F_{si}$ 为各个栓钉的掀起力值。

**表 2.10　极限荷载下栓钉掀起力大小**

| 试　件 | $P_u$/kN | $F_{s1}$/kN | $F_{s2}$/kN | $F_{s3}$/kN | $F_{s4}$/kN | $F_{s5}$/kN |
|---|---|---|---|---|---|---|
| SCB-2 | 114.6 | 6.07 | 8.30 | 7.47 | 7.87 | 4.38 |
| SCB-3 | 136.2 | 7.78 | 10.62 | 9.56 | 10.08 | 5.61 |
| SCB-4 | 151.3 | 8.62 | 11.78 | 10.62 | 11.18 | 6.22 |
| SCB-5 | 120.2 | 6.65 | 8.96 | 8.07 | 8.50 | 4.73 |
| SCB-6 | 125.0 | 6.86 | 9.37 | 8.45 | 8.90 | 4.95 |

注：$P_u$ 为组合梁试件极限荷载；$F_{si}$ 为各个栓钉的掀起力值。

从试验结果可以看出：开洞组合梁试件达到屈服荷载时，洞口处栓钉的掀起力都比较大，离洞口更近的栓钉 1 的掀起力大于栓钉 5；在极限荷载作用下，洞口左侧栓钉 2 掀起力最大，而栓钉 3、栓钉 4 的掀起力次之，可见洞口上方的栓钉受开洞影响较大，刚度的缺失使其受力变大，另外，随着混凝土板厚和配筋率的增加，栓钉掀起力也会有所增加。

### 2.5.8 钢筋受力性能分析

钢-混凝土组合梁在负弯矩作用下，出现了混凝土板受拉、钢梁受压的不利状态，混凝土开裂荷载较小，在出现裂缝后即退出工作，拉力主要由混凝土板内钢筋承担。对于负弯矩作用下的腹板开洞组合梁，受力情况更为复杂，在负弯矩和开洞等不利因素下，板内钢筋能发挥哪些作用？其受力特点值得研究。

#### 1）纵向受力钢筋应变

试验重点研究洞口区域混凝土板内的钢筋受力情况，在洞口上方纵向钢筋内布置了多个应变测点，由于组合梁试件的跨中受力也比较大，在跨中纵向钢筋内也布置了测点，考虑到纵向钢筋布置的对称性，只需测量混凝土翼板一侧的钢筋。应变测点布置如图 2.49 所示，如洞口左端上层纵向钢筋测点为 u11、u12、u13，下层测点为 b11、b12、b13；组合梁跨中上层纵向钢筋测点为 u41、u42、u43，下层测点为 b41、b42、b43。

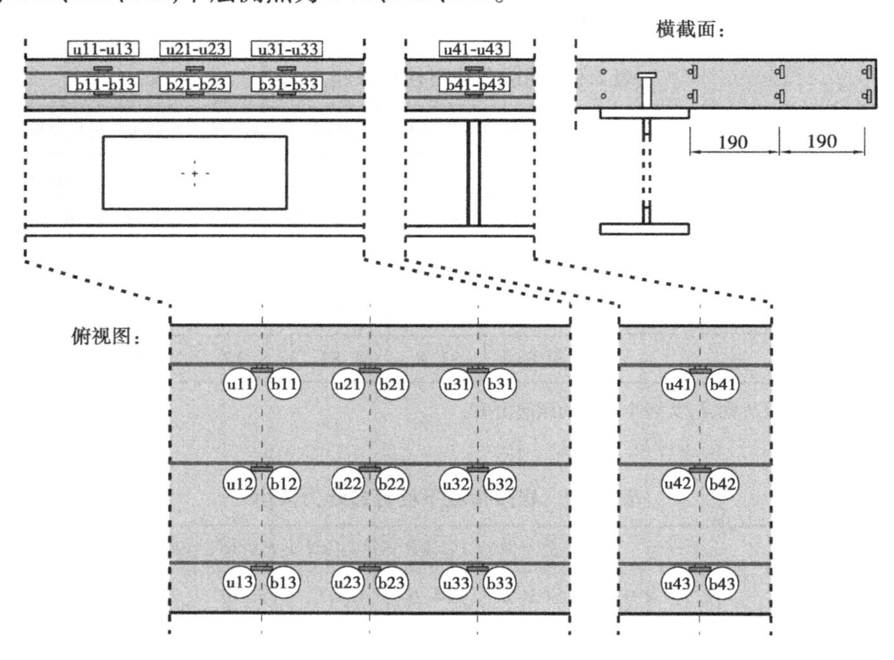


图 2.49 纵向钢筋应变测点布置

以试件 SCB-2 为例，说明负弯矩区腹板开洞组合梁纵向受力钢筋的应变规律，图 2.50 所示为洞口区域的纵向钢筋应变图。

从图 2.50 的试验结果中可以看出：洞口区域左、中、右 3 个截面上的纵向钢筋的应变规律各不相同。对于洞口左端截面，上层纵筋受压，下层纵筋受拉，这与负弯矩作用下洞口区域的内力分布情况是符合的（图 2.35），说明洞口左端上部钢筋周围的一部分混凝土受压，对抗剪是有贡献的，下部钢筋周围的混凝土则因受拉而退出工作，拉力由纵向钢筋承担，使得这部分钢筋的拉应力较大，洞口右端截面的纵向钢筋受力情况则刚好相反，并且洞口右端截面的上部纵向钢筋应值最大，其抗拉效果最为明显，可以考虑加强该区域的钢筋布置；洞口中部的部分钢筋应变则随着荷载的增加从压应变过渡到拉应变，而且上层钢筋的应变值均大于下层钢筋的应变值。

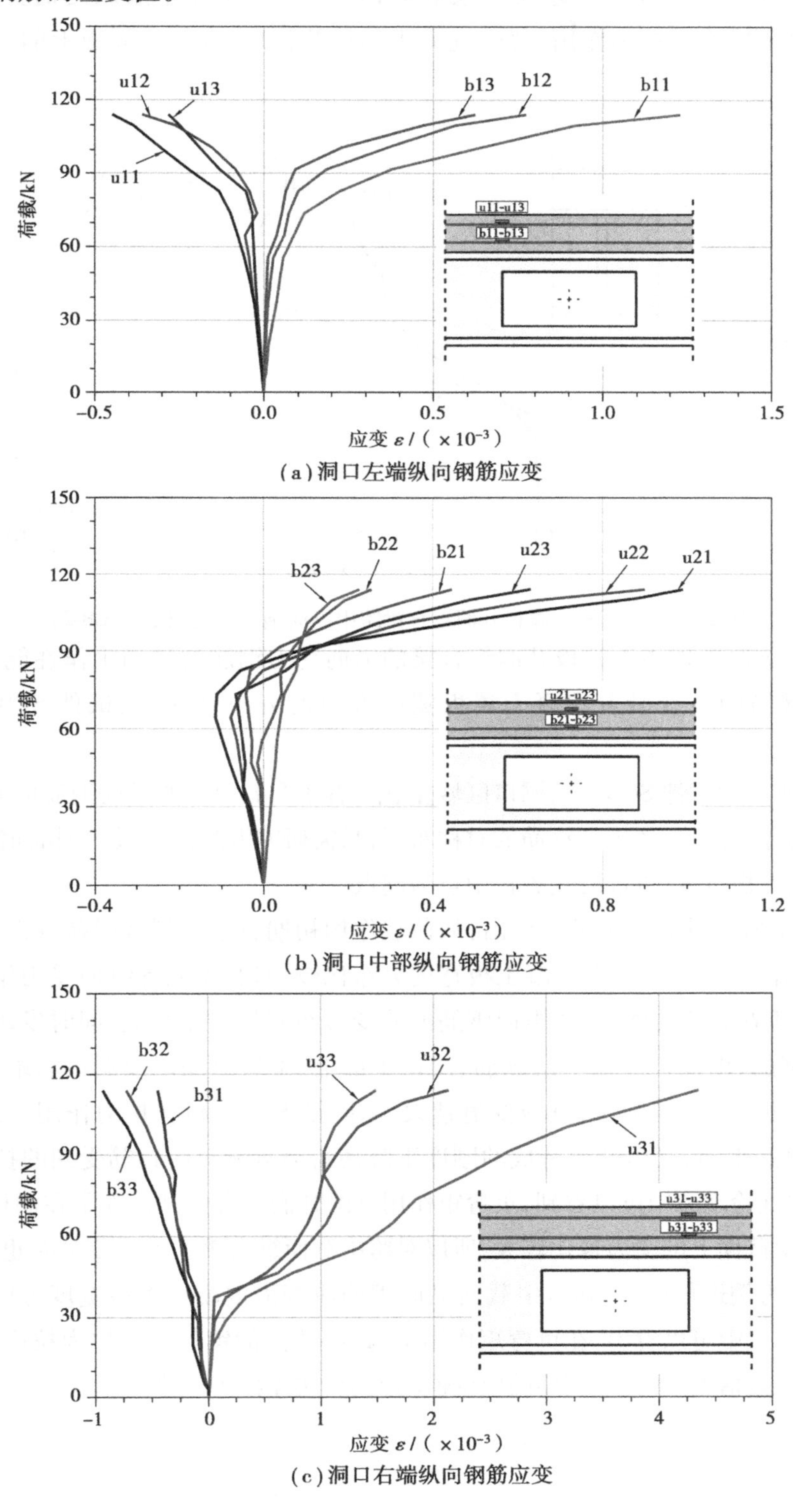


图2.50　负弯矩区腹板开洞组合梁洞口区域纵向钢筋应变(试件SCB-2)

图 2.51 所示为试件 SCB-2 跨中截面纵向钢筋的应变图，从试验结果可以看出，跨中截面的纵向钢筋应变全部为拉应变，而上层纵向钢筋应变值大于下层纵向钢筋的应变值，说明这一部分截面完全受拉力作用，忽略混凝土的抗拉作用，混凝土翼板上的力由板内钢筋承担。

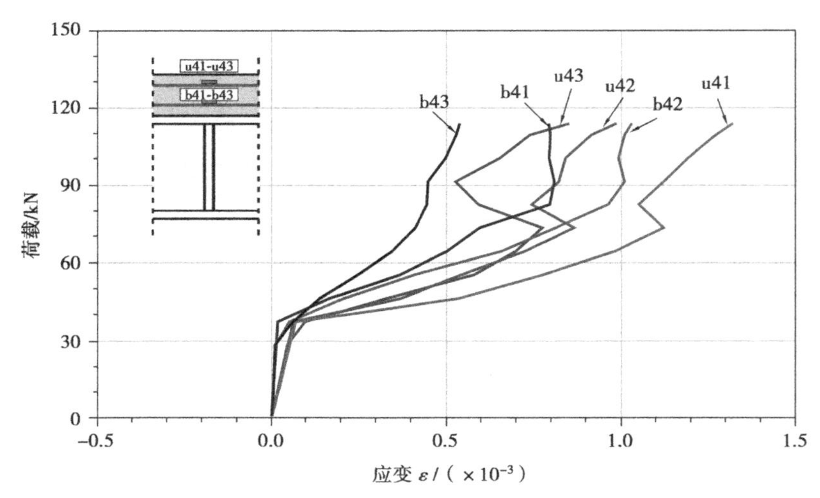


图 2.51　负弯矩区腹板开洞组合梁跨中纵向钢筋应变(试件 SCB-2)

为了研究负弯矩作用下腹板开洞组合梁的纵向受力钢筋的协同工作性能，需要分析板内纵向受力钢筋的应变沿着混凝土翼板宽度方向的分布规律，以试件 SCB-2 为例进行说明。

图 2.52 所示为试件 SCB-2 的洞口区域左、中、右 3 个截面上的纵向钢筋应变沿混凝土翼板宽度方向的分布曲线，考虑到钢筋的对称布置，只需研究混凝土翼板一侧的钢筋；图中的横坐标为混凝土翼板宽度，以混凝土翼板中点为起点。

从图 2.52 所示试验结果可以看出：从荷载作用初期直至达到极限荷载以前，试件洞口各截面上的纵向钢筋应变沿着混凝土板宽度分布比较均匀，说明各纵向受力钢筋协同工作性能良好；但随着荷载的增加，各纵向钢筋的应变分布差异开始增大，同时发现对受拉力作用的同一排钢筋，即洞口左端下层纵筋、洞口中部上、下层纵筋以及洞口右端上层纵筋等，越靠近混凝土板中点(即洞口)其应变值越大，原因是混凝土板在拉力作用下退出工作，这部分拉力由钢筋承担，又由开洞造成的刚度下降使得靠近洞口的钢筋受到的拉力更大。

从前面的试验现象中可以看到，负弯矩作用下的开洞组合梁试件除了在洞口区域受力较大外，在其跨中截面上的受力也比较大，所以对跨中截面纵向钢筋的应变分布也进行了分析，以试件 SCB-2 为例进行说明，其跨中截面纵向钢筋应变沿混凝土翼板宽度方向的分布如图 2.53所示，从结果中可以看出：在负弯矩作用下，跨中截面的钢筋应变均为拉应变，应变值与荷载成正比，从数值上看，上层钢筋的应变值均大于下层钢筋应变值。

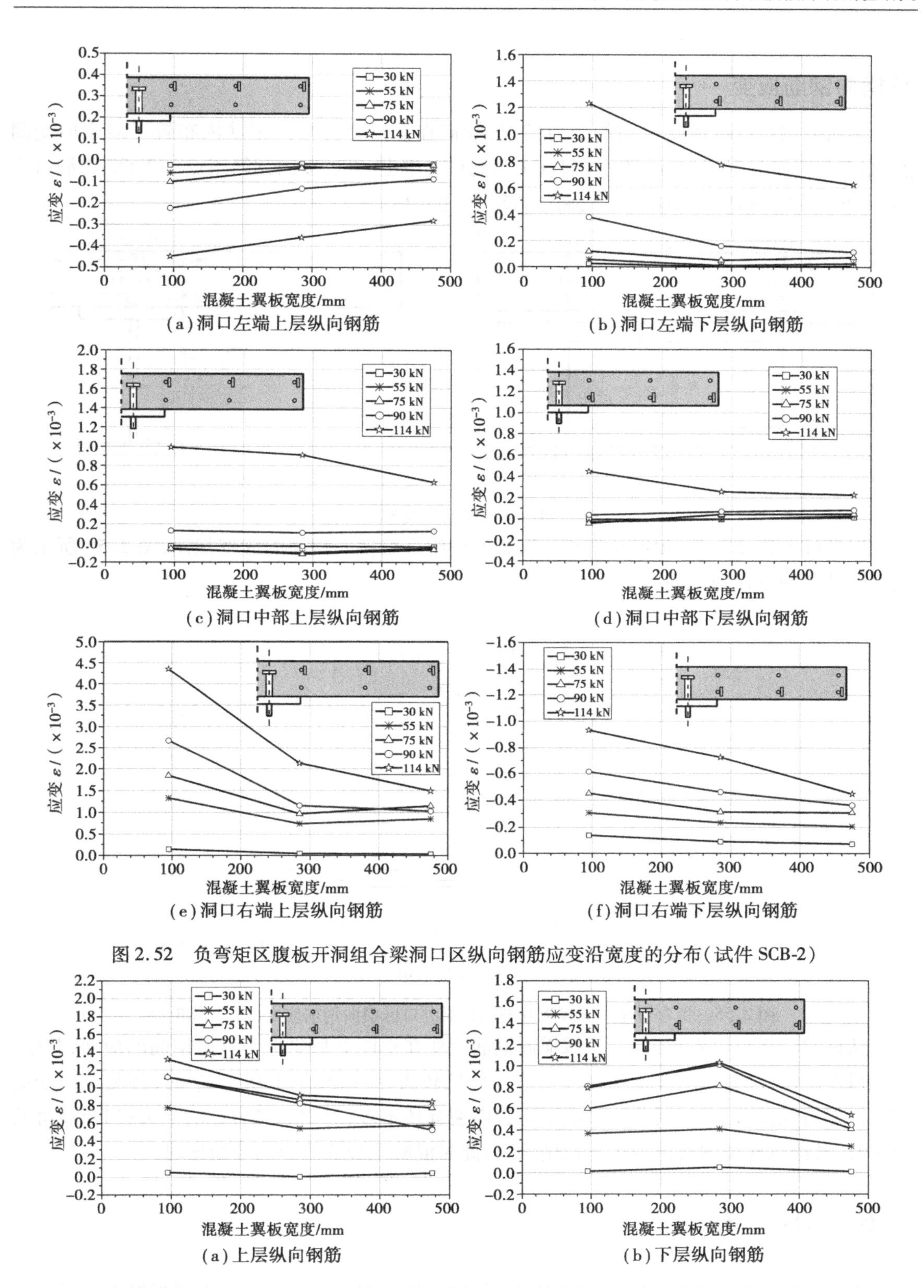


(a)洞口左端上层纵向钢筋

(b)洞口左端下层纵向钢筋

(c)洞口中部上层纵向钢筋

(d)洞口中部下层纵向钢筋

(e)洞口右端上层纵向钢筋

(f)洞口右端下层纵向钢筋

图 2.52　负弯矩区腹板开洞组合梁洞口区纵向钢筋应变沿宽度的分布(试件 SCB-2)

(a)上层纵向钢筋

(b)下层纵向钢筋

图 2.53　负弯矩区腹板开洞组合梁跨中截面纵向钢筋应变沿宽度的分布(试件 SCB-2)

### 2)横向钢筋应变

为研究洞口区域横向钢筋的受力情况,我们在洞口上方横向钢筋内布置了多个应变测点,测点布置如图 2.54 所示;其中,t11、t21 为洞口左端上、下层横向钢筋测点,t12、t22 为洞口中部上、下层横向钢筋测点,t13、t23 为洞口右端上、下层横向钢筋测点。

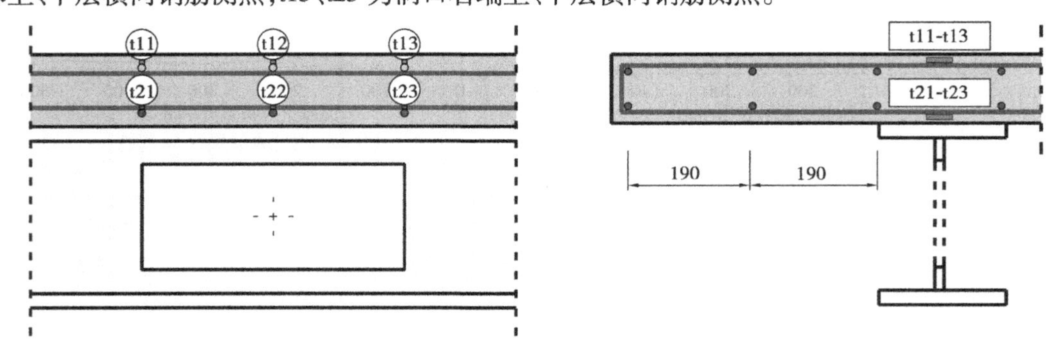


图 2.54　横向钢筋应变测点布置

以试件 SCB-2 为例,说明负弯矩区腹板开洞组合梁横向钢筋的应变规律,图 2.55 所示为洞口区域各测点横向钢筋应变图。

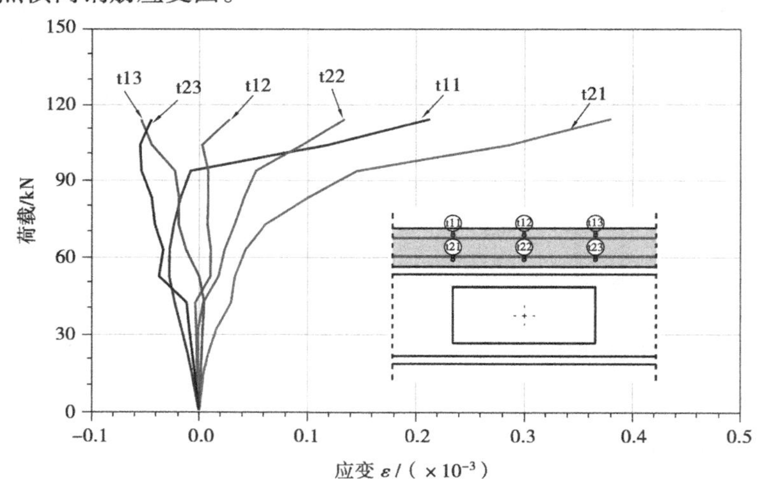


图 2.55　负弯矩作用下腹板开洞组合梁洞口区横向钢筋应变(试件 SCB-2)

从试验结果可以看出:洞口区域横向钢筋应变在整体上都要小于纵向钢筋的应变,其中,在洞口左端截面的上、下层横向钢筋的应变值比较大;当荷载小于 $0.35P_u$ 时,各测点应变曲线可以保持线性分布,说明此阶段混凝土板内裂缝还不多,对钢筋受力影响不大;当荷载继续增加时,各测点应变曲线出现了不规则偏移,此时混凝土裂缝的影响开始显现。

## 2.6　小　结

本章对负弯矩区腹板开洞组合梁进行了试验研究,重点分析了混凝土翼板厚度和纵向钢筋配筋率等参数变化对其受力性能的影响,同时还对抗剪连接件栓钉及混凝土翼缘板内钢筋的受力性能进行了分析,得出如下结论:

①负弯矩区组合梁腹板开洞后，其刚度、承载力及变形能力都有显著下降；破坏形态以空腹破坏为主，表现形式为：洞口角点出现塑性铰并且发生拉裂现象，部分栓钉出现拔脱[图2.25(a)]；洞口两侧混凝土板发生断裂[图2.25(b)]。

②增加混凝土翼板厚度可在一定程度上提高负弯矩区腹板开洞组合梁的抗剪承载力(图2.27)，而且提高效果明显大于正弯矩区的腹板开洞组合梁，但其变形能力基本不能增加；增大纵向钢筋配筋率不能有效提高抗剪承载力，但可以明显提高负弯矩区腹板开洞组合梁的变形能力(图2.28)，其提高效果比正弯矩作用下的腹板开洞组合梁要高很多。

③腹板开洞使得负弯矩区组合梁的挠度曲线在洞口处出现明显的突变，洞口右侧的挠度增加幅度明显大于洞口左侧，达到极限荷载时，挠度最大值出现在洞口右端，与跨中最大弯矩处的挠度值相差不大[图2.32(b)]。

④洞口处发生了较大的剪切变形以及受到界面滑移的影响，使得洞口截面应变曲线沿截面高度呈S形分布，不再满足平截面假定(图2.34)。

⑤由于开洞削弱了承担剪力的腹板截面，负弯矩区洞口上方的混凝土板承担了洞口区截面的大部分剪力，占截面总剪力的82.3%～90.2%(表2.7)，比正弯矩作用下所占比重要大很多，即负弯矩区洞口上方混凝土板的抗剪性能比正弯矩区更为突出；混凝土翼板对负弯矩区腹板开洞组合梁的抗剪承载力有很大的贡献，可以考虑加强混凝土翼板，如在混凝土翼板内设置抗剪钢筋。

⑥负弯矩区开洞组合梁的界面水平滑移曲线及竖向掀起位移在洞口区域都出现了一定的突变(图2.41、图2.43)，对应的栓钉应变也大于其他测点(图2.45)，说明洞口上方的栓钉受力较为不利，建议在实际工程中对洞口区域的栓钉进行加密处理。

⑦从洞口区域纵向钢筋的应变规律(图2.50)中可以看出：洞口区域的部分纵向钢筋起到了抗拉的作用，但只有洞口右端截面的上部纵向钢筋抗拉效果最为明显，可以考虑加强该区域的钢筋布置。在荷载作用初期，洞口截面上的纵向钢筋应变沿着混凝土板宽度分布比较均匀(图2.52)，协同工作性能良好，但随着荷载的增加，应变分布差异开始增大，靠近洞口的纵向钢筋应变最大。

# 第3章 负弯矩区腹板开洞组合梁有限元分析

## 3.1 引　言

工程技术领域的很多力学问题可以归结为在给定边界条件下求解其控制方程的问题，控制方程一般由微分方程组构成，都是通过对系统或控制体应用的基本定律和原理推导而来，这些微分方程通常代表了质量、力或能量的平衡。在一些特定情况下，可以由给定的条件得到系统的精确行为，但在实际过程中很难实现。虽然人们可以得到对应的基本方程和边界条件，但由于实际工程的复杂性和许多不确定因素，只能用解析法求解少数性质比较简单、边界比较规则的情况，在大多数情况下是不能得到精确解的[107]。因此，解决这类问题的主要方法是在满足工程需要的前提下，保留问题的复杂性，用数值模拟方法来得到近似解。数值模拟技术是人们在现代数学和力学理论基础上，借助计算机技术获得满足工程要求的数值近似解。计算机辅助工程CAE(Computer Aided Engineering)的迅速发展也为实际工程的仿真模拟提供了条件，有限元法FEM(Finite Element Method)是最为常用的一种数值模拟方法[108]。

在试验研究过程中，有限元法可以起到很好的辅助和补充作用。通过有限元软件对试验过程进行模拟，可以考虑更多的影响因素，排除干扰因素，既有助于设计出更为合理的试验方案，也可以得到更多的试验结果。对于一些试验过程中难以测试或者不能全面覆盖的检测项目，可以通过有限元分析得到需要的结果，同时，由于不用考虑试件数量的限制，可以得到更多更全面的试验结果，可以让试验更加经济合理。

本书的试验对象是负弯矩作用下的腹板开洞组合梁，影响其受力性能的因素很多，如试件尺寸、材料性质、洞口形状和位置、连接件布置、受力形式等，而试验能够选择的变化参数是有限的，通过有限元方法可以模拟更多的影响因素，得出更多的结果。同时，由于组合梁是由混凝土和钢材两种力学性能差异很大的材料组成，有很多受力特征难以通过试验直观反映，需要运用有限元软件进行补充和对比分析，对此本章的主要研究内容为：

①首先验证考虑滑移的有限元模型的正确性，用弹性的解析计算结果与用有限元软件ANSYS计算的结果进行对比。

②对所有组合梁试件进行模拟计算，并与试验结果对比，先检验总体受力表现，如破坏形态、荷载-挠度曲线等，若吻合较好，说明模拟计算成功，局部的数据（如应力、应变、截面上的内力等）才可靠，另外也说明在计算中选定的混凝土破坏和屈服条件等诸多参数合理，选取的网格划分及收敛控制的参数合适。

③观察和分析部分截面上的内力分布和洞口截面上的应变分布特点。

## 3.2　有限元理论基本思路

有限元法的基本思路是将物体（即连续的求解域）离散成有限个简单单元的组合，用这些单元的集合来模拟或者逼近原来的物体，从而将一个连续的无限自由度问题简化为离散的有限自由度问题。被离散的物体通过对其各个单元进行单元分析，可以得到整个物体的分析结果。随着单元数目的增加，所求解的近似程度不断逼近真实情况。有限元法最早应用于结构力学，随着计算机技术的发展，其应用范围越来越广泛，如塑性力学、大位移、混凝土结构、热传分析、磁场分析、流体分析和电场分析等。有限元理论发展过程如图3.1所示。

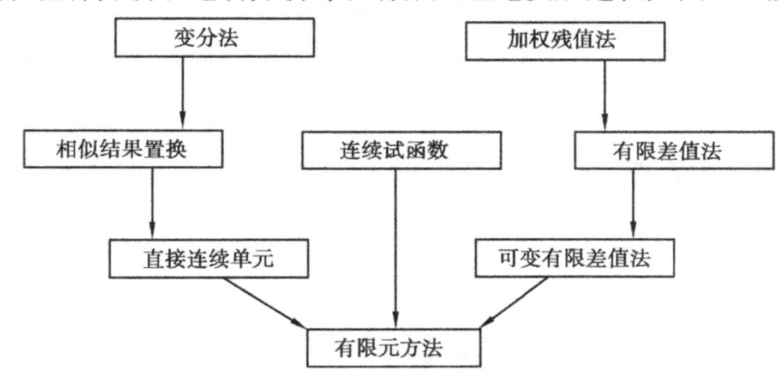


图3.1　有限元法发展过程

## 3.3　有限元模型的建立

为了能够准确地对负弯矩作用下腹板开洞组合梁进行非线性分析，正确反映其力学特性，建立符合实际情况的ANSYS有限元模型，并将有限元结果与试验数据进行对比。

### 3.3.1　单元选择

在负弯矩区组合梁建模过程中，混凝土翼板采用Solid65单元模拟；钢筋采用Link8单元模拟；栓钉实体采用Beam44单元模拟，用Combin39单元模拟栓钉的滑移效应；钢梁上下翼缘采用Solid45单元模拟；钢梁腹板采用Plane42单元模拟；加劲肋采用Shell43单元模拟；组合梁对应的模拟单元及单元特性见表3.1。

**表 3.1　负弯矩区腹板开洞组合梁的模拟单元及单元特性**

| 组合梁各单元使用示意 | 对　象 | 模拟单元 | 单元简称 | 单元特性 |
|---|---|---|---|---|
| Solid65<br>Link8<br>Beam44<br>Combin39<br>Solid45<br>Plane42<br>Shell43<br>Solid45 | 混凝土翼板 | Solid65 | 3D 钢筋混凝土实体元 | 弹性、塑性、蠕变、大变形、大应变等 |
| | 钢筋 | Link8 | 3D 杆 | 弹性、塑性、蠕变、膨胀、大挠度、应力钢化、单元生死等 |
| | 栓钉 | Combin39 | 非线性弹簧单元 | 弹性、大变形、应力刚化等 |
| | 栓钉 | Beam44 | 3D 渐变不对称梁 | 拉压弯扭、应力强化、大变形、生死单元等 |
| | 钢梁翼缘 | Solid45 | 3D 实体元 | 弹性、塑性、蠕变、膨胀、大挠度等 |
| | 钢梁腹板 | Plane42 | 四边形单元 | 弹性、塑性、蠕变、膨胀、大挠度等 |
| | 加劲肋 | Shell43 | 3D 塑性大应变壳 | 弹性、塑性、蠕变、大变形等 |

### 3.3.2　材料本构关系

#### 1)混凝土

(1)混凝土受压时的应力-应变曲线

混凝土立方体抗压强度采用试验得到的实测立方体试块的抗压强度平均值$f_c$为 35.45 MPa,对应的单轴压缩时的混凝土泊松比为 0.15 ~ 0.22,这里取混凝土泊松比为 0.2。混凝土的变形性能主要用其弹性模量来反映,由于混凝土的应力-应变关系曲线是非线性的,切线模量在其全曲线过程中也是不断变化的,而在有限元模拟中,所输入的组合梁混凝土板的弹性模量为混凝土的初始模量,根据试验实测数据,取弹性模量$E_c$为$3.23\times10^4$ MPa。

混凝土采用了多线性等向强化模型 MISO,单轴应力-应变关系曲线如图 3.2 所示,曲线的上升段采用了 GB 50010—2010 中的公式[109],下降段则采用了美国学者 Hognestad 所建议的公式[110],见式(3.1)。

$$\sigma_c=\begin{cases}f_c\left[1-\left(1-\dfrac{\varepsilon_c}{\varepsilon_0}\right)^2\right] & \varepsilon_c\leqslant\varepsilon_0\\[2ex] f_c\left[1-0.15\left(\dfrac{\varepsilon_c-\varepsilon_0}{\varepsilon_{cu}-\varepsilon_0}\right)\right] & \varepsilon_0<\varepsilon_c\leqslant\varepsilon_{cu}\end{cases}\tag{3.1}$$

式中,混凝土峰值应变$\varepsilon_0=0.002$,极限应变$\varepsilon_{cu}=0.003\ 3$。

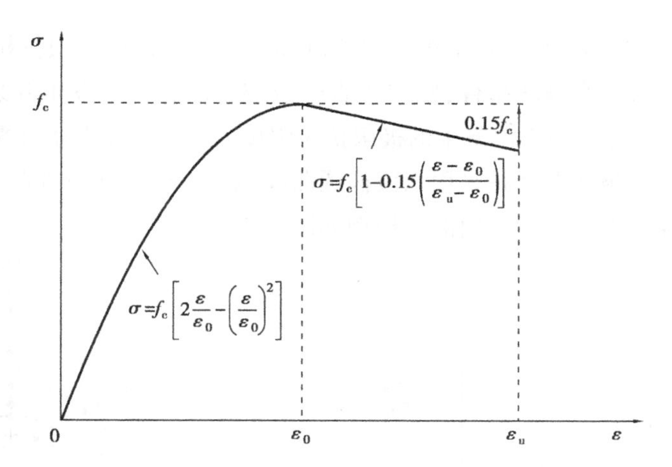


图3.2　混凝土应力-应变关系曲线

### (2)混凝土受拉时的应力-应变曲线

虽然混凝土开裂后对组合梁的承载力没有贡献,但裂缝对钢筋的应力会有一定影响。钢-混凝土组合中考虑受拉刚化效应的混凝土简化受拉应力-应变关系曲线,其本构模型如图3.3所示,模型中假设混凝土开裂前的拉应力为线性增长,超过开裂应变 $\varepsilon_t$ 后拉应力线性降低至0,应变达到极限拉应变 $\varepsilon_{tu}$,$\varepsilon_{tu}$ 可以取为开裂应变的10倍。

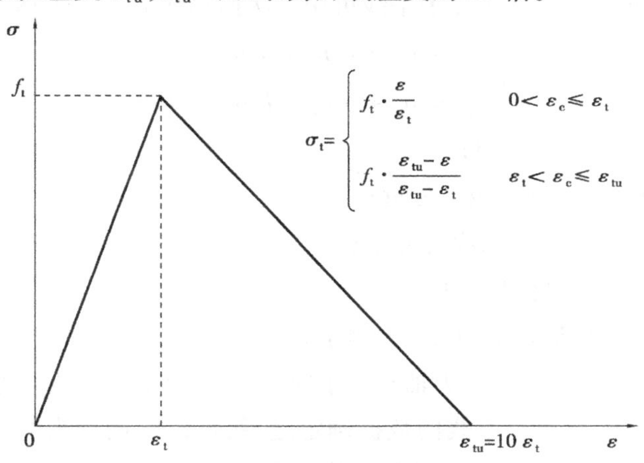


图3.3　混凝土受拉本构模型

### (3)破坏准则

通过数学函数描述的破坏包络曲面可以定义混凝土破坏准则,用以判断混凝土是否达到了破坏状态或极限强度。用于模拟混凝土的Solid65单元是在Solid45单元的基础上考虑了混凝土的特性而建立的,该单元采用Willam-Warnke五参数破坏准则,考虑了混凝土的开裂和压碎。

Solid65单元通过主应力状态确定了4个区域,将破坏分成了4种情况,每个区域采用了不同的破坏准则。在拉-压-压区域($0\geqslant\sigma_1\geqslant\sigma_2\geqslant\sigma_3$),基本采用Willam-Warnke的五参数破坏准则,一旦符合破坏准则,混凝土将在垂直于主应力 $\sigma_1$ 的平面发生开裂;在压-压-压区域($0\geqslant\sigma_1\geqslant\sigma_2\geqslant\sigma_3$),采用Willam-Warnke的五参数破坏准则,如果符合破坏准则,混凝土将被压碎;

在拉-拉-压区域($\sigma_1 \geqslant 0 \geqslant \sigma_2 \geqslant \sigma_3$),不再采用 Willam-Warnke 准则,极限抗拉强度随着 $\sigma_3$ 绝对值的增大而降低,如果符合破坏条件,则在垂直于拉应力的方向上发生开裂;在拉-拉-拉区域($\sigma_1 \geqslant \sigma_2 \geqslant \sigma_3 \geqslant 0$),当应力超出混凝土的极限抗拉强度时就会直接发生开裂。

Willam-Warnke 的破坏曲线是采用六段椭圆曲线拟合而成的光滑外凸线。拉压子午面的 Willam-Warnke 五参数曲线和偏截面曲线模型如图 3.4、图 3.5 所示。

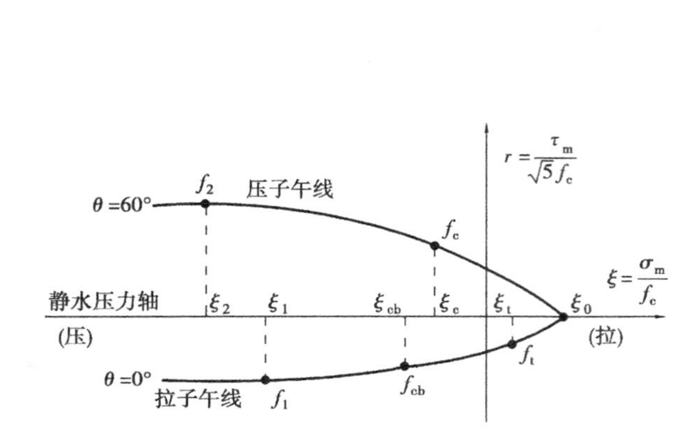


图 3.4 Willam-Warnke 拉伸-压缩子午线

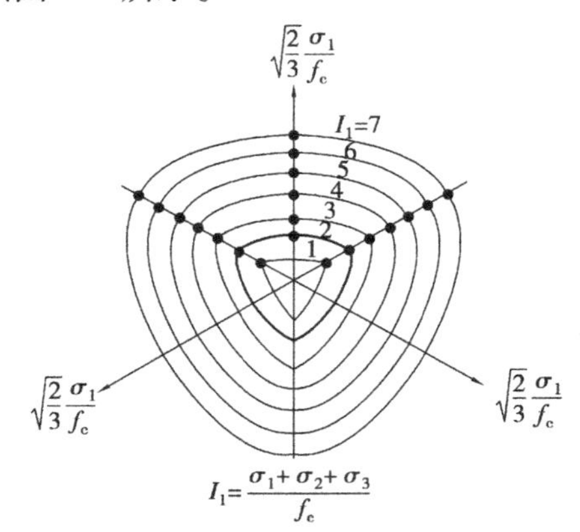


图 3.5 Willam-Warnke 偏截面

在图 3.4 中,拉伸子午线和压缩子午线可用二次抛物线的形式表达,见式(3.2)。

$$\begin{cases}\sigma_m = a_0 + a_1\rho_t + a_2\rho_t^2 & \text{拉伸} \\ \sigma_m = b_0 + b_1\rho_c + b_2\rho_c^2 & \text{压缩}\end{cases} \tag{3.2}$$

式中 $\sigma_m$——平均应力,$\sigma_m = I_1/3$;

$\rho_t$——0°处静水压力轴的应力分量;

$\rho_c$——60°处静水压力轴的应力分量;

$a_{i=0,1,2}$和 $b_{j=0,1,2}$——材料常数;

$\sigma_m$、$\rho_t$、$\rho_c$——分别表示 $\sigma_m/f_c$,$\rho_t/f_c$ 和 $\rho_c/f_c$。

由于拉压子午线必须与静水压力轴相交于同一个点,即有 $a_0 = b_0$。剩余的 5 个参数就可以由 5 个典型试验决定,拉压子午线的数据确定之后,可以使用适当的曲线和连接子午线来获得横断面。由于 Willam-Warnke 的破坏曲线(图 3.5)的 3 个部分具有对称性,因此只需考虑 $0° \leqslant \theta \leqslant 60°$部分就可以得到对应的偏截面图。在偏截面上,与参数 $\rho_t$、$\rho_c$ 有关的椭圆形表达式见式(3.3)。

$$\rho(\theta) = \frac{2\rho_c(\rho_c^2 - \rho_t^2)\cos\theta + \rho_c(2\rho_t - \rho_c)[4(\rho_c^2 - \rho_t^2)\cos^2\theta) + 5\rho_t^2 - 4\rho_t\rho_c]^{\frac{1}{2}}}{4(\rho_c^2 - \rho_t^2)\cos^2\theta + (\rho_c - 2\rho_t)^2} \tag{3.3}$$

根据 Kupfer 的双轴试验以及其他的三轴试验[112],Willam-Warnke 破坏函数的 5 个参数可以由以下 5 个破坏状态确定:

①单轴抗压强度:$f_c$。

②单轴抗拉强度:$f_t = 0.1f_c$。

③双轴抗拉强度:$f_{cb} = 1.15f_c$。

④当 $\sigma_1 > \sigma_2 = \sigma_3$ 时,有侧限的双向抗压强度:$(\sigma_{mc}, \rho_3) = (-1.95f_c, 2.77f_c)$。

⑤当 $\sigma_1 = \sigma_2 > \sigma_3$ 时，有侧限的双向抗压强度：$(\sigma_{mt}, \rho_3) = (-3.9f_c, 3.461f_c)$。

另外，常数 $a_{i=0,1,2}$ 和 $b_{j=0,1,2}$ 的取值如下：

$$\begin{cases} a_i \Rightarrow a_0 = 0.1025, a_1 = 0.1025, a_2 = 0.1025 \\ b_j \Rightarrow b_0 = 0.1025, b_1 = 0.1025, b_2 = 0.1025 \end{cases}$$

## 2) 钢材

钢梁及钢筋均采用多线性等向强化模型 MISO，采用 Von Mises 屈服准则，本构关系为弹塑性本构模型，如图 3.6 所示。

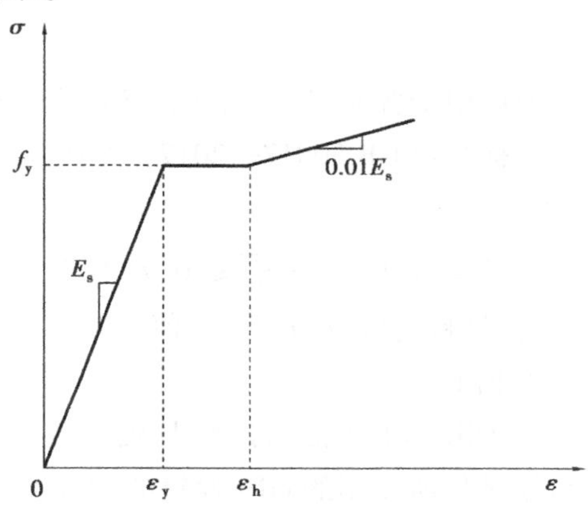


图 3.6　钢材的应力-应变关系曲线

对应的应力-应变关系表达式见式(3.4)。

$$\sigma_c = \begin{cases} E_s \varepsilon & 0 < \varepsilon < \varepsilon_y \\ f_y & \varepsilon_y \leqslant \varepsilon < \varepsilon_h \\ f_y + E'_s(\varepsilon - \varepsilon_h) & \varepsilon \geqslant \varepsilon_h \end{cases} \tag{3.4}$$

式中　$E_s$——钢材弹性模量；

$E'_s$——强化模量，取 $E'_s = 0.01E_s$；

$f_y$——钢材屈服强度；

$\varepsilon_y$——钢材屈服应变；

$\varepsilon_h$——强化时的应变，取为 $\varepsilon_h = 12\varepsilon_y$。

本书负弯矩作用下的腹板开洞组合梁所用钢材的 $E_s = 2.06 \times 10^5$ MPa，对应的强化弹性模量 $E'_s = 2.06 \times 10^3$ MPa；钢材的泊松比 $\mu = 0.3$；钢材的屈服强度 $f_y$ 和钢筋的材料性质取试验实测值。

## 3) 栓钉

栓钉属于柔性抗剪连接件，主要作用是传递混凝土板与钢梁交界面间的纵向剪力和抵抗竖向掀起。国内外很多学者对栓钉的荷载-滑移曲线进行了研究，如Ollgaard[12]、Johnson[113]、Aribert[114]等提出了多种栓钉的纵向剪力-滑移曲线的表达式。其中使用较为广泛的是 Ollgaard 提出的剪力-滑移模型，其纵向栓钉的荷载-滑移曲线见式(3.5)。

$$V = V_u(1 - e^{-s_1})^{0.558} \tag{3.5}$$

式中 $V_u$——栓钉极限抗剪承载力；

$S_1$——沿梁长度的纵向相对滑移。

式(3.5)中 $V_u$ 的计算公式见式(3.6)。

$$V_u = 0.5A_s\sqrt{f_c E_c} \leqslant f_u A_s \tag{3.6}$$

式中 $A_s$——栓钉横截面面积；

$f_c$——混凝土圆柱体抗压强度；

$E_c$——混凝土的弹性模量；

$f_u$——栓钉的极限抗拉强度。

Ollgaard 所提出的公式不但适用于普通混凝土，而且还适应于轻质混凝土，已被各国规范广泛所采用。我国《钢结构设计标准》(GB 50017—2017)[97]在其基础上给出了更符合国内情况的栓钉极限承载力计算公式，见式(3.7)。

$$N_v^c = 0.43A_s\sqrt{f_c E_c} \leqslant 0.7\gamma A_s f \tag{3.7}$$

式中 $\gamma$——强屈系数，表示栓钉材料的抗拉强度最小值与屈服值之比；

$f$——栓钉的抗拉强度设计值。

在本书有限元分析中，采用 Ollgaard 在推出试验基础上通过回归分析所得到的数学模型，见式(3.8)，计算出了组合梁试件所使用的 $\phi$19 栓钉的荷载-滑移曲线，如图 3.7 所示。

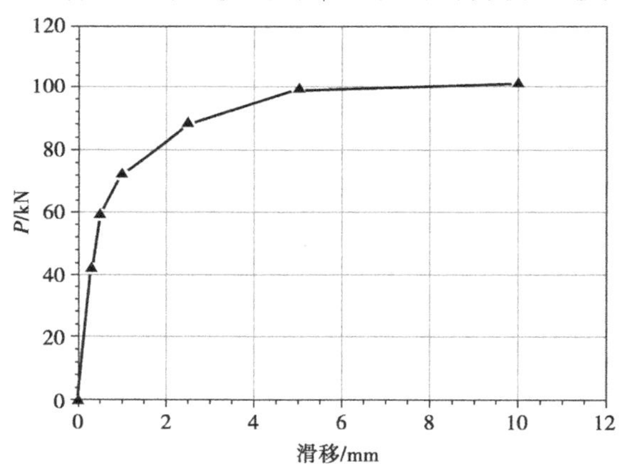


图 3.7 栓钉荷载-滑移曲线

$$\begin{cases} P_x = N_v^c(1 - e^{-0.71s_x})^{0.4} \\ P_y = \dfrac{E_s A_{sd}}{L_s} s_y \\ P_z = N_v^c(1 - e^{-0.71s_z})^{0.4} \end{cases} \tag{3.8}$$

式中 $s_x$、$s_y$、$s_z$——$x$、$y$、$z$ 方向的相对滑移值；

$A_{sd}$——栓钉截面面积；

$L_s$——栓钉长度；

$N_v^c$——单个栓钉抗剪承载力，根据式(3.7)计算。

## 3.4　非线性求解方法

结构非线性问题包括材料非线性、几何非线性和状态非线性3类。求解非线性问题的方法主要包括:全量法、增量法、初应变法和初应力法。全量法包括 Newton-Raphson 法、修正的 Newton-Raphson 法和拟 Newton-Raphson 法;增量法包括增量加载法、线性加载法和联合求解法;初应力法和初应变法又包括全量迭代法、增量迭代法和增全混合迭代法。计算结构非线性问题的实质,最终可以归结为求解非线性有限元方程的问题。

使用 ANSYS 软件进行分析时,对于非线性方程的计算一般采用的是全量法中的 Newton-Raphson 算法,该方法是采用线性方法来求解非线性方程,对应的非线性代数方程见式(3.9)。

$$K(u)\cdot u-P(u)=0 \tag{3.9}$$

Newton-Raphson 算法使用泰勒展开方法构造了线性逼近数列,如对于具有一阶导数的连续函数 $\phi$,在 $u^{(i)}$ 已知的情况下,在 $u^{(i)}$ 处作一阶泰勒展开,可以得到近似公式如下:

$$\phi=\phi^{(i)}+K_{\tau}^{(i)}(u-u^{(i)}) \tag{3.10}$$

式中　$\phi^{(i)}$——$u^{(i)}$ 处的不平衡力;

$K_{\tau}^{(i)}$ 为 $u^{(i)}$ 处的切线刚度矩阵,其计算公式见式(3.11)。

$$\begin{cases}\phi^{(i)}=\phi(u^{(i)})=\widetilde{\phi}(u^{(i)})-p(u^{(i)})=K(u^{(i)})u^{(i)}-p(u^{(i)})\\ K_{\tau}^{(i)}=\left.\dfrac{\partial\phi}{\partial u}\right|_{u=u^{(i)}}=\left.\left(\dfrac{\partial\widetilde{\phi}}{\partial u}-\dfrac{\partial P}{\partial u}\right)\right|_{u=u^{(i)}}\end{cases} \tag{3.11}$$

根据式(3.10),在满足不平衡力为零的条件下,求得新的逼近值 $u^{(i+1)}$ 为:

$$\phi^{(i)}+K_{\tau}^{(i)}(u^{(i+1)}-u^{(i)})=0 \tag{3.12}$$

构造线性逼近数列的公式如下:

$$\begin{cases}K_{\tau}^{(i)}\Delta u^{(i)}=\phi^{(i)}\\ u^{(i+1)}=u^{(i)}+\Delta u^{(i)}\\ i=0,1,2,\cdots\end{cases} \tag{3.13}$$

当式(3.13)退化为一维情况时,对应的线性逼近过程如图3.8所示。

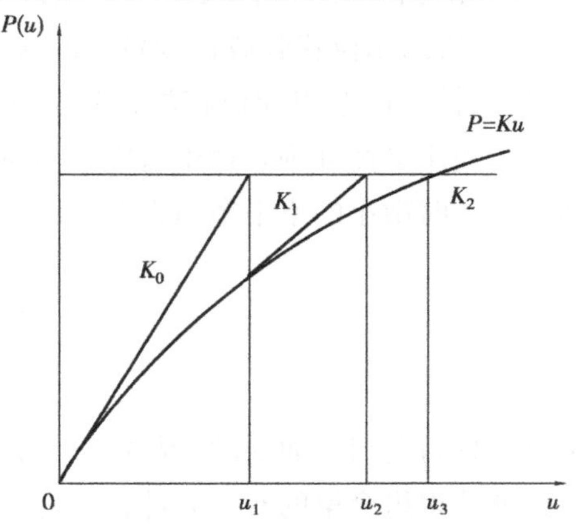


图3.8　NR 法一维线性逼近

## 3.5 收敛准则及收敛控制

### 3.5.1 收敛准则

有限元分析中常用的收敛准则有如下几种形式：

(1)位移收敛准则

$$\begin{cases} \| \Delta u^{(i)} \| \leqslant \varepsilon_u \| u^{(i)} \| & \text{(a)} \\ \| \Delta u^{(i)} \| \leqslant \varepsilon_u & \text{(b)} \\ \| \Delta u^{(i)} \| \leqslant \varepsilon_u (1 + \| u^{(i)} \| ) & \text{(c)} \end{cases} \tag{3.14}$$

式中　$\varepsilon_u$——允许容差，可以根据结构的计算精度来决定，一般取值为0.001～0.005；

当$u^{(i)}$趋近于0时，选择式[3.14(b)]比较合适；当$\| u^{(n)} \|$趋近于一个较大数时，选择式[3.14(c)]比较合适。

(2)不平衡力收敛准则

$$\| \Delta P^{(i)} \| \leqslant \varepsilon_p \tag{3.15}$$

式中　$\Delta P^{(i)}$——迭代过程中所产生的不平衡力；

$\varepsilon_p$——不平衡允许容差。

(3)能量收敛准则

$$[\Delta u^{(i+1)}]^T (p - Q^{(i)}) \leqslant \varepsilon [u^{(1)}]^T (P - Q^{(0)}) \tag{3.16}$$

式中　$\Delta u^{(1+1)}$——第$i$次迭代时的位移增量；

$Q^{(i)}$——第$i$次迭代时所对应的结构内力；

$u^{(1)}$——第1次迭代时的位移。

用ANSYS进行非线性分析时默认使用了不平衡节点力收敛准则，也可以根据需要来设定是否采用其他收敛准则，也可以同时采用几种收敛准则。当结构的刚度很大时，在很小的位移下，力都会产生很大的变化，此时宜采用力收敛准则；当结构刚度不大时，位移在较小的荷载下就会产生很大的改变，此时宜采用位移收敛；当遇到难以收敛的情况时，可以考虑采用能量收敛。在迭代过程中，结构特性可能会引起位移的剧烈摆动，这时用位移收敛准则就容易引起误判；当收敛过程较慢时，使用平衡准则就很难适应。当材料接近理想塑性时，结构的刚度矩阵趋于零，结构刚度降低，此时微小的不平衡力也会引起很大的位移偏差，此时也可以使用能量收敛准则。

### 3.5.2 收敛控制

组合梁是由混凝土和钢材两种材料组合而成的，混凝土作为一种内部结构复杂的多相材料，与钢材的属性差异很大，这就使得组合梁的有限元计算变得比较复杂，正常收敛也比较困难。ANSYS分析中，在结构接近失效状态时，正常收敛会变得越来越困难，这种不收敛情况是比较正常的,可以通过处理荷载步的方法进行结果分析。但有时也会有在较小的荷载作用下即出现计算无法继续进行的情况,这种不收敛情况则属于非正常的不收敛。为了尽量避免在组合梁有限元模拟计算中出现非正常的不收敛情况,可以考虑对以下因素进行调整:

(1)混凝土建模方式

ANSYS 中混凝土建模主要有分离式、组合式和整体式 3 种方式。与分离式建模相比,整体式建模具有建模简单、计算更容易收敛的优点。对于钢-混凝土组合梁来说,由于混凝土板内钢筋布置比较复杂,这里优先采用了整体式方法建立混凝土的有限元模型。对于 Solid65 混凝土单元中的 Keyopt 选项,设置成考虑混凝土的拉应力释放,更有利于计算收敛。在分析的时候可以关闭混凝土压碎选项,当不考虑混凝土的压碎时,计算容易收敛,当考虑混凝土的压碎时,收敛变得困难,而该项对于计算结果的影响并不是很大,可以关闭压碎选项。

(2)网格的密度

网格划分越小,计算精度就会变得较高,但是也带来了应力集中的问题,使得混凝土开裂过早,也给收敛带来了困难。因此,需要在保持精度的同时选择合适的网格密度。同时,考虑钢梁腹板洞口的存在,为了得到满意的计算结果,需要对洞口区域进行网格细分。

(3)加载点和支座的处理

实际工程中的荷载多为面荷载作用,点荷载直接作用的情况比较少见,为准确模拟,我们在组合梁模型的加载点上设置了刚性垫板再施加荷载。由于试件是反向加载,支座设置在混凝土板两端,此时支座处是比较容易产生应力集中的,解决的方法是在支座处增加垫板防止应力集中,同时在支座位置的钢梁腹板上设置加劲肋。

(4)子步数

ANSYS 中子步数的设置是非常重要的,过大或者过小都难以正常收敛,可以通过不断调试找到合适的子步数,比如:通过分析收敛过程追踪图,若实际范数曲线远在收敛范数曲线以上并且难以收敛时,就考虑可以增大子步数。

(5)收敛准则及精度

收敛准则对收敛和计算结果都有很大的影响,当为力加载时,可以采用位移收敛准则;当为位移加载时,可以采用力收敛准则。改变收敛精度并不能从根本上解决收敛问题,但适当放宽精度可以加快收敛速度,不过对最终的计算结果会产生影响,甚至得到错误的结果,所以建议将收敛精度控制在 5% 以内。

## 3.6　有限元模型

考虑到结构的对称性,为提高计算精度及效率,按 1/2 模型结构进行建模分析,同时在网格划分时对洞口周边单元进行了局部细化;有限元模型如图 3.9 所示。为了防止应力集中造成收敛困难,在加载点处以及支座处都设置了刚性垫板,对应的钢梁腹板上设置了加劲肋,有限元分析中采用了力加载方式,Von-Mises 屈服准则及位移收敛准则,应用完全 Newton-Raphson 平衡迭代法进行非线性求解。

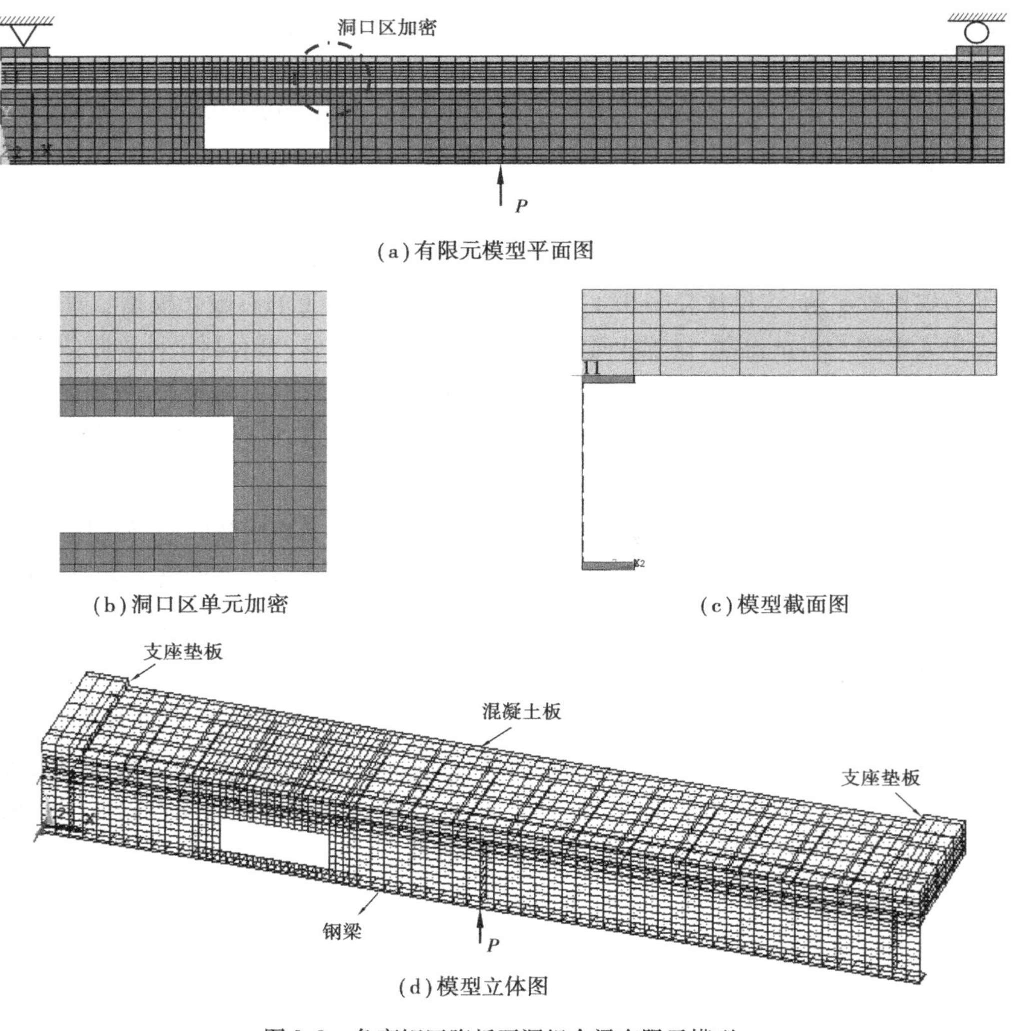


图 3.9 负弯矩区腹板开洞组合梁有限元模型

# 3.7 负弯矩区组合梁弹性分析

弹性分析是结构分析设计和实际应用的重要内容之一,《钢结构设计标准》(GB 50017—2017)[97]规定,对于直接承受动力荷载作用或钢梁中受压板件的宽厚比不符合塑性设计要求的组合梁,应该采用弹性分析方法计算。本书首先对负弯矩作用下钢-混凝土组合梁进行了弹性分析,并与现有理论计算方法进行了对比,验证了有限元模型的正确性;为研究负弯矩作用下腹板开洞组合梁在弹性阶段受力及变形的基本特征,设计了对应的分析模型,对其进行弹性有限元模拟计算。

## 3.7.1 无洞组合梁弹性分析

《钢结构设计标准》(GB 50017—2017)采用了换算截面法计算组合梁在负弯矩作用下的刚度,计算时不考虑混凝土的抗拉作用,仅考虑钢筋和钢梁构成的组合截面,该方法忽略了混凝土板与钢梁之间的滑移，但相关试验和理论结果[48,55,115,116]表明，即使按完全剪切连接设计的组合梁，剪切连接件在水平剪力作用下也会发生变形，不存在无滑移的完全剪切连接状态。

### 1）负弯矩区组合梁弹性受力特性

对处于弹性工作阶段的负弯矩作用下的钢-混凝土组合梁，在考虑滑移效应影响时可以近似地将组合梁作为弹性体考虑，并有以下基本假设：

①钢梁与混凝土交界面上的相对滑移与水平剪力成正比。

②抗剪连接件沿梁长均匀布置，水平剪力沿梁长连续分布。

③混凝土翼板与钢梁具有相同的曲率，都符合平截面假定。

以跨中作用反向集中荷载的简支组合梁为例，坐标原点 $O$ 位于跨中截面形心轴处，负弯矩作用下考虑滑移效应的组合梁变形微段模型如图 3.10 所示。

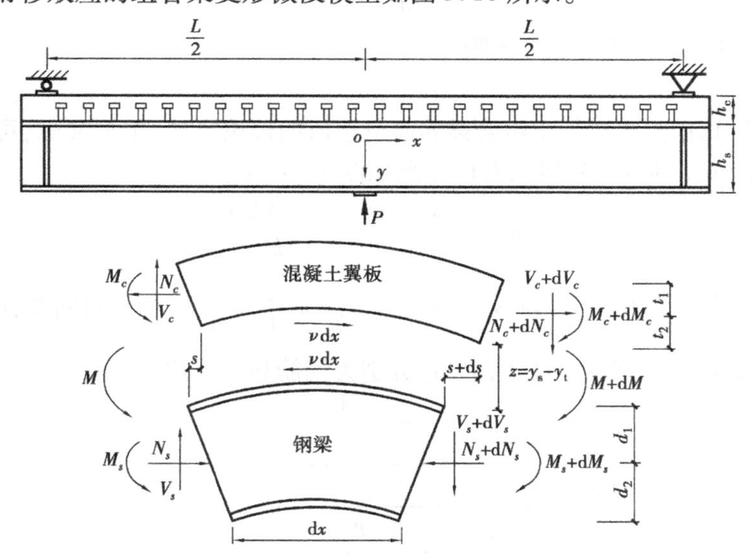


图 3.10　负弯矩作用下组合梁微段变形模型

### 2）弹性理论与有限元结果对比

文献给出了负弯矩作用下考虑滑移效应的组合梁挠度计算公式，见式(3.17)。

$$\delta = \delta_f + \Delta\delta \tag{3.17}$$

式中　$\delta_f$——按照换算截面法计算得到的弹性挠度；

$\Delta\delta$——考虑滑移效应时的附加挠度，对于不同荷载工况下的附加挠度简化计算公式见表 3.2。

**表 3.2　附加挠度公式**

| 求解工况 | 附加挠度公式 |
| --- | --- |
| $\frac{L}{2}$　P　$\frac{L}{2}$ | $\Delta\delta = -\frac{\beta P}{h}\left[\frac{L}{2\alpha^2} - \frac{1}{\alpha^3}\right]$ |

续表

| 求解工况 | 附加挠度公式 |
| --- | --- |
| $\frac{P}{2}$，$\frac{P}{2}$；$\frac{L}{2-b}$，$2b$，$\frac{L}{2-b}$ | $\Delta\delta=-\frac{\beta P}{h}\left[\frac{L-2b}{2\alpha^{2}}-\frac{1}{\alpha^{3}}\right]$ |
| $q$；$L$ | $\Delta\delta=-\frac{\beta q(2+\alpha^{2}L^{2}-2\alpha L)}{2h\alpha^{4}}$ |
| $P$；$L$ | $\Delta\delta=-\frac{2\beta P}{h}\left[\frac{L}{\alpha^{2}}-\frac{1}{\alpha^{3}}\right]$ |

注：$\beta=\frac{y_0}{2EI_s}$，$\alpha^2=\frac{K}{dE}\left(\frac{1}{A_0}+\frac{y_0}{I_s}\right)$，$y_0=y_s+y_r$，$\frac{1}{A_0}=\frac{1}{A_r}+\frac{1}{A_s}$，$d$ 为栓钉间距，$E$ 为钢筋和钢梁的弹性模量，$I_s$ 为钢梁的截面惯性矩，$A_r$，$A_s$ 分别为钢筋和钢梁的面积。

对于负弯矩作用下钢-混凝土组合梁界面滑移值的理论算法，根据文献，可以得到集中荷载作用下的滑移计算，见式(3.18)，对应工况如图3.11所示。

$$\varepsilon_s=\frac{4e^{-\alpha x}(e^{\alpha L}-e^{2\alpha x})\beta M}{\alpha(e^{\alpha L}+1)L} \tag{3.18}$$

式中，$\beta=\frac{y_0}{2EI_s}$，$\alpha^2=\frac{K}{dE}\left(\frac{1}{A_0}+\frac{y_0}{I_s}\right)$，$y_0=y_s+y_r$，$\frac{1}{A_0}=\frac{1}{A_r}+\frac{1}{A_s}$，$d$ 为栓钉间距，$E$ 为钢筋和钢梁的弹性模量，$I_s$ 为钢梁的截面惯性矩，$A_r$，$A_s$ 分别为钢筋和钢梁的面积。

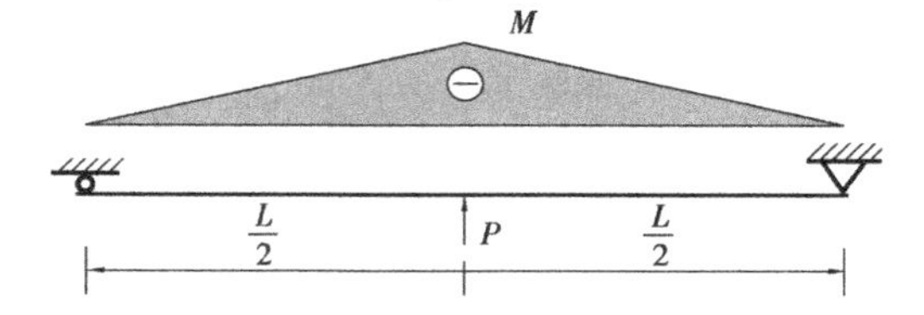


图3.11　组合梁负弯矩工况

为了研究负弯矩作用下组合梁在弹性阶段的受力性能，设计了4根栓钉间距不同的反向加载简支组合梁试件，对试件进行有限元计算分析，将有限元结果与上述理论计算方法得到的结果进行了对比。

4根组合梁试件编号为SC-1～SC-4，混凝土强度等级C30，钢材等级为Q235B，栓钉采用 $\phi19$，长度80 mm，按等间距沿梁长均匀布置，配置12根通长 $\phi12$ 钢筋，试件简图及尺寸如图3.12所示，试件设计参数见表3.3。

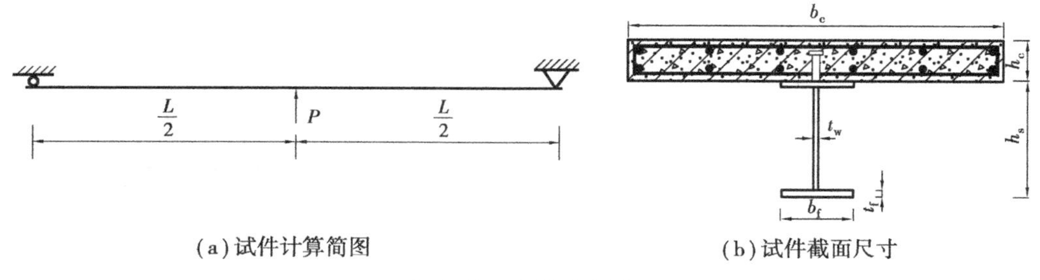


(a)试件计算简图　(b)试件截面尺寸

图3.12　试件示意图

表3.3 组合梁试件设计参数

| 编 号 | 钢梁尺寸/mm ($h_s \times b_f \times t_w \times t_f$) | 跨度 $L$/mm | 混凝土板/mm | | 栓钉间距 $e$/mm | 混凝土 $E_c$/MPa | 钢材 $E_s$/MPa |
|---|---|---|---|---|---|---|---|
| | | | $h_c$ | $b_c$ | | | |
| SC-1 | 250×125×6×9 | 3 000 | 110 | 800 | 250 | $3.0\times10^4$ | $2.06\times10^5$ |
| SC-2 | 250×125×6×9 | 3 000 | 110 | 800 | 200 | $3.0\times10^4$ | $2.06\times10^5$ |
| SC-3 | 250×125×6×9 | 3 000 | 110 | 800 | 150 | $3.0\times10^4$ | $2.06\times10^5$ |
| SC-4 | 250×125×6×9 | 3 000 | 110 | 800 | 100 | $3.0\times10^4$ | $2.06\times10^5$ |

通过有限元计算得到了负弯矩作用下组合梁挠度沿梁长的分布曲线，如图3.13所示，可以看出：各组合梁试件的最大挠度都出现在跨中位置，对栓钉间距最大的试件SC-1，其挠度值最大，随着栓钉间距的减小，组合梁试件的挠度依次降低，说明挠度随着连接程度的提高而减小，抗剪连接程度对组合梁的挠度影响是比较大的。

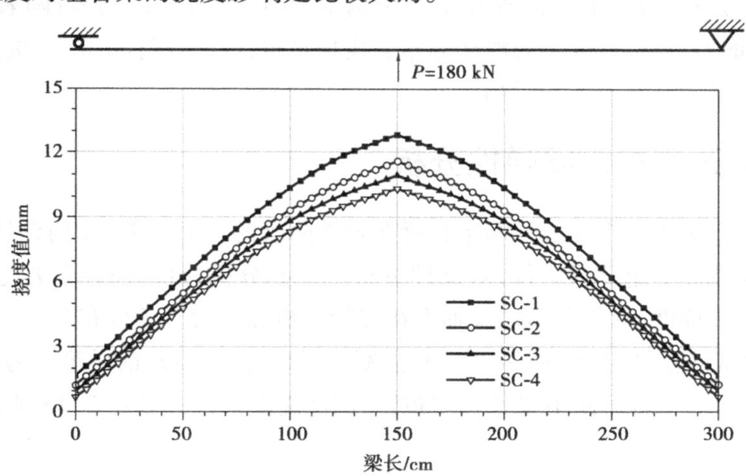


图3.13 负弯矩区组合梁挠度分布（ANSYS计算结果）

通过理论式（3.17）计算得到了组合梁试件的跨中挠度理论值，并与有限元结果进行了比较，见表3.4。计算结果表明：理论计算结果与有限元结果比较吻合，误差在10%内。

表3.4 挠度理论值与有限元结果对比

| 编 号 | 栓钉间距 $e$/mm | 使用荷载 $P_s$/kN | 理论值 $f_s$/mm | 有限元值 $f_e$/mm | $f_s/f_e$ |
|---|---|---|---|---|---|
| SC-1 | 250 | 180 | 11.63 | 12.79 | 0.91 |
| SC-2 | 200 | 180 | 10.76 | 11.57 | 0.93 |
| SC-3 | 150 | 180 | 10.49 | 10.93 | 0.96 |
| SC-4 | 100 | 180 | 10.04 | 10.35 | 0.97 |

通过理论式（3.11）计算得到的各试件滑移值及其有限元结果，如图3.14所示。

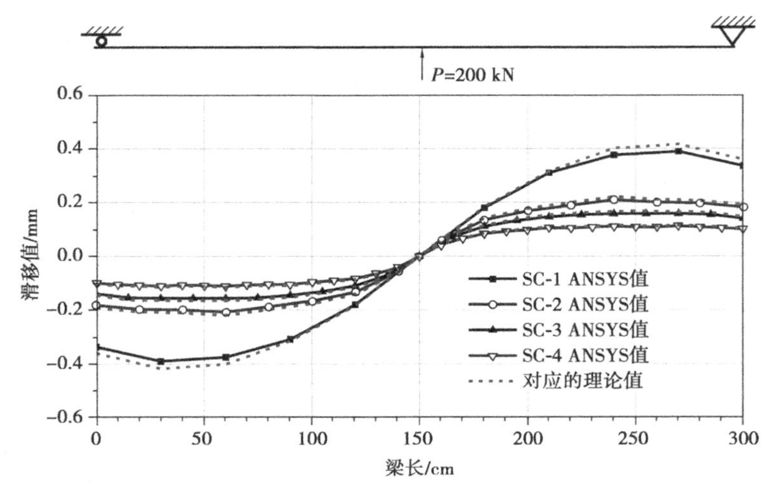


图 3.14　负弯矩区组合梁滑移分布

从结果中可以看出：各组合梁试件的连接程度不同，但其滑移分布规律基本相似，滑移沿跨中基本为对称分布，最大值均出现在组合梁两端，跨中的滑移值为零；随着连接程度的降低，滑移值依次增加，连接程度越大滑移分布曲线越平缓，说明栓钉间距（连接件数量）对负弯矩作用下的组合梁滑移有较大的影响。

## 3.7.2　腹板开洞组合梁弹性分析

为了研究负弯矩作用下腹板开洞组合梁在弹性阶段的受力性能，我们设计了 3 根栓钉间距不同的反向加载简支组合梁试件，对试件进行有限元分析，研究内容主要是负弯矩区腹板开洞组合梁的弹性挠度、滑移分布以及轴力在混凝土板和钢梁上的分布等。

3 根组合梁试件编号为 SCD-1 ~ SCD-3，混凝土强度等级 C30，钢材等级为 Q235B，栓钉采用 $\phi19$，长度 80 mm，按等间距沿梁长均匀布置，试件简图及尺寸如图 3.15 所示，试件设计参数见表 3.5。

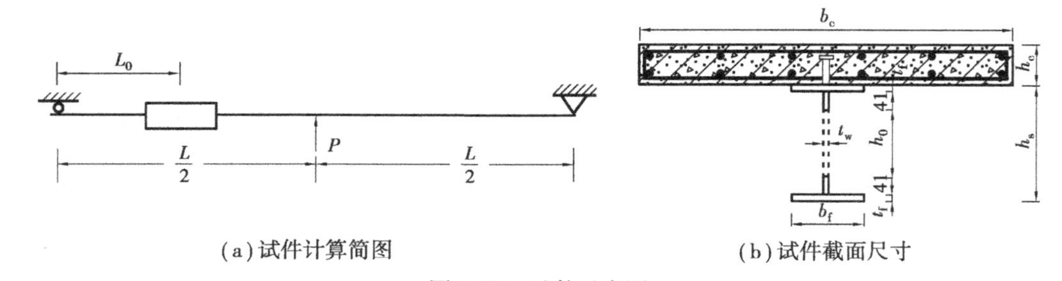


（a）试件计算简图　　　　（b）试件截面尺寸

图 3.15　试件示意图

**表 3.5　开洞组合梁试件设计参数**

| 编　号 | 钢梁尺寸/mm ($h_s \times b_f \times t_w \times t_f$) | 跨度 $L$/mm | $a_0 \times h_0$ /mm | 洞口位置 $L_0$/mm | 混凝土板/mm | | 栓钉间距 $e$/mm | 混凝土 $E_c$/MPa | 钢材 $E_s$/MPa |
|---|---|---|---|---|---|---|---|---|---|
| | | | | | $h_c$ | $b_c$ | | | |
| SCD-1 | 250×125×6×9 | 3 000 | 400×150 | 750 | 110 | 800 | 50 | $3.0\times10^4$ | $2.06\times10^5$ |
| SCD-2 | 250×125×6×9 | 3 000 | 400×150 | 750 | 110 | 800 | 100 | $3.0\times10^4$ | $2.06\times10^5$ |
| SCD-3 | 250×125×6×9 | 3 000 | 400×150 | 750 | 110 | 800 | 150 | $3.0\times10^4$ | $2.06\times10^5$ |

## 1)挠度特性

以 SCD-2 试件为例，说明负弯矩作用下腹板开洞组合梁在不同荷载下的挠度分布，弹性荷载 $P$ 分别为 200 kN、250 kN、300 kN、350 kN，对应的挠度计算结果如图 3.16 所示，从计算结果中可以看出：

①负弯矩区腹板开洞组合梁的挠度值随着荷载的增加而不断增加。

②在组合梁无洞区段上的挠度分布是均匀、平稳的，而在洞口区域由于剪切变形的影响，使得挠度分布呈现出直线分布特征。

③洞口右端挠度值大于左端挠度值，最大挠度还是出现在组合梁的跨中位置，即荷载作用点处。

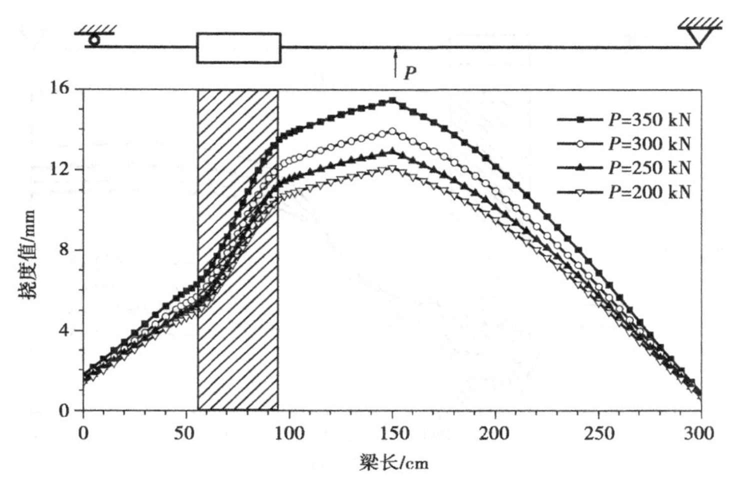


图 3.16　负弯矩区腹板开洞组合梁弹性挠度分布(SCD-2)

为了分析栓钉间距变化对负弯矩作用下腹板开洞组合梁挠度的影响，我们计算了各组合梁试件在弹性荷载 $P=200$ kN 时的挠度分布，对应的挠度计算结果如图3.17所示，从计算结果中可以看出：

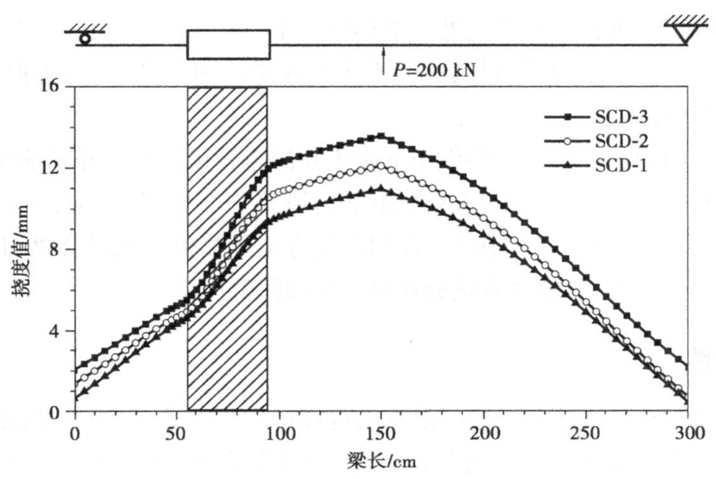


图 3.17　栓钉间距不同的负弯矩区腹板开洞组合梁弹性挠度分布

①负弯矩区腹板开洞组合梁的挠度值随着栓钉间距的增加而增大，各组合梁试件的挠度分布曲线形式基本相似。

②无论栓钉间距的疏密程度如何，洞口区域的挠度分布仍然呈直线分布，具有明显的剪切变形特征。

③栓钉间距增大，使得抗剪连接程度下降，负弯矩区腹板开洞组合梁的挠度也随着抗剪连接程度的降低而增大。

## 2）水平滑移特性

以 SCD-2 试件为例，说明负弯矩作用下腹板开洞组合梁在不同荷载下的滑移分布，弹性荷载 $P$ 分别为 150 kN、200 kN、250 kN、300 kN，对应的滑移计算结果如图 3.18 所示。

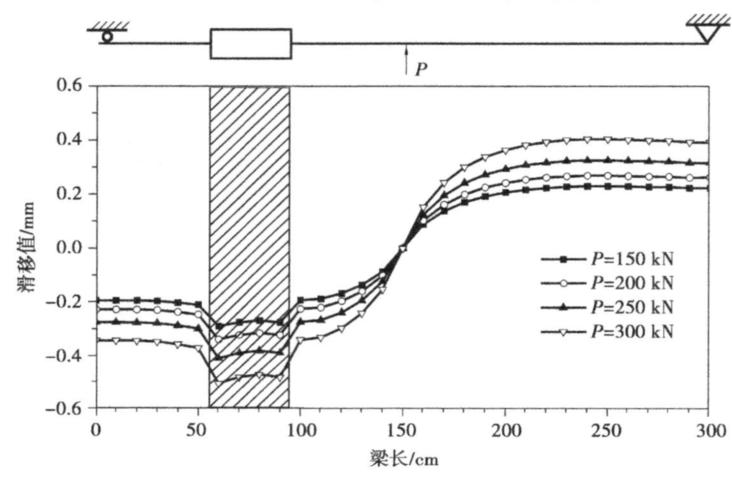


图 3.18　负弯矩区腹板开洞组合梁滑移分布曲线（SCD-2 弹性分析）

从图 3.18 的分布曲线中看出：

①负弯矩作用下腹板开洞组合梁的滑移值随着荷载的增加而不断增加。

②负弯矩区腹板开洞组合梁在大小不同的集中荷载作用下，越靠近梁两端（支座）的滑移值越大，而在跨中位置，即荷载作用点处的滑移值最小，基本为零。

③洞口区域的滑移值出现了明显突变，不再是光滑的曲线分布，与远离洞口区段的滑移值相比，其数值明显较大。

为了分析栓钉间距变化对负弯矩作用下腹板开洞组合梁滑移分布的影响，我们计算得到了各组合梁试件在弹性荷载 $P=180$ kN 作用下的滑移分布曲线，对应的滑移计算结果如图 3.19所示。从结果中可以看出：集中荷载作用的负弯矩区腹板开洞组合梁，其栓钉间距越大，对应的滑移值也越大，即滑移值随着抗剪连接程度的降低而增大。

## 3）轴力分布特性

腹板开洞除了对负弯矩区组合梁的滑移及挠度产生影响外，对组合梁混凝土板和钢梁截面上的轴力分布又会有哪些影响？为此，以试件 SCD-2 为例，分析负弯矩作用下腹板开洞组合梁的混凝土板及钢梁截面上的轴力分布情况，弹性荷载 $P=200$ kN，轴力沿梁长的分布如图 3.20 所示。

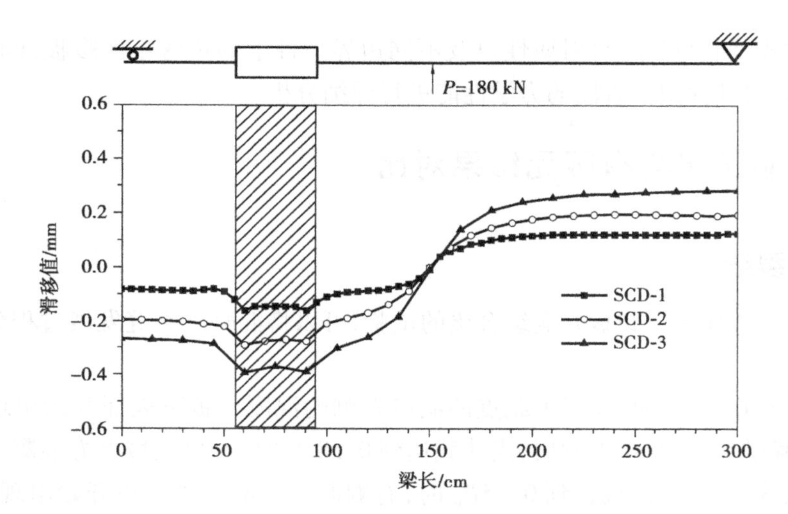


图3.19 不同栓钉间距的负弯矩区腹板开洞组合梁滑移分布曲线(弹性分析)

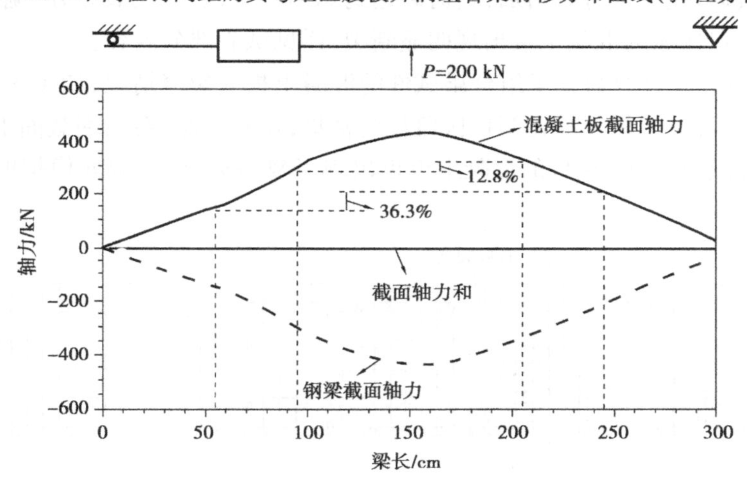


图3.20 负弯矩作用下腹板开洞组合梁的轴力分布

从计算结果中可以看出:

①混凝土板和钢梁上的轴力沿梁长的分布呈抛物线,轴力最大值出现在荷载作用点处,逐渐向着组合梁两端支座递减,支座两端截面上的轴力为零,混凝土板承受轴向拉力,钢梁承受轴向压力。

②混凝土板截面上的轴力与钢梁截面上轴力之和为零。

③开洞对负弯矩作用下腹板开洞组合梁的截面轴力分布有一定影响,开洞区段和无洞区段相比,截面承担的轴力值有所降低,混凝土板洞口左端截面的轴力值比对应位置处无洞截面的轴力值下降了36.3%,右端截面则下降了12.8%。

# 3.8 负弯矩区腹板开洞组合梁非线性有限元分析

为研究负弯矩作用下腹板开洞组合梁在弹塑性阶段的整体受力和变形性能,根据前述有限元建模方法,对试验使用的6根组合梁试件进行了非线性有限元模拟计算,并将计算结果与试验结果进行了对比分析,证明了有限元建模及分析方法的正确性和可靠性,可以进一步对不同加载方式、洞口尺寸、材料属性以及不同边界条件下的负弯矩区腹板开洞组合梁进行模拟计算，可以对其弹塑性阶段的力学性能进行详细分析。

## 3.8.1 试验结果与有限元结果对比

### 1）混凝土板裂缝

通过对负弯矩作用下腹板开洞组合梁的试验，可以将混凝土裂缝发展过程分为以下几个阶段：

当荷载达到 $0.25P_u$ 时，靠近加载点的洞口右侧的混凝土板下表面开始出现微小的横向裂缝，随着荷载增加，裂缝缓慢发展；当荷载达到 $0.58P_u$ 时，洞口区域上方混凝土板的横向和纵向裂缝也显著增加；当荷载达到 $0.75P_u$ 时，右侧洞口上部混凝土板开始出现鼓起，横向和纵向裂缝开始贯通，宽度也有所增加；当荷载达到 $0.9P_u$ 时，裂缝发展充分，宽度明显；荷载达到 $P_u$ 时，靠近洞口区域的混凝土板出现明显断裂，详见试验部分内容。

通过 ANSYS 模拟计算得到了组合梁试件的混凝土板底裂缝情况，如图 3.21 所示。从图中结果可以看出：混凝土板裂缝在洞口区段最为密集，在洞口左、右两端截面上方的混凝土裂缝最多，其次在加载点处（跨中）的混凝土板也出现了较多裂缝，有限元模拟的裂缝情况与试验情况比较相似。

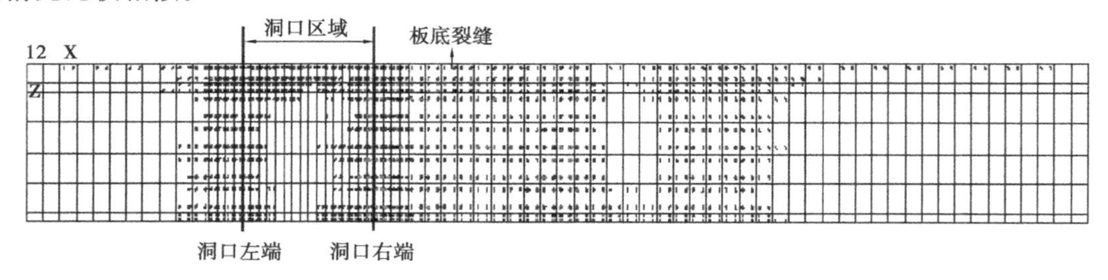


图 3.21　有限元模拟混凝土板底裂缝（一半模型）

### 2）破坏形态与变形

图 3.22 所示为负弯矩区腹板开洞组合梁的试验破坏与有限元结果对比图。在本次试验中，5 根开洞组合梁试件在弯剪共同作用下，洞口区不仅发生了剪切变形，角部还出现了塑性铰，从整体上看，开洞试件的破坏形态属于空腹破坏。

以试件 SCB-2 为例，当试件处于弹性阶段时，钢梁全截面处于弹性应变状态，在跨中和洞口右侧的混凝土板底部出现少量微小的横向裂缝，发展速度缓慢；当洞口区域的腹板或下翼缘开始出现屈服时，试件就进入了弹塑性阶段，此阶段中，洞口 4 个角处相继发生变形屈服，混凝土板与钢梁交界面出现明显的滑移，裂缝发展迅速，随着荷载的增加，钢梁洞口处腹板和下翼缘的最大应变超过钢材屈服应变，整个组合梁刚度明显下降，试件整体变形明显；在试件的破坏阶段，洞口区域 4 个角处的钢梁全截面屈服，出现塑性铰，有的角部被明显拉裂，有的角部受到挤压，洞口出现了很大的剪切变形；混凝土板发生剪切破坏，断裂部位在洞口两侧，栓钉在较大的掀起力作用下被拔出一段，如图 3.22（a）、（b）所示。

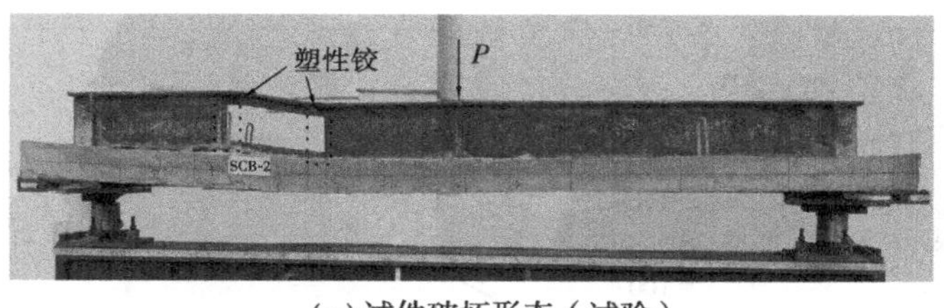


(a) 试件破坏形态（试验）

(b) 洞口处变形（试验）

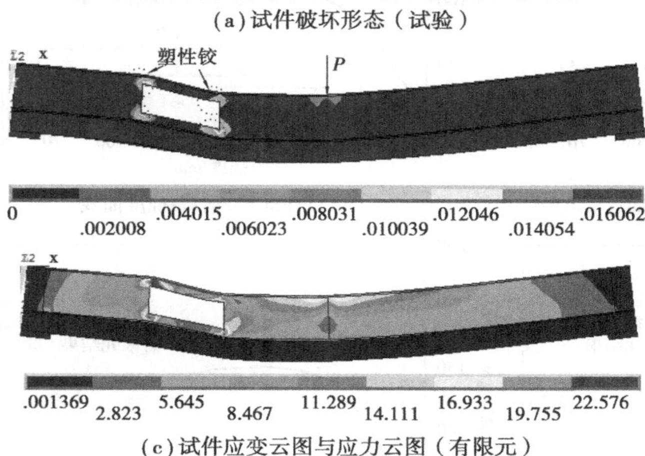


(c) 试件应变云图与应力云图（有限元）

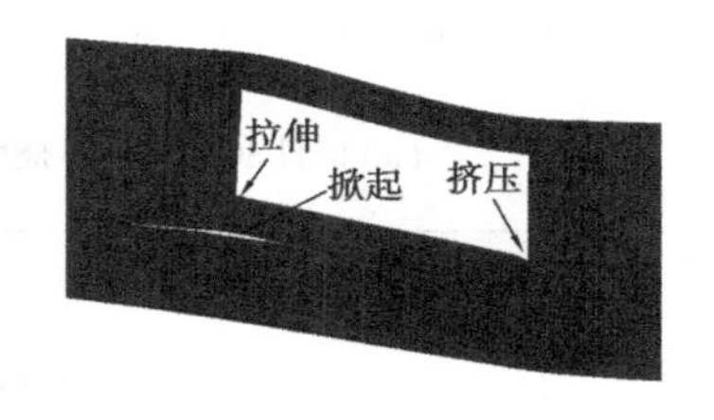


(d) 洞口处变形（有限元）

图 3.22　试验现象与有限元结果对比

从有限元模拟计算得到的结果[图 3.22(c)、(d)]看出，洞口区域 4 个角部处的腹板全截面屈服，出现塑性铰，洞口发生了较大的剪切变形，角部有拉裂和挤压，混凝土板与钢梁在交界面上出现了相对掀起，即栓钉拔脱的现象，通过对比发现有限元模拟计算得到的破坏形态与试验现象类似，说明有限元可以很好地模拟负弯矩区腹板开洞组合梁的受力过程。

### 3) 荷载-挠度曲线对比

试验和有限元模拟计算所得到的全部试件的荷载-挠度曲线对比如图 3.23 所示。

通过对比可以看出：负弯矩作用下组合梁试件的有限元结果和试验结果在弹性阶段和弹塑性阶段是比较吻合的，所得到的极限荷载相差不大，但是在破坏阶段的最大挠度值比试验结果要小一些，原因首先是在负弯矩和洞口等不利因素下混凝土开裂较多造成了收敛困难，此外 ANSYS 在计算中采用了 Newton-Raphson 的迭代算法，难以计算出曲线下降段。Newton-Raphson 的实质是用一系列荷载值[式(3.19)]和非线性方程[式(3.20)]进行联立求解。

$$P^{(i)} = \text{const}(i = 1,2,3,\cdots) \tag{3.19}$$

$$K(u) \cdot u - P(u) = 0 \tag{3.20}$$

求解过程相当于用式(3.19)表示的一组水平直线和曲线相交，同时通过得到的这些交点来定义整个求解的路径。一旦曲线上出现极值点时，求解路径在极值点处就难以通过，即使经过调整可以通过极值点，也不是正确的寻找范围，此时即使找到了，其误差也会很大，因为直线 $P = \text{const}$ 与曲线的切线已经接近平行，所以，当 Newton-Raphson 法在遇到极值点时，相应的求解过程难以继续进行。

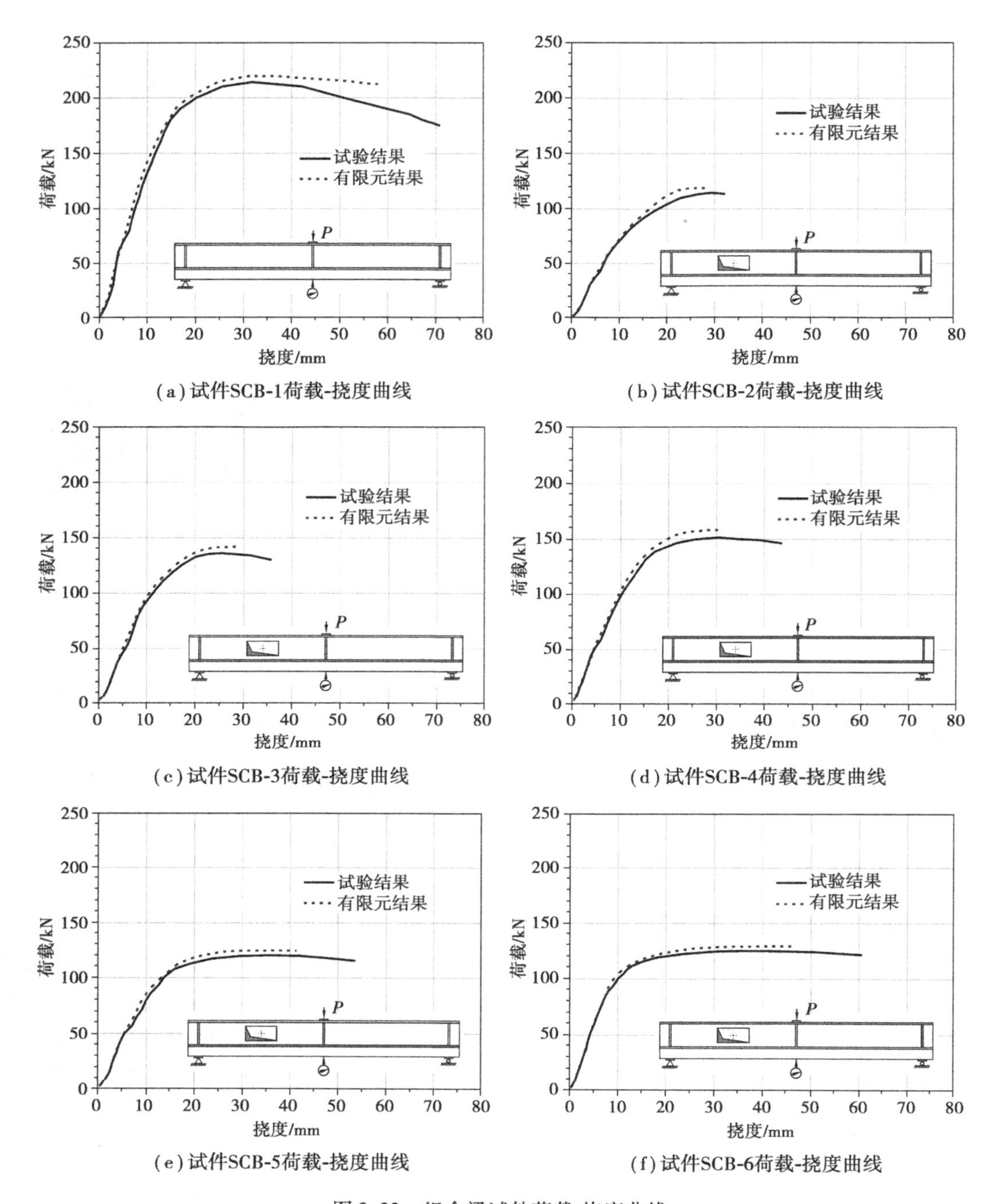


图3.23　组合梁试件荷载-挠度曲线

## 4)极限承载力对比

为了验证有限元方法得到的试件极限承载力的准确性,我们对试件进行了非线性有限元模拟计算,对应的6根组合梁试件极限承载力试验与有限元结果对比见表3.6,图3.24所示为各组合梁试件极限承载力的试验与有限元结果的比值分布。从结果中可以看出:试验得到的极限承载力与有限元结果对比较好,误差在7%以内,可以满足工程精度要求,从而验证了有限元方法的准确性。

表3.6 组合梁极限承载力试验与有限元结果对比

| 编 号 | 洞口/mm | 钢梁尺寸/mm | 混凝土板 | | 配筋率/% | | 极限荷载 | | 有限元/试验 |
|---|---|---|---|---|---|---|---|---|---|
| | $a_0 \times h_0$ | $(h_s \times b_f \times t_w \times t_f)$ | $b_c$/mm | $h_c$/mm | 横向 | 纵向 | 试验/kN | 有限元/kN | |
| SCB-1 | 无洞 | 250×125×6×9 | 1 000 | 110 | 0.5 | 0.8 | 214.2 | 219.6 | 1.03 |
| SCB-2 | 400×150 | 250×125×6×9 | 1 000 | 110 | 0.5 | 0.8 | 114.6 | 118.7 | 104 |
| SCB-3 | 400×150 | 250×125×6×9 | 1 000 | 125 | 0.5 | 0.8 | 136.2 | 141.7 | 1.07 |
| SCB-4 | 400×150 | 250×125×6×9 | 1 000 | 145 | 0.5 | 0.8 | 151.3 | 159.6 | 1.06 |
| SCB-5 | 400×150 | 250×125×6×9 | 1 000 | 110 | 0.5 | 1.2 | 120.2 | 124.7 | 1.05 |
| SCB-6 | 400×150 | 250×125×6×9 | 1 000 | 110 | 0.5 | 1.6 | 125.0 | 129.2 | 1.02 |

注:$a_0$ 为洞口宽度,$h_0$ 为洞口高度;$b_c$ 为混凝土板宽度,$h_c$ 为混凝土板高度。

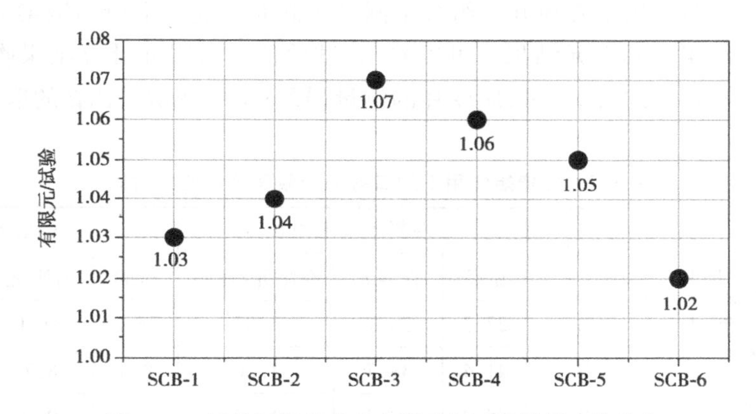


图3.24 试件极限承载力有限元与试验结果比值分布

图3.25所示为负弯矩作用下腹板开洞组合梁在板厚和配筋率两参数变化下极限承载力对比柱状图。从图中可以看出:有限元方法可以很好地模拟混凝土板厚和配筋率两个参数变化时开洞组合梁试件的极限承载力,这就为使用有限元方法分析更多变化参数对负弯矩作用下的腹板开洞组合梁受力性能提供了可靠的参考。

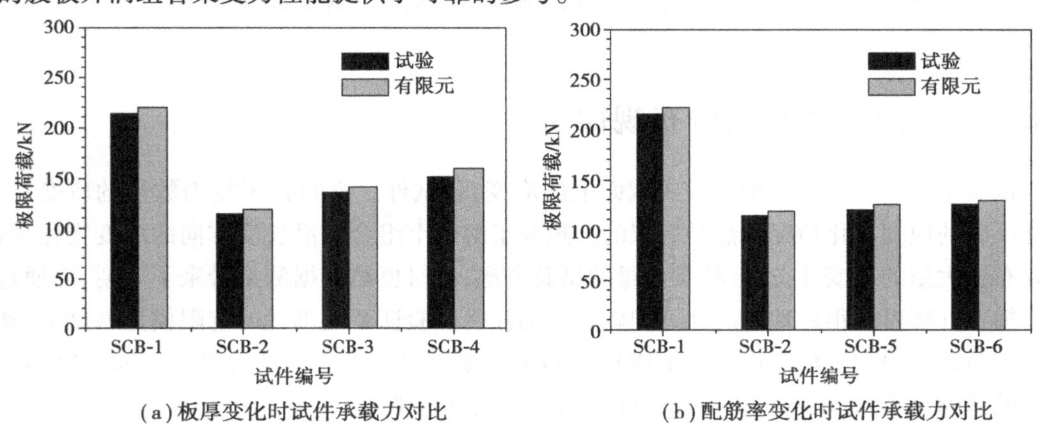


(a)板厚变化时试件承载力对比　　(b)配筋率变化时试件承载力对比

图3.25 参数变化下组合梁试件极限承载力有限元与试验结果对比

### 5)洞口区剪力分布

在 ANSYS 后处理中,不能直接得到 3D 实体单元的截面内力,为了获得所需要的截面内力要采用一定的方法。获取 3D 实体单元内力的方法主要有 3 种:截面分块积分法、面操作法以及单元节点力求和法。其中截面分块积分法是将截面分为很窄的条状,用路径获得每条长度方向的应力,再通过路径求得每一条的合力,各条合力汇总即为截面上的内力;面操作法通过映射应力到所定义的面上,对面上应力进行积分得到截面上的内力。为了较为精确地计算组合梁洞口区截面上的内力,可采用单元节点力求和法,该方法通过选择节点和单元,再对单元节点力求和即可得到对应截面的内力,此方法要求所求内力的截面为一列单元的边界,也就是截面不能穿过单元,因此在有限元建模过程中要提前设定好需要计算内力的截面,使其单元边界能够满足单元节点力求和法的要求。

表 3.7 为负弯矩作用下腹板开洞组合梁洞口区截面上混凝土板和钢梁的剪力承担值,同时列出了试验结果与有限元结果。可以看出:试验值与有限元计算结果吻合良好,影响误差的主要因素有:应变片的数量;应变片的测量误差;主应变增量比 $\beta$ 的取值(见 2.4 节)等。

**表 3.7　负弯矩作用下洞口各部分截面承担剪力对比**

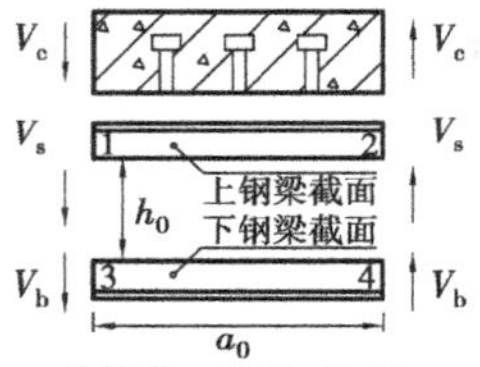

<table>
<tr><td rowspan="8">$V_c$ $V_c$<br>$V_s$ 1 2 $V_s$<br>$h_0$ 上钢梁截面<br>下钢梁截面<br>$V_b$ 3 4 $V_b$<br>$a_0$<br>总剪力：$V=V_b+V_s+V_c$<br>钢梁剪力：$V_{st}=V_s+V_c$<br>洞口区剪力分布</td><td rowspan="2">编　号</td><td colspan="3">混凝土板 $V_c$/kN</td><td colspan="3">钢梁 $V_{st}$/kN</td></tr>
<tr><td>试验</td><td>有限元</td><td>有限元/试验</td><td>试验</td><td>有限元</td><td>有限元/试验</td></tr>
<tr><td>SCB-1</td><td>27.3</td><td>28.7</td><td>1.05</td><td>75.2</td><td>81.1</td><td>1.07</td></tr>
<tr><td>SCB-2</td><td>41.4</td><td>43.7</td><td>1.06</td><td>8.8</td><td>8.7</td><td>0.97</td></tr>
<tr><td>SCB-3</td><td>55.2</td><td>57.2</td><td>1.04</td><td>8.9</td><td>9.8</td><td>1.1</td></tr>
<tr><td>SCB-4</td><td>65.5</td><td>68.4</td><td>1.03</td><td>7.2</td><td>8.1</td><td>1.1</td></tr>
<tr><td>SCB-5</td><td>44.9</td><td>47.4</td><td>1.06</td><td>9.2</td><td>8.9</td><td>0.97</td></tr>
<tr><td>SCB-6</td><td>48.4</td><td>50.8</td><td>1.05</td><td>9.1</td><td>8.5</td><td>0.93</td></tr>
</table>

注:$V_c$ 为混凝土板剪力;$V_{st}$为钢梁剪力;$V_s$ 为洞口上钢梁截面剪力;$V_b$ 为洞口下钢梁截面剪力。

## 3.8.2　剪力沿梁长的分布规律

试验中为了测量组合梁各重要截面上的应变,各试件上都布置了相当数量的应变片,但所能反映的应变变化情况仍然是有限的。想要了解整个组合梁沿长度方向的应变变化规律,需要布置大量的应变片,这会耗费大量的试验资源,同时也给数据测量带来了不便,而通过有限元模拟计算可以很好地解决这些问题。本书在已经验证了准确性的有限模型基础上,通过数值模拟计算得到了负弯矩作用下腹板开洞组合梁沿梁长度方向的混凝土板和钢梁截面所承担的剪力大小,以试件 SCB-1 和试件 SCB-2 为例进行说明。

图 3.26 所示为无洞组合梁试件 SCB-1 沿梁长度方向混凝土板和钢梁截面在不同荷载阶段的剪力分担情况,从结果中可以看出:

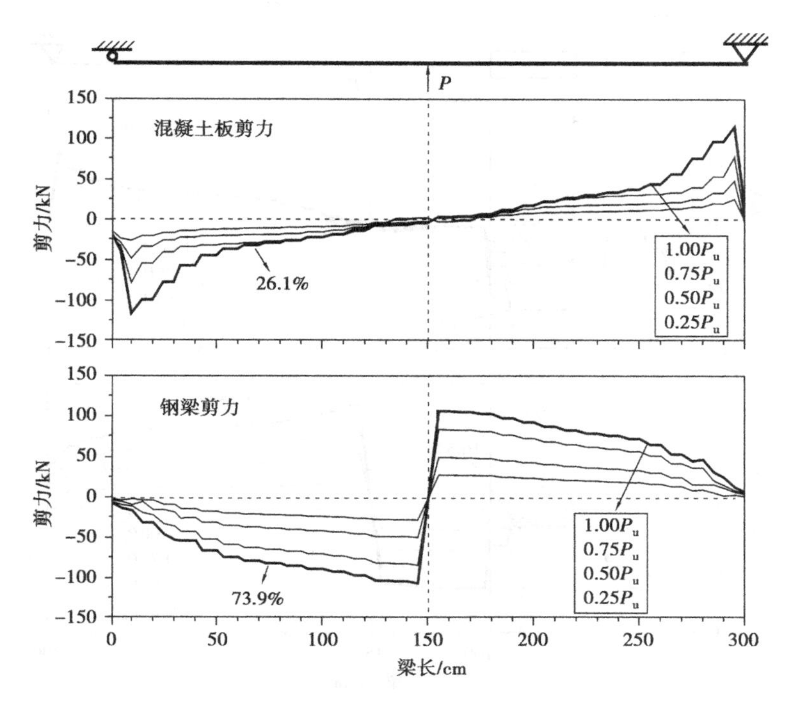


图 3.26　负弯矩区无洞组合梁混凝土板和钢梁截面剪力分布(试件 SCB-1)

①在任意荷载阶段,混凝土板承担的剪力都比钢梁承担的剪力要小;当荷载达到极限荷载 1.00$P_u$ 时,混凝土板承担了截面总剪力的 26.1%,而钢梁承担了截面总剪力的 73.9%,混凝土板承担的剪力不可忽略。

②在相同荷载步下,钢梁承担的剪力增加幅度明显比混凝土板承担的剪力增加幅度要大。

③在整个荷载过程中,混凝土板和钢梁承担的剪力都随着荷载的增加而增大;在 0.50$P_u$ ~ 0.75$P_u$ 荷载段内,钢梁承担的剪力增长速度较快,混凝土板承担的剪力增长速度较慢;而在 0.75$P_u$ ~1.00$P_u$ 荷载段内,混凝土板承担的剪力增长速度变快,而钢梁承担的剪力增长速度却变慢了,说明随着塑性发展的深入,混凝土板与钢梁之间出现了竖向剪力重分布现象。

图 3.27 所示为开洞组合梁试件 SCB-2 沿梁长方向混凝土板和钢梁截面在不同荷载阶段的剪力分担情况,从结果中可以看出:

①在任意荷载阶段,洞口区域的混凝土承担的剪力明显比钢梁承担的剪力要大;当荷载达到极限荷载 1.00$P_u$ 时,混凝土板承担了截面总剪力的 83.5%,而钢梁承担了截面总剪力的 16.5%;在洞口区域外则刚好相反,钢梁承担的剪力要明显大于混凝土承担的剪力。

②在相同荷载步下,洞口区域内混凝土板承担的剪力增加幅度比钢梁承担的剪力增加幅度要大,洞口区域外则刚好相反。

③在整个荷载阶段,洞口区域内混凝土板承担的剪力随着荷载的增加而不断加大,钢梁承担的剪力则增加很小;在洞口区域以外的组合梁部分,还是由钢梁承担了大部分的剪力;在 0.5$P_u$ ~ $P_u$ 荷载段,洞口区域的钢梁承担的剪力基本没有增加,而混凝土板承担的剪力则明显增加,原因是洞口 4 个角点处由于应力集中而出现屈服,逐步形成塑性铰,引起了竖向剪力重分布,即钢梁上的一部分剪力转移到了混凝土板上。

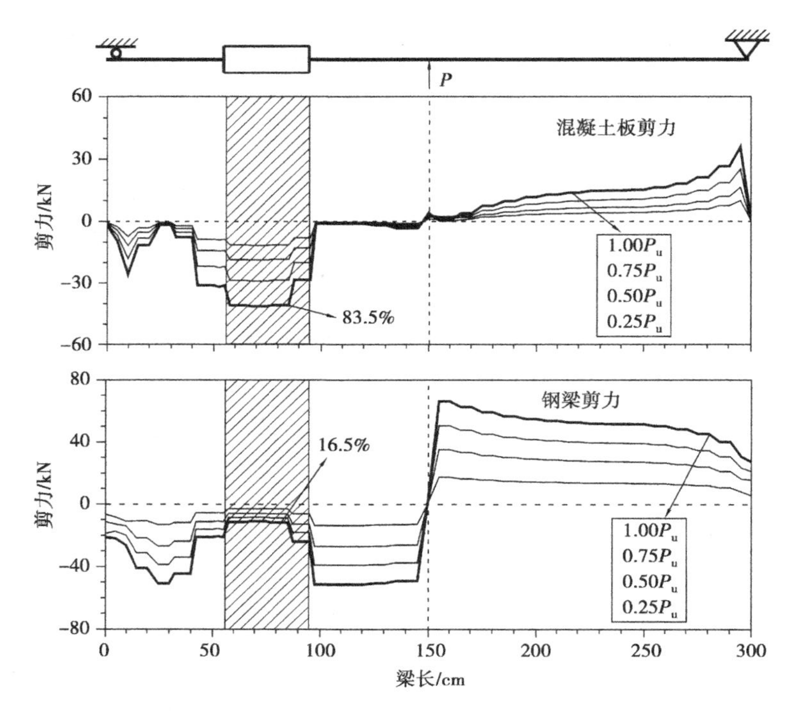


图 3.27　负弯矩区腹板开洞组合梁混凝土板和钢梁截面剪力分布(试件 SCB-2)

## 3.8.3　洞口区截面应变分布

试验结果表明负弯矩作用下腹板开洞组合梁洞口左端和右端截面上的应变呈 S 形分布，不再满足平截面假定。为了分析组合梁试件其他截面的应变分布情况，本书通过有限元模拟计算得到了开洞组合梁洞口左端、中部、右端以及无洞截面上的应变分布情况，如图 3.28 所示。

图 3.28 所示为负弯矩作用下腹板开洞组合梁在各级荷载作用下不同截面上的应变分布，从图中结果可以看出：

①洞口左端截面 *A—A* 和右端截面 *C—C* 的应变分布情况都与试验所得结果比较吻合；*A—A* 截面处的钢梁应变呈 S 形分布，混凝土板则保持线性分布，如图 3.28(a)所示，*C—C* 截面应变分布特点与 *A—A* 截面类似，但方向相反，如图 3.28(c)所示。

②洞口中部 *B—B* 截面处的应变如图 3.28(b)所示，在各个荷载阶段，洞口上、下部分截面钢梁上的应变均保持线性分布，混凝土板截面上的应变也保持了线性分布。

③从洞口区域的 *A—A*、*B—B*、*C—C* 3 个截面的应变分布中发现：在钢梁和混凝土板的交界面上都有应变突变的现象，当荷载大于 $0.65P_u$ 时，钢梁上翼缘顶部应变与混凝土板底应变不相等[图 3.28(a) ~ (c)]，而另一侧无洞截面 *D—D* 并没有出现这种突变现象[图 3.28(d)]，说明在洞口区域的交界面上出现了较大滑移，洞口区域内的栓钉受力要明显大于无洞区域内的栓钉，在实际工程中，应该在洞口区域布置较多的栓钉连接件。

④无洞区域 *D—D* 截面的应变分布如图 3.28(d)所示，在各个荷载阶段，该截面上混凝土板和钢梁的应变都呈线性分布，均满足平截面假定。

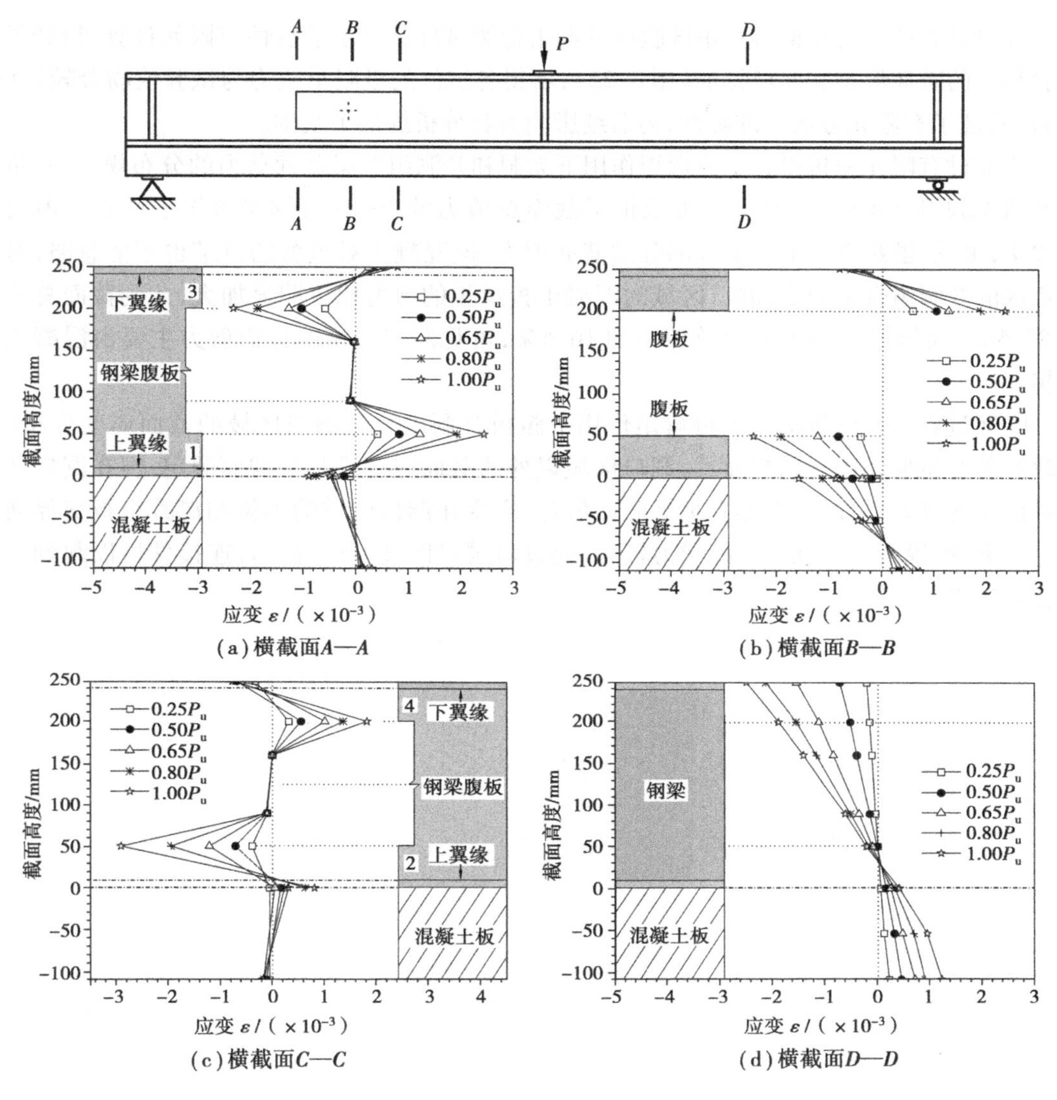


(a)横截面A—A (b)横截面B—B

(c)横截面C—C (d)横截面D—D

图3.28 洞口区域横截面应变分布(倒置)

## 3.9 小 结

本章首先对负弯矩作用下的无洞组合梁和开洞组合梁进行了弹性有限元分析,并与理论计算方法进行了对比,然后对试验使用的6根负弯矩作用下的腹板开洞组合梁试件进行了非线性有限元分析,并将有限元结果与试验结果进行了对比分析,可以得到如下结论:

①通过弹性分析得到了负弯矩区无洞组合梁在弹性阶段的挠度和界面滑移的变化规律,有限元结果与理论计算结果吻合良好(表3.4、图3.14),证明了有限元模型的可靠性。

②对负弯矩区腹板开洞组合梁进行了弹性分析,开洞对其弹性阶段的挠度、水平滑移及轴力分布都产生了不同程度的影响,洞口处的挠度出现直线分布特征(图3.16),滑移值出现突变(图3.18),轴力则有所减小(图3.20);另外,抗剪连接程度的下降造成了挠度及水平滑移值的增加(图3.17、图3.19)。

③对试验使用的6根负弯矩区腹板开洞组合梁试件进行了非线性有限元计算,得到了与试验相似的破坏形态和变形特征(图3.22),所得各试件的极限承载力与试验值吻合较好(表3.6),验证了有限元方法的准确性,为后续影响参数分析提供了基础。

④通过有限元分析得到了负弯矩作用下无洞和开洞组合梁截面剪力的分布规律:对负弯矩区的无洞组合梁而言,混凝土板承担了截面总剪力的26.1%,钢梁承担了截面总剪力的73.9%,可见,虽然钢梁承担了大部分的截面剪力,但混凝土对抗剪的贡献也不能忽略;对负弯矩区的开洞组合梁而言,洞口区域的混凝土板承担的剪力比重明显加大,达到截面总剪力的83.5%,而钢梁承担了截面总剪力的16.5%,可见洞口区域的截面剪力主要由混凝土板承担。

⑤通过有限元分析得到了负弯矩作用下腹板开洞组合梁洞口区域的截面应变分布(图3.28),符合试验情况。结果显示:洞口区域以外的截面应变满足平截面假定,但在洞口区域的截面应变呈S形分布,不再满足平截面假定;应变在洞口区域的钢梁和混凝土板交界面上发生了突变,说明该区域的栓钉受力较大,通过对洞口区域的栓钉布置连接件可以起到一定的补强效果。

# 第4章 负弯矩区腹板开洞组合梁受力性能参数分析

## 4.1 引　言

组合梁在腹板开洞后受力性能会发生较大的改变，其刚度和承载力都会显著下降，变形则明显增大，而对于负弯矩作用下的组合梁，由于负弯矩已经不利于组合梁的受力，再加上腹板开洞的影响，两个不利因素使得受力更为复杂。影响负弯矩区腹板开洞组合梁受力性能的因素很多，如混凝土板厚度、配筋率、洞口尺寸和洞口形状、洞口位置、洞口偏心等，如果对每个影响因素都进行试验研究，会增大试验困难，还会耗费较多的人力物力，因此可以采用有限元方法进行分析。为了全面分析各种因素对负弯矩区腹板开洞组合梁受力性能的影响，我们采用第3章中建立的具备准确性和可靠性的有限元模型对多个不同影响参数（详见4.4节）的组合梁进行了计算，对比不同参数的影响，弄清负弯矩区腹板开洞组合梁的受力特性，为工程实际应用提供了参考。

## 4.2 常见的腹板开洞组合梁破坏形式

腹板开洞组合梁的破坏形式主要与洞口所在的弯矩区和剪力区有关系，即与洞口中心点处的弯剪比（$M/V$）有关。洞口可位于纯弯区段、纯剪区段或弯剪区段，3种区段的弯剪比（$M/V$）各不相同，因此可将洞口破坏形式归纳为以下3种：

### （1）弯曲破坏

当腹板洞口设置在组合梁的纯弯矩区段，此时的弯剪比（$M/V$）较大，洞口区域只有弯矩作用，剪力值为零。在此情况下，洞口区域的总弯矩（$M_g$）与组合梁主弯矩（$M_p$）是相等的，对应的主弯矩是由洞口上方、下方截面的轴力引起的，破坏形式见表4.1。

### （2）剪切破坏

当腹板洞口设置在组合梁的纯剪区段，此时的弯剪比（$M/V$）很小，洞口区域作用有剪力引起的次弯矩（$M_{se}$），而主弯矩（$M_p$）为零，此时洞口区域的次弯矩等于总弯矩（$M_{se}=M_g$），洞口上方、下方截面在剪力作用下产生了较大的剪切变形，破坏形式见表4.1。

(3)空腹破坏

当腹板洞口设置在组合梁的弯剪区段,此时的弯剪比($M/V$)适中,洞口区域同时作用有剪力引起的次弯矩($M_{se}$)和轴力引起的主弯矩($M_p$),在较大的剪力作用下,洞口上方、下方截面产生了较大的剪切变形,出现了空腹破坏模式(Vierendeel Mechanism),即在洞口的4个角部形成4个塑性铰,空腹破坏是腹板开洞组合梁中最常见的一种破坏形式,见表4.1。

**表4.1 腹板开洞组合梁的破坏形式**

| 类　型 | 区　段 | 形　态 | 特　征 |
|---|---|---|---|
| 弯曲破坏 | 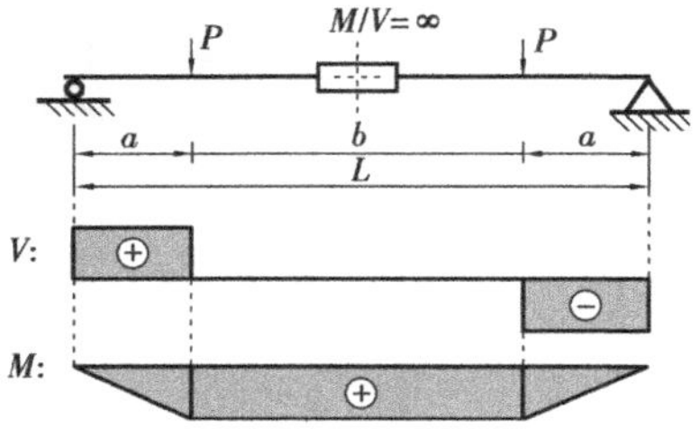 $M/V=\infty$<br>$P$ $P$<br>$a$ $b$ $a$<br>$L$<br>$V$: ⊕ ⊖<br>$M$: ⊕ | 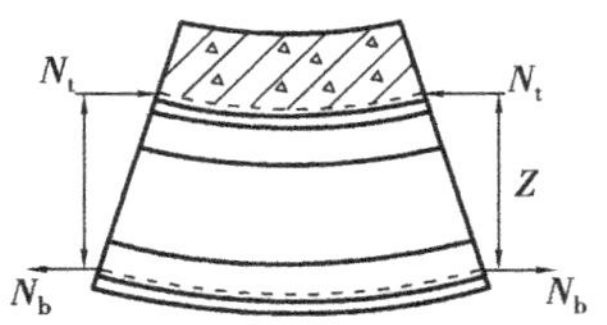 $N_t$ $N_t$<br>$Z$<br>$N_b$ $N_b$ | 位于纯弯区段<br>$M_g=M_p$<br>$V=0$ |
| 剪切破坏 | 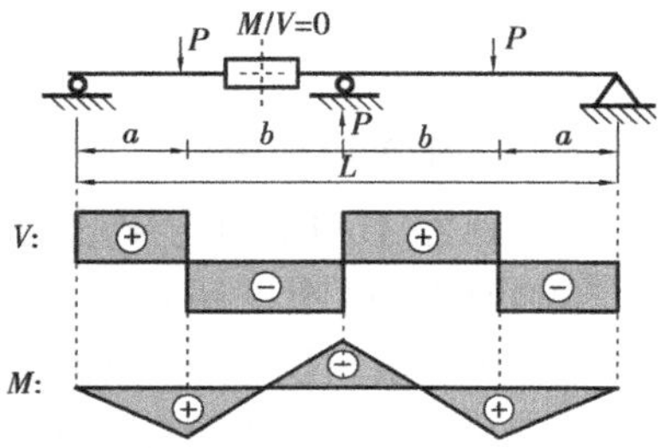 $M/V=0$<br>$P$ $P$ $P$<br>$a$ $b$ $b$ $a$<br>$L$<br>$V$: ⊕ ⊖ ⊕ ⊖<br>$M$: ⊕ ⊖ ⊕ | 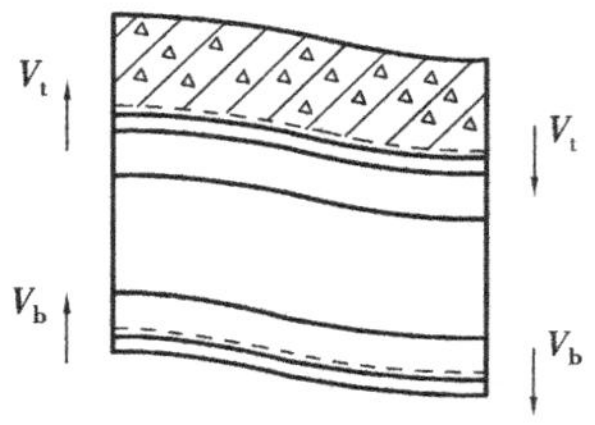 $V_t$ $V_t$<br>$V_b$ $V_b$ | 位于纯剪区段<br>$M_{se}=M_g$<br>$M_p=0$ |
| 空腹破坏 | 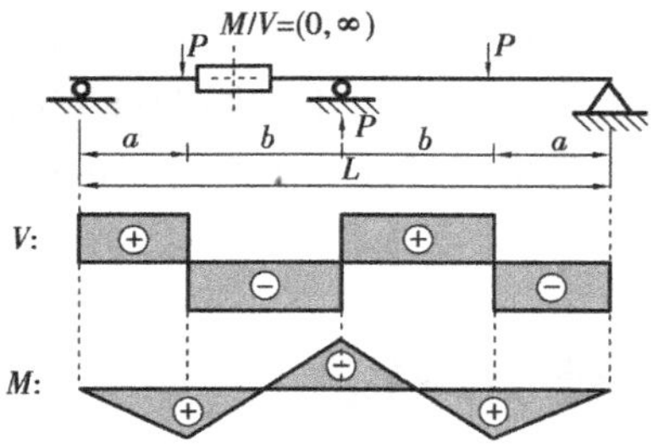 $M/V=(0,\infty)$<br>$P$ $P$ $P$<br>$a$ $b$ $b$ $a$<br>$L$<br>$V$: ⊕ ⊖ ⊕ ⊖<br>$M$: ⊕ ⊖ ⊕ | 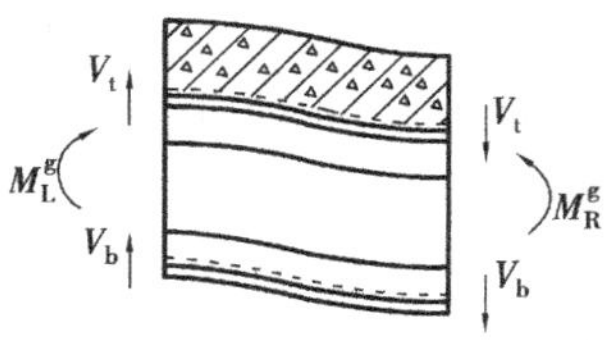 $V_t$ $V_t$<br>$M_L^g$ $M_R^g$<br>$V_b$ $V_b$ | 位于弯剪区段<br>洞口发生剪切<br>变形,同时角<br>部形成塑性铰 |

# 4.3 负弯矩区腹板开洞组合梁的洞口受力特征

负弯矩作用下腹板开洞组合梁的洞口区域受力如图4.1所示。可以看出:在洞口区域的上方、下方截面均作用有轴力、剪力和次弯矩,受力情况比较复杂。$N_t$、$N_b$ 分别是组合作用引起的作用在洞口上方、下方截面的轴力,根据平衡关系有 $N_t=N_b=N$;洞口区域的主弯矩($M_p$)等于轴力($N$)与力臂($z$)之积,即 $M_p=N\cdot z$,其中 $z$ 为洞口上方截面形心到洞口下方截面形心的距离;$V_t$、$V_b$ 分别为洞口上方、下方截面的剪力,其剪力之和就是洞口区域的总剪力 $V_g$,即 $V_g=V_t+V_b$;剪力沿着洞口宽度方向传递而产生了次弯矩,$M_1$、$M_2$、$M_3$、$M_4$ 分别为洞口1、2、3、4四个角部处的次弯矩,而洞口区域的次弯矩 $M_{se}=M_1+M_2+M_3+M_4$,也可以表示为 $M_{se}=$

$(V_t+V_b)\cdot a_0$，其中 $a_0$ 为洞口宽度；将洞口区域的主弯矩（$M_p$）和次弯矩（$M_{se}$）进行叠加，可以得到洞口区域的总弯矩（$M_g$），即 $M_g=M_p+M_{se}$。书中所用弯矩符号与材料力学中弯矩符号的规定一致：使洞口上方或下方截面的下部受拉时为正，反之为负，即洞口左侧的次弯矩 $M_1$、$M_3$ 为正，洞口右侧的次弯矩 $M_2$、$M_4$ 为负。

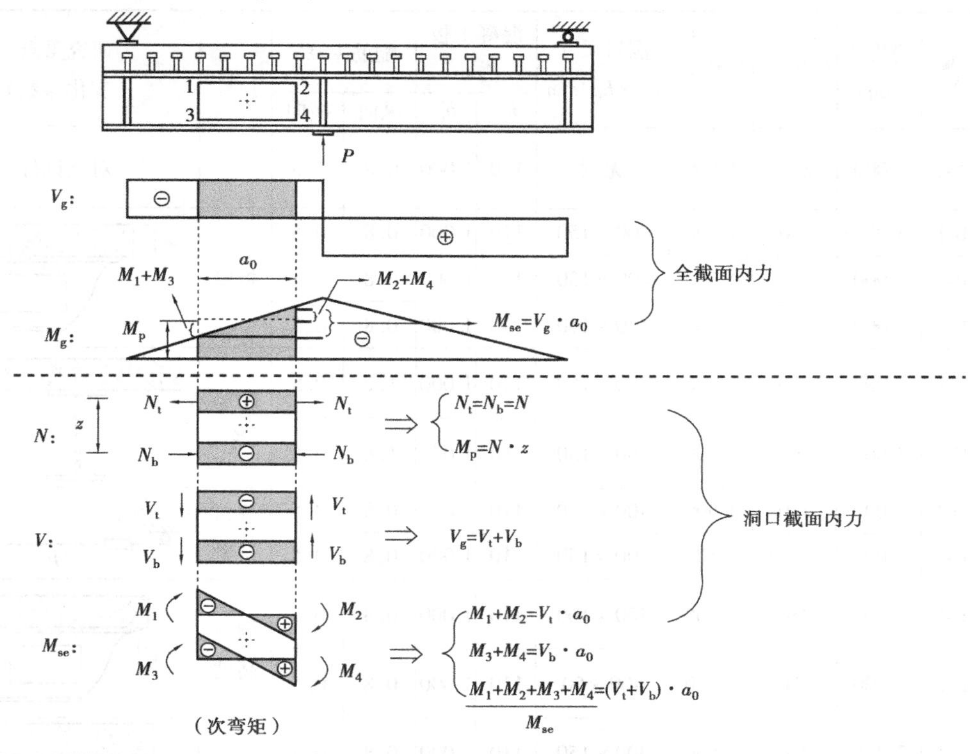


图 4.1　负弯矩区组合梁的洞口区域受力图

## 4.4　影响参数选择

负弯矩作用下腹板开洞组合梁的洞口区域受力较为复杂，影响其力学性能的因素也比较多，结合其受力特点，从以下几个方面对负弯矩区腹板开洞组合梁进行了参数分析：

①混凝土翼板厚度。设计了 3 种板厚不同的组合梁（$h_c$ = 110 mm、125 mm、140 mm）进行对比分析。

②混凝土板纵筋配筋率。设计了 3 种配筋率不同的组合梁（$\rho$ = 0.8%、1.2%、1.6%）进行对比分析。

③洞口位置。设计了 3 种洞口位置不同的组合梁进行对比分析。

④洞口高度。设计了 3 种洞口高度不同的组合梁进行对比分析。

⑤洞口宽度。设计了 3 种洞口宽度不同的组合梁进行对比分析。

⑥洞口形状。设计了 4 种洞口形状不同的组合梁（长方形、正方形、正六边形、圆形）进行对比分析。

⑦洞口偏心。设计了 3 种洞口偏心距不同的组合梁（$e$ = −30 mm、0 mm、30 mm）进行对比分析。

本章对上述不同参数的组合梁试件进行了有限元模拟计算，通过对比分析，进一步研究了不同变化参数对负弯矩区腹板开洞组合梁受力性能和抗剪承载力的影响，各组合梁试件参数见表4.2，组合梁试件示意图如图4.2所示。有限元建模方法、材料本构关系和属性见第3章所述。

**表 4.2　组合梁试件参数**

| 组别 | 编号 | 跨度 $L$ /mm | 洞口位置 $L_0$ /mm | 荷载位置 $L_1$ /mm | 洞口尺寸 $a_0\times h_0$/mm | 混凝土板/mm | | 配筋率/% | | | 研究重点（变化参数） |
|---|---|---|---|---|---|---|---|---|---|---|---|
| | | | | | | $h_c$ | $b_c$ | 纵向 | 横向 | | |
| A | A-1 | 3 000 | 无洞 | 1 500 | 无洞 | 110 | 1 000 | 0.8 | 0.5 | | 对比试件 |
| B | B-1 | 3 000 | 750 | 1 500 | 400×150 | 110 | 1 000 | 0.8 | 0.5 | 板厚 | |
| | B-2 | 3 000 | 750 | 1 500 | 400×150 | 125 | 1 000 | 0.8 | 0.5 | | |
| | B-3 | 3 000 | 750 | 1 500 | 400×150 | 140 | 1 000 | 0.8 | 0.5 | | |
| C | C-1 | 3 000 | 750 | 1 500 | 400×150 | 110 | 1 000 | 1.2 | 0.5 | 配筋率 | |
| | C-2 | 3 000 | 750 | 1 500 | 400×150 | 110 | 1 000 | 1.6 | 0.5 | | |
| D | D-1 | 3 000 | 450 | 1 500 | 400×150 | 110 | 1 000 | 0.8 | 0.5 | 洞口位置 | |
| | D-2 | 3 000 | 1 050 | 1 500 | 400×150 | 110 | 1 000 | 0.8 | 0.5 | | |
| E | E-1 | 3 000 | 750 | 1 500 | 400×100 | 110 | 1 000 | 0.8 | 0.5 | 洞口高度 | |
| | E-2 | 3 000 | 750 | 1 500 | 400×50 | 110 | 1 000 | 0.8 | 0.5 | | |
| F | F-1 | 3 000 | 750 | 1 500 | 300×150 | 110 | 1 000 | 0.8 | 0.5 | 洞口宽度 | |
| | F-2 | 3 000 | 750 | 1 500 | 200×150 | 110 | 1 000 | 0.8 | 0.5 | | |
| G | G-1 ~ G-4 | 3 000 | 详见图4.17、图4.18 | | | 110 | 1 000 | 0.8 | 0.5 | 洞口形状 | |
| H | H-1 ~ H-2 | 3 000 | 详见图4.23、图4.24 | | | 110 | 1 000 | 0.8 | 0.5 | 洞口偏心 | |

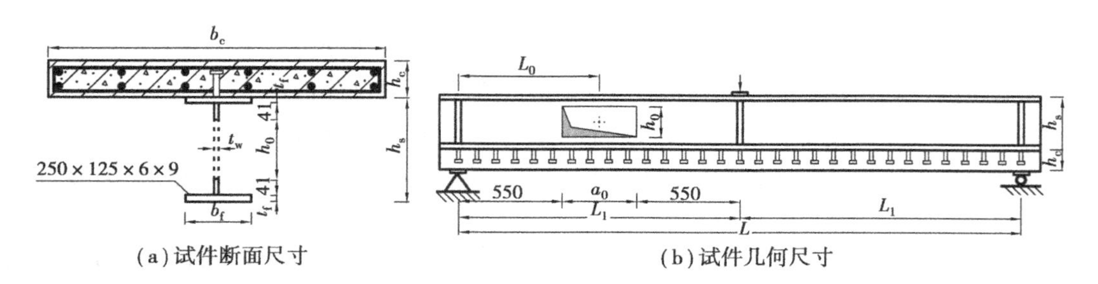

(a)试件断面尺寸　　(b)试件几何尺寸

图4.2　负弯矩区腹板开洞组合梁示意图

## 4.4.1　混凝土翼板厚度变化

对于负弯矩作用下的腹板开洞组合梁，由于开洞造成了钢梁腹板面积的缺失，使刚度和承载力显著下降，此时，洞口区域可以起到抗剪作用的只有混凝土翼板和剩余的部分腹板截面。从理论上说，混凝土翼板越厚，越有利于抗剪，组合梁的承载力也会越高。在混凝土翼板厚度增加后，负弯矩区开洞组合梁的抗剪承载力能有多少提高是本书的研究要点之一。为了准确了解混凝土翼板厚度对负弯矩作用下腹板开洞组合梁抗剪承载力的影响程度，我们对3根板厚不同的组合梁试件进行了分析，试件参数见表4.2，示意图如图4.3、图4.4所示。

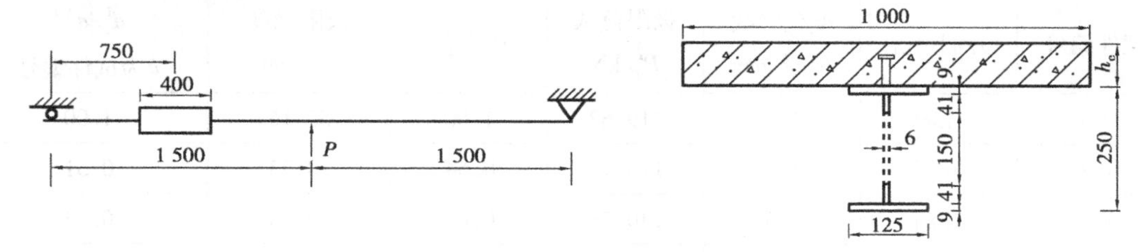


图4.3　板厚变化时负弯矩区组合梁试件示意图与截面尺寸

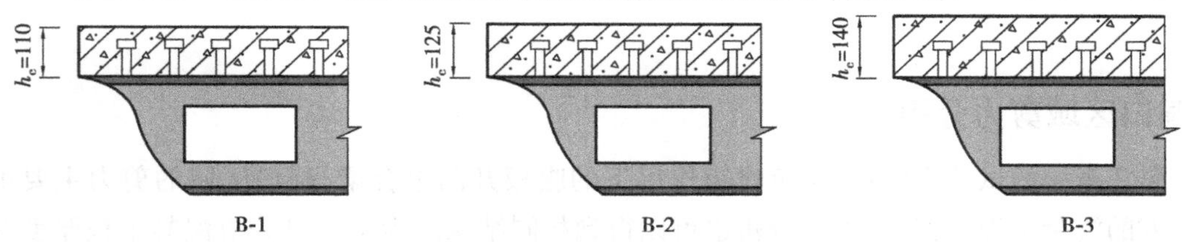


图4.4　板厚变化情况

### 1）承载力与变形能力

混凝土板厚变化下负弯矩区腹板开洞组合梁试件的荷载-挠度曲线如图4.5所示，对应数值见表4.3。通过分析对比可以得到如下结论：

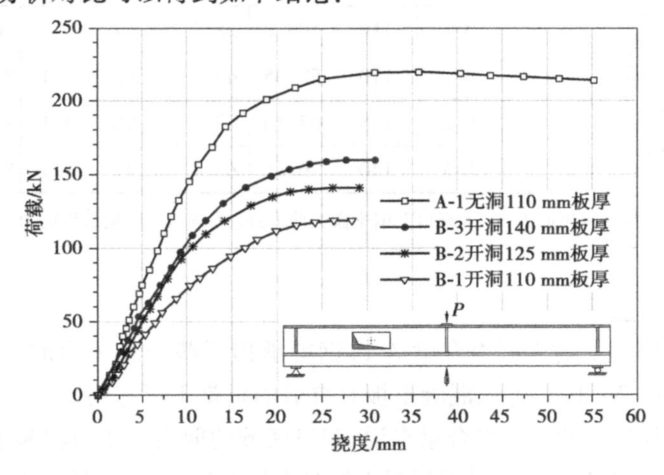


图4.5　板厚变化下负弯矩区组合梁荷载-挠度曲线

①混凝土板厚相同时（110 mm），开洞组合梁B-1与无洞对比组合梁A-1相比，其刚度和

承载力显著下降,极限承载力降低了46%,极限挠度值则降低了48%。

②同试件B-1相比,试件B-2和试件B-3的混凝土板厚度依次增加了15 mm和30 mm,承载力则分别提高了18.5%和32.3%;可见,增加混凝土板厚度可显著提高负弯矩区腹板开洞组合梁的承载力。

③板厚不同的各开洞试件的最大挠度值相差不大(3.2%~9%),并没有随着混凝土板厚的增加而明显增加,可见,通过增加混凝土板厚度,不能有效提高负弯矩区腹板开洞组合梁的变形能力。

**表4.3 混凝土板厚变化时负弯矩区组合梁承载力及挠度值对比**

| 试件编号 | 开洞情况 | 变化参数<br>板厚/mm | 极限荷载<br>$P_u^i$/kN | $P_u^i/P_u^{A\text{-}1}$ | 极限挠度<br>$d_u$/mm | $d_u^i/d_u^{A\text{-}1}$<br>$i$为试件编号 |
|---|---|---|---|---|---|---|
| A-1 | 无洞 | 110 | 219.62 | 1.00 | 55.16 | 1.00 |
| B-1 | 开洞 | 110 | 118.75 | 0.54 | 28.33 | 0.51 |
| B-2 | 开洞 | 125 | 140.73 | 0.64 | 29.23 | 0.53 |
| B-3 | 开洞 | 140 | 157.21 | 0.72 | 30.88 | 0.56 |

## 2)洞口区域剪力分担

第2章中的试验表明:对于负弯矩作用下的腹板开洞组合梁,洞口区域的剪力主要由洞口上方的混凝土板承担,有限元分析也可以得到相同结果。为了定量分析混凝土板厚度变化对洞口区截面剪力分担的影响,计算得到了洞口区各截面所承担的剪力大小,见表4.4。

**表4.4 混凝土板厚变化时负弯矩区洞口截面剪力分担**



洞口区剪力分布

| 试件编号 | 板厚/mm | $V$/kN | 各截面剪力/kN | | | $V_c/V$ | $V_s/V$ | $V_b/V$ |
|---|---|---|---|---|---|---|---|---|
| | | | $V_c$ | $V_s$ | $V_b$ | | | |
| A-1 | 110 | 109.8 | 28.7 | 81.1 | — | 26.1% | 73.9% | — |
| B-1 | 110 | 52.35 | 43.7 | 6.60 | 2.1 | 83.5% | 12.4% | 4.1% |
| B-2 | 125 | 67.10 | 57.2 | 6.76 | 3.1 | 85.2% | 10.1% | 4.7% |
| B-3 | 140 | 76.15 | 68.4 | 5.41 | 2.7 | 89.3% | 7.10% | 3.6% |

注:$V$为截面总剪力;$V_c$为混凝土板剪力;$V_s$为洞口上钢梁截面剪力;$V_b$为洞口下钢梁截面剪力。

表4.4中的结果表明:

①对于负弯矩作用下的无洞组合梁A-1,钢梁承担了截面总剪力的73.9%,混凝土板则承担了截面总剪力的26.1%,可见混凝土板对抗剪的贡献不可忽略。

②对于负弯矩作用下的开洞组合梁来说,洞口区域的剪力主要由混凝土板承担,占到了截面总剪力的83.5%~89.3%,而且随着混凝土板厚度的增加,其承担的剪力比重也在增加,可见混凝土板厚度的增加对抗剪承载力是有利的。目前国内外相关规范[97-99]在组合梁设计时只考虑钢梁腹板的抗剪而忽略混凝土的抗剪作用,不再适用于负弯矩作用下的腹板开洞组合梁。

### 3)栓钉滑移分布

板厚变化时各负弯矩区组合梁试件滑移沿梁长度方向的分布见表4.5。通过分析可以得到如下结论：

**表4.5 混凝土板厚变化时负弯矩区组合梁滑移沿梁长方向的分布**

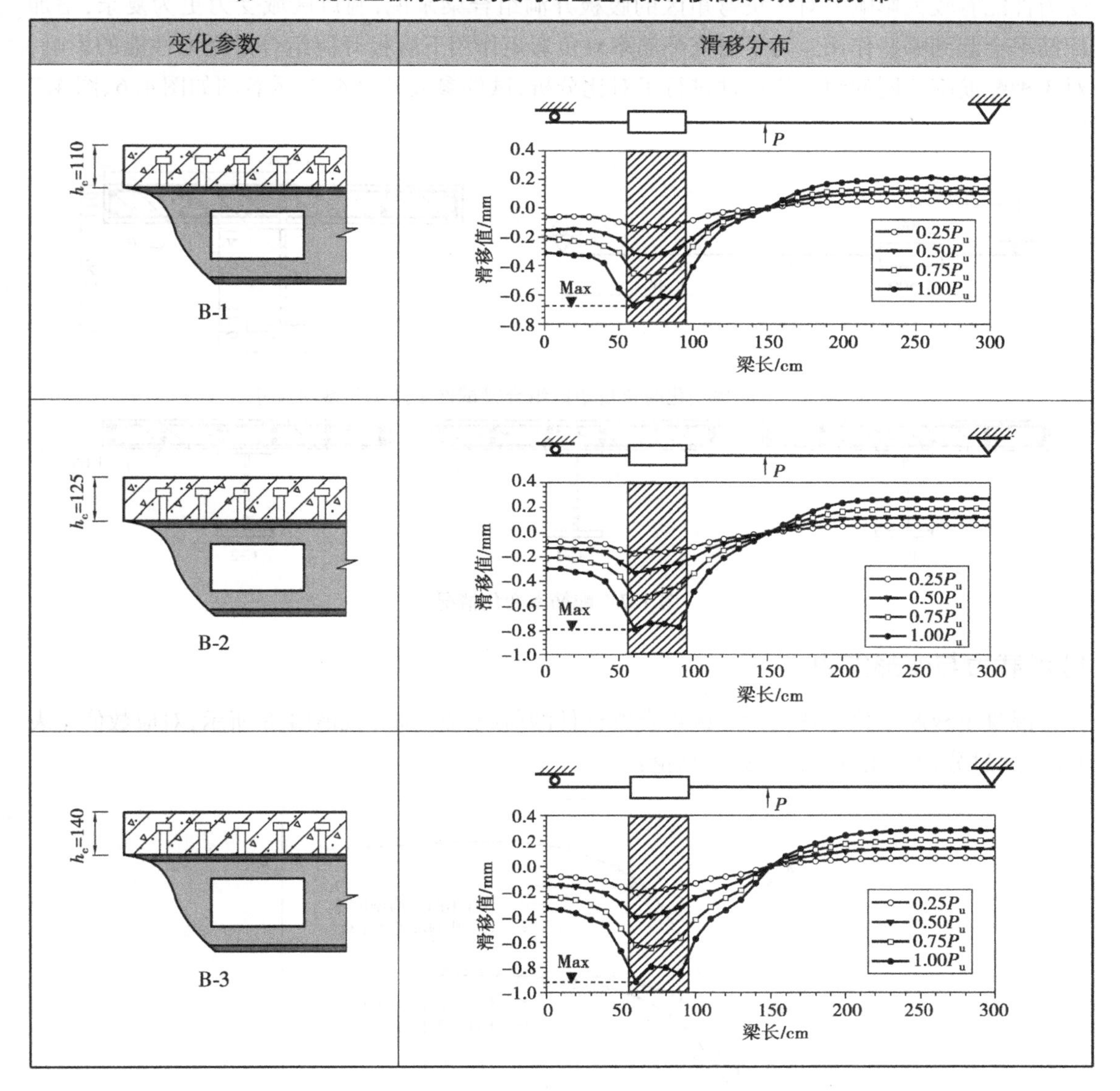


①在荷载作用初期，各试件的栓钉受力均匀，滑移值较小，分布较为平缓，随着荷载的增加，滑移值在洞口区域出现突变，在极限荷载时，滑移最大值出现在洞口左端，说明该区域的栓钉受力较大。

②各试件在无洞区域的滑移分布区别不大，差异主要出现在洞口区域，随着板厚的增加，洞口处滑移分布有增加的趋势，最大滑移值也明显增加，原因是混凝土板在厚度增加后分担了更多的剪力(表4.4)，试件承载力明显提高，需要栓钉传递更多的剪力。

### 4.4.2 纵筋配筋率变化

对于普通的正弯矩区钢-混凝土组合梁,承载力计算时不考虑钢筋的抗压作用仅考虑混凝土的抗压,负弯矩作用时则仅考虑钢筋的抗拉,已有试验研究[117]表明,配筋率对组合梁的受力性能有较大影响。对于负弯矩区的腹板开洞组合梁来说,洞口区域受力更为复杂,增加配筋率会起到哪些作用?为了研究配筋率对负弯矩作用下腹板开洞组合梁受力性能的影响,对3种配筋率不同的组合梁试件进行了对比分析,试件参数见表4.2,示意图如图4.6、图4.7所示。

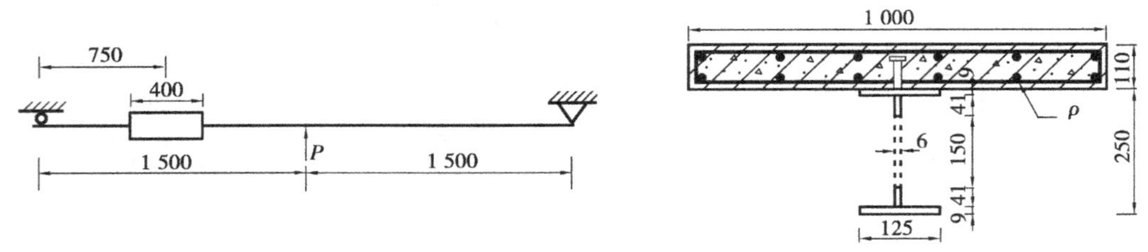


图4.6 配筋率变化时负弯矩区组合梁试件示意图与截面尺寸

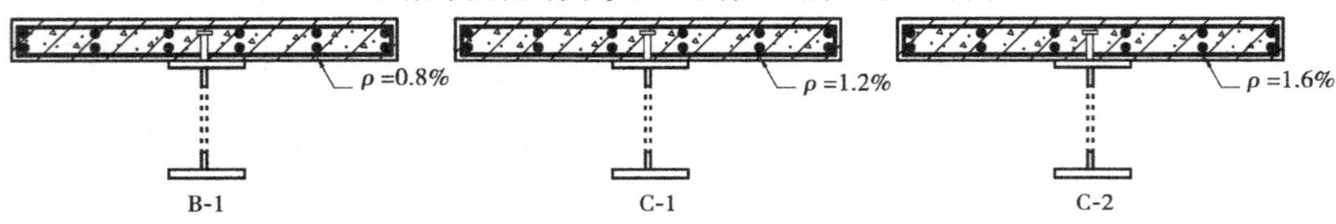


图4.7 配筋率变化情况

#### 1)承载力与变形能力

混凝土板厚变化下各负弯矩区组合梁试件的荷载-挠度曲线如图4.8所示,对应数值见表4.6。通过分析对比可以得到如下结论:

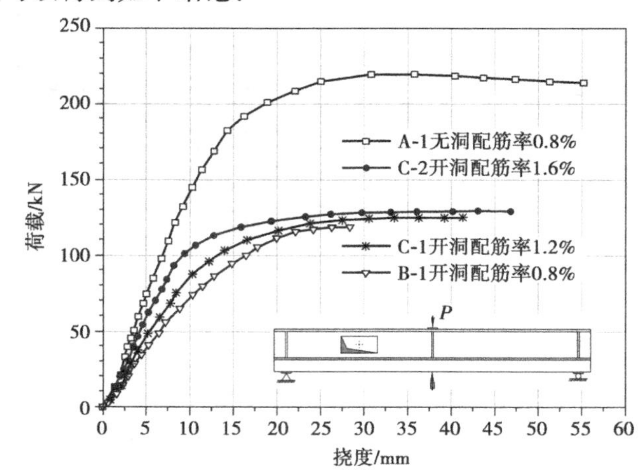


图4.8 配筋率变化下负弯矩区组合梁荷载-挠度曲线

①与试件B-1相比,试件C-1、C-2的配筋率分别增加了0.4%和0.8%,对应的极限承载力仅提高了4.5%和8.6%,说明增加纵向钢筋配筋率对负弯矩作用下腹板开洞组合梁承载

力的提高效果并不明显，原因在于洞口区域有正、负次弯矩的共同作用，钢筋只有在右端正的次弯矩受拉区可以充分发挥抗拉的作用。

②随着配筋率的增加，试件 C-1、C-2 的变形能力有了明显的提高，与试件 B-1 相比，最大挠度分别提高 46% 和 65.5%，说明通过增加纵向钢筋配筋率可以显著提高负弯矩作用下腹板开洞组合梁的变形能力。

**表 4.6　配筋率变化时负弯矩区组合梁承载力及挠度值对比**

| 试件编号 | 开洞情况 | 变化参数 | 极限荷载 | $P_u^i/P_u^{A\text{-}1}$ | 极限位移 | $d_u^i/d_u^{SCB\text{-}1}$ |
|---|---|---|---|---|---|---|
| | | 纵筋配筋率/% | $P_u^i$/kN | | $d_u$/mm | $i$ 为试件编号 |
| A-1 | 无洞 | 0.8 | 219.62 | 1.00 | 55.16 | 1.00 |
| B-1 | 开洞 | 0.8 | 118.75 | 0.54 | 28.33 | 0.51 |
| C-1 | 开洞 | 1.2 | 124.67 | 0.57 | 41.37 | 0.75 |
| C-2 | 开洞 | 1.6 | 128.96 | 0.59 | 46.88 | 0.85 |

## 2）洞口区域剪力分担

为了定量分析纵向钢筋配筋率变化对洞口区截面剪力分担的影响，计算得到洞口区各截面承担的剪力大小，见表 4.7。

**表 4.7　配筋率变化时负弯矩区洞口截面剪力分担**

| 洞口区剪力分布（$V_c$，$V_s$，$V_b$，1，2，3，4，$h_0$，$a_0$，上钢梁截面，下钢梁截面；总剪力：$V=V_b+V_s+V_c$） | 试件编号 | 纵筋配筋率/% | V/kN | 各截面剪力/kN | | | $V_c/V$ | $V_s/V$ | $V_b/V$ |
|---|---|---|---|---|---|---|---|---|---|
| | | | | $V_c$ | $V_s$ | $V_b$ | | | |
| | A-1 | 0.8 | 109.8 | 28.7 | 81.1 | — | 26.1% | 73.9% | — |
| | B-1 | 0.8 | 52.35 | 43.7 | 6.60 | 2.1 | 83.5% | 12.4% | 4.1% |
| | C-1 | 1.2 | 56.30 | 47.4 | 6.31 | 2.6 | 84.2% | 11.2% | 4.6% |
| | C-2 | 1.6 | 59.45 | 50.8 | 6.77 | 1.8 | 85.6% | 11.4% | 3.0% |

注：$V$ 为截面总剪力；$V_c$ 为混凝土板剪力；$V_s$ 为洞口上钢梁截面剪力；$V_b$ 为洞口下钢梁截面剪力。

表 4.7 中结果表明：

①配筋率增加后，洞口区域的混凝土承担的剪力值也会有所增加，但幅度不大，而钢梁部分承担的剪力值变化则不明显，说明配筋率的提高可以增加混凝土板的剪力，但幅度不大，不能明显提高组合梁试件的抗剪承载力。

②增加配筋率对负弯矩区腹板开洞组合梁抗剪承载力的提高效果并不明显。

## 3）栓钉滑移分布

配筋率变化时各负弯矩区组合梁试件滑移沿梁长度方向的分布见表 4.8。通过分析可以得到如下结论：

①在荷载作用初期，滑移值较小，分布较为平缓，说明此时各试件的栓钉受力比较均匀；

随着荷载的增加，滑移值在洞口区域出现突变，极限荷载时，滑移最大值都出现在洞口左端，说明该区域的栓钉受力较大。

②各试件的滑移值在洞口区有一定差异，在无洞区域则区别不大，随着配筋率的增加，洞口处滑移分布略有增加，洞口左端的最大滑移值也有所增加，但增加幅度都较小，原因是随着配筋率的增加，混凝土板承担的剪力 $V_c$ 有所增加（表 4.8），但由于增加较小，不足以使滑移值发生太大改变。

**表 4.8　配筋率变化时负弯矩区组合梁滑移沿梁长方向的分布**

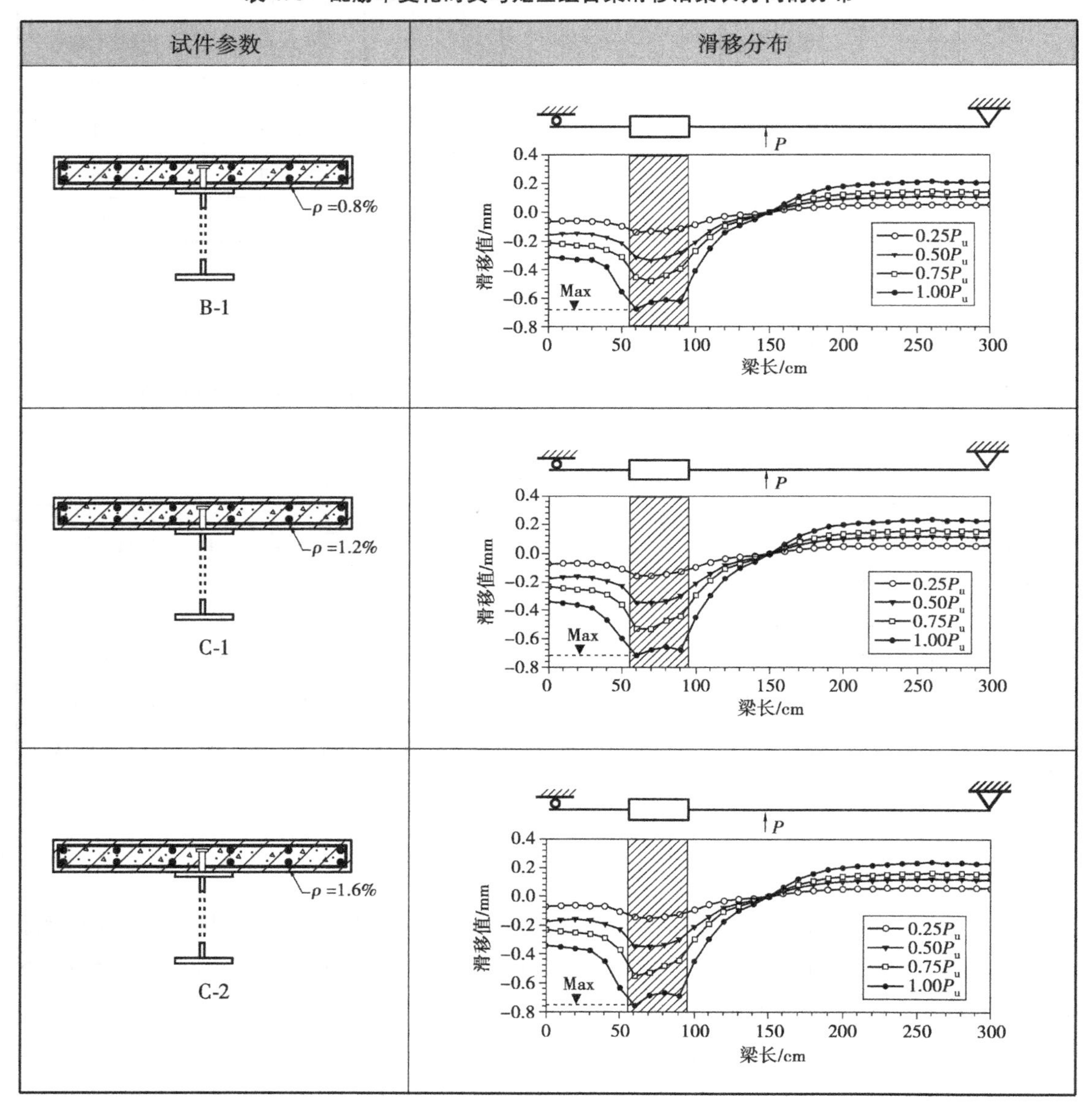


## 4.4.3　洞口位置变化

洞口位置就是洞口中心与梁左端支座的距离，也可以用弯剪比（$M/V$）来表示，能够反映洞口处弯矩与剪力的相对大小。洞口位置越靠近支座，弯剪比越小，此时洞口受到的弯矩较小而剪力较大，洞口位置越远离支座，弯剪比越大，此时洞口受到的弯矩较大而剪力较小，因此洞口位置对负弯矩作用下腹板开洞组合梁的受力性能有很大的影响。为此对3个洞口位置不同的试件进行了对比分析，试件弯剪比依次增大，试件参数见表4.2，示意图如图4.9所示。

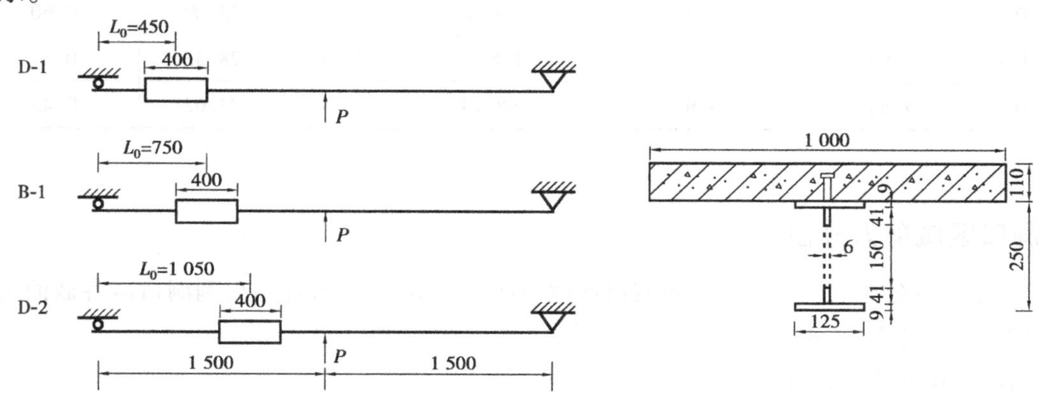


图4.9　洞口位置变化时负弯矩区组合梁试件示意图与截面尺寸

## 1)承载力与变形能力

洞口位置变化下各负弯矩区组合梁试件的荷载-挠度曲线如图4.10所示，对应数值见表4.9。通过分析对比可以得到如下结论：

①与试件D-1相比，试件B-1、D-2的弯剪比依次增加了300 mm、600 mm，对应的极限承载力分别降低了13%和27.6%，说明了洞口位置越远离支座，即弯剪比越大，负弯矩作用下的组合梁的承载力越小。

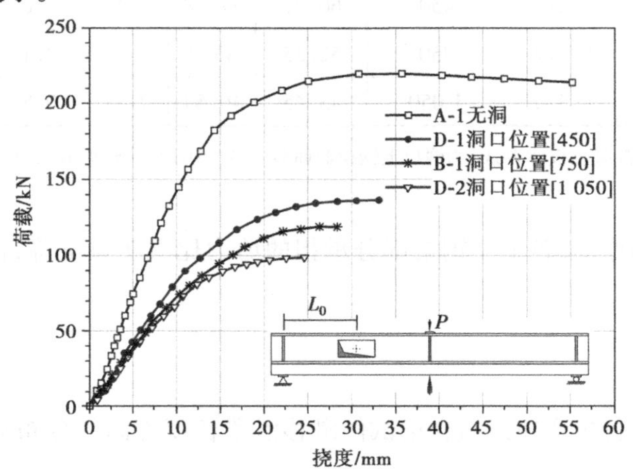


图4.10　洞口位置变化下负弯矩区组合梁荷载-挠度曲线

②随着弯剪比的增加，试件B-1、D-2的变形能力有了明显下降，与试件D-1相比，最大挠度分别降低了14.4%和25.6%，说明洞口位置越远离支座，即弯剪比越大，负弯矩区开洞组合梁的变形能力越小。

洞口位置变化时负弯矩区组合梁承载力及挠度值对比见表4.9。

**表 4.9　洞口位置变化时负弯矩区组合梁承载力及挠度值对比**

| 试件编号 | 开洞 | 变化参数 | 极限荷载 | $P_u^i/P_u^{A-1}$ | 极限位移 | $d_u^i/d_u^{SCB-1}$ |
|---|---|---|---|---|---|---|
| | 情况 | 洞口位置($M/V$)/mm | $P_u^i$/kN | | $d_u$/mm | $i$ 为试件编号 |
| A-1 | 无洞 | — | 219.62 | 1.00 | 55.16 | 1.00 |
| D-1 | 开洞 | 450 | 136.42 | 0.62 | 33.09 | 0.60 |
| B-1 | 开洞 | 750 | 118.75 | 0.54 | 28.33 | 0.51 |
| D-2 | 开洞 | 1 050 | 98.74 | 0.45 | 24.62 | 0.45 |

## 2) 洞口区域剪力分担

为了定量分析洞口位置变化对洞口区截面剪力分担的影响，计算得到洞口区各截面承担的剪力大小，见表 4.10。

表 4.10 中结果表明：

①试件 D-1 的弯剪比最小，其混凝土板承担的剪力比重最小，占截面总剪力的 78.7%；随着弯剪比的增加，试件 B-1、D-2 的混凝土板承担的剪力比重明显增加，分别占到截面总剪力的 83.5% 和 93.3%，试件呈现出脆性破坏的特征，变形能力也相应地下降。

**表 4.10　洞口位置变化时负弯矩区洞口截面剪力分担**

| 洞口区剪力分布 | 试件编号 | 洞口位置($M/V$)/mm | $V$/kN | 截面总剪力 $V_g$/kN | | | $V_c/V$ | $V_s/V$ | $V_b/V$ |
|---|---|---|---|---|---|---|---|---|---|
| | | | | $V_c$ | $V_s$ | $V_b$ | | | |
| $V_c$、$V_s$、$V_b$；上钢梁截面；下钢梁截面；$h_0$；$a_0$；总剪力：$V=V_b+V_s+V_c$ | A-1 | — | 109.8 | 28.7 | 81.1 | — | 26.1% | 73.9% | — |
| | D-1 | 450 | 60.71 | 47.78 | 7.13 | 5.8 | 78.7% | 11.7% | 9.6% |
| | B-1 | 750 | 52.35 | 43.7 | 6.60 | 2.1 | 83.5% | 12.4% | 4.1% |
| | D-2 | 1 050 | 43.45 | 40.54 | 2.11 | 0.8 | 93.3% | 4.8% | 1.9% |

注：$V$ 为截面总剪力；$V_c$ 为混凝土板剪力；$V_s$ 为洞口上钢梁截面剪力；$V_b$ 为洞口下钢梁截面剪力。

②随着弯剪比的增加，各试件钢梁部分承担的剪力比重明显下降，占截面总剪力的比重由 21.3% 降至 6.7%。

## 3) 栓钉滑移分布

洞口位置变化时各负弯矩区组合梁试件滑移沿梁长度方向的分布见表 4.11。通过分析可以得到如下结论：

①荷载作用初期，各试件滑移分布较为平缓，栓钉受力都较小；随着荷载的增加，滑移值在洞口区域出现突变，极限荷载时，滑移最大值都出现在洞口左端，说明该区域的栓钉受力较大。

②各试件的滑移值在无洞区域差异不大，在洞口区则有一定差别，随着弯剪比的增加，洞口处滑移分布出现了下降趋势，最大滑移值有所减小，这是由于随着弯剪比的增加，传递到混

凝土板上的剪力 $V_c$ 也有所降低(表 4.10),试件的脆性破坏特征更为明显,试件较早破坏导致栓钉的受力性能不能充分发挥。

**表 4.11　洞口位置变化时负弯矩区组合梁滑移沿梁长方向的分布**

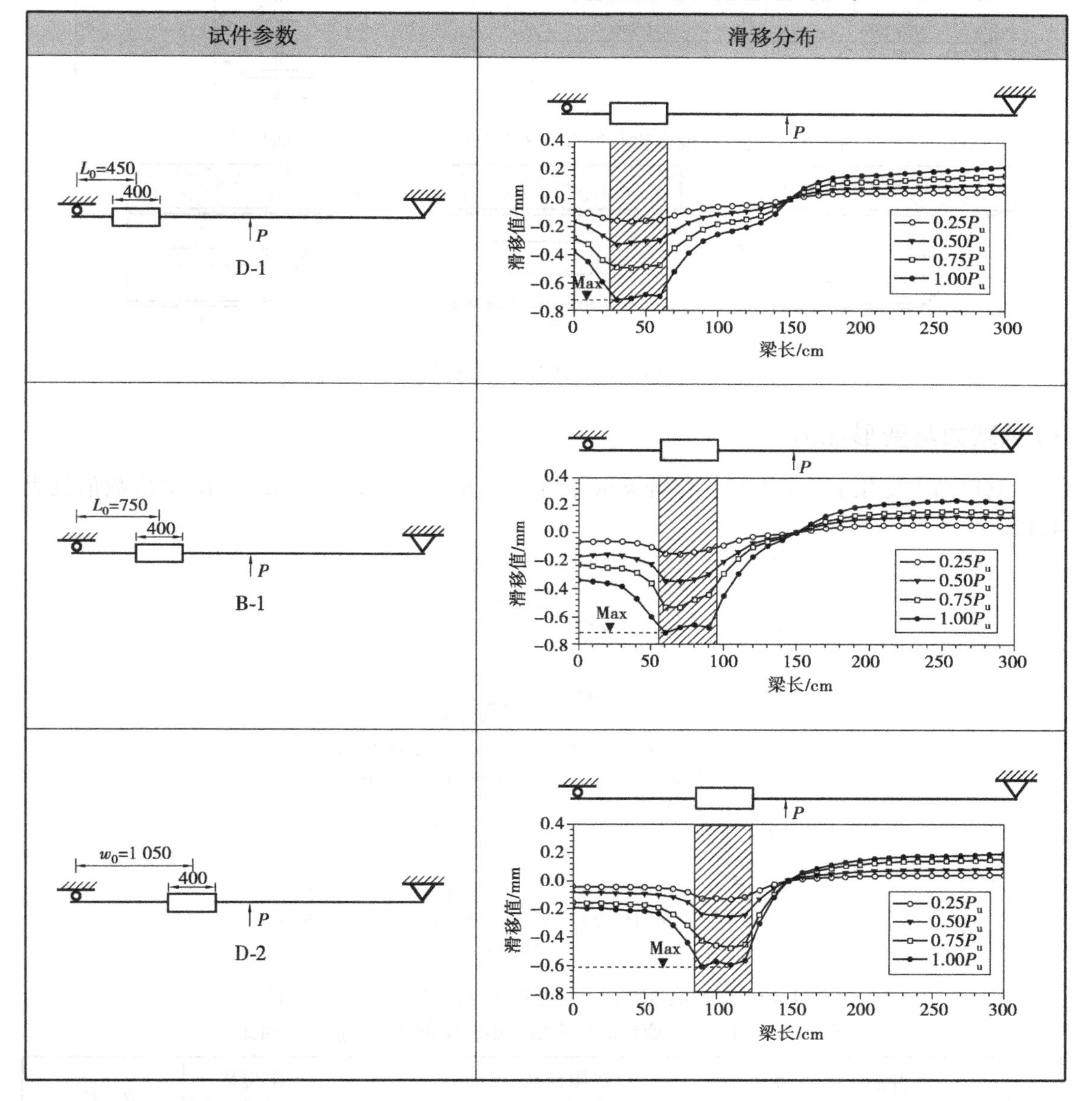


## 4.4.4　洞口高度变化

对于负弯矩作用下的腹板开洞组合梁,开洞造成了钢梁腹板的缺失,当洞口高度不同时,所剩余的腹板面积也不同,剩余的腹板面积不同时对抗剪承载力会有多少影响？为了研究不同高度的洞口对负弯矩区腹板开洞组合梁受力性能的影响,我们对 3 个洞口高度不同的负弯矩区组合梁试件进行了对比分析,试件参数见表 4.2,示意图如图 4.11、图 4.12 所示。

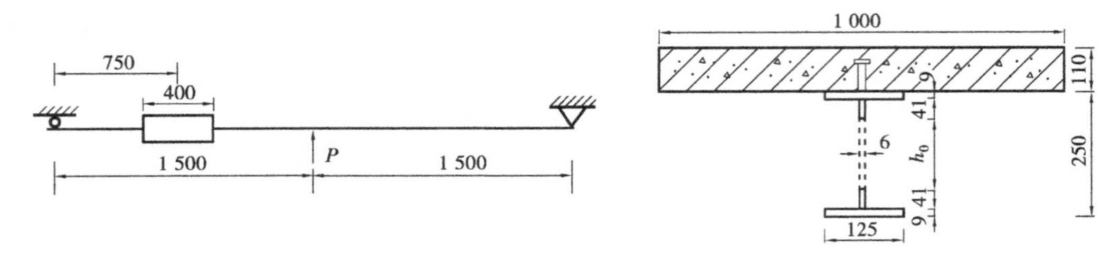


图 4.11　洞口高度变化时负弯矩区组合梁试件示意图与截面尺寸

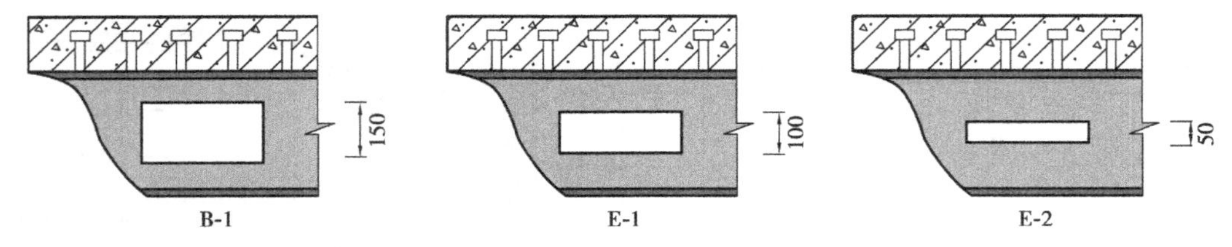


图 4.12　洞口高度变化情况

## 1)承载力与变形能力

洞口高度变化下各负弯矩区组合梁试件的荷载-挠度曲线如图 4.13 所示,对应数值见表 4.12。

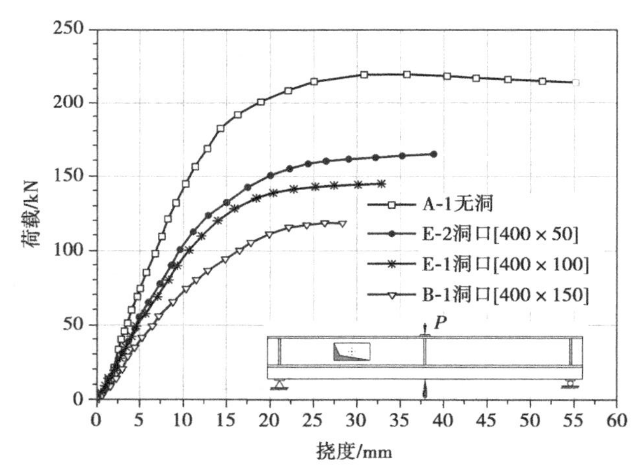


图 4.13　洞口高度变化下负弯矩区组合梁的荷载-挠度曲线

**表 4.12　洞口高度变化时负弯矩区组合梁承载力及挠度值对比**

| 试件编号 | 开洞情况 | 变化参数 | 极限荷载 | $P_u^i/P_u^{A\text{-}1}$ | 极限位移 | $d_u^i/d_u^{A\text{-}1}$ |
|---|---|---|---|---|---|---|
| | | 洞口高度/mm | $P_u^i$/kN | | $d_u$/mm | |
| A-1 | 无洞 | — | 219.62 | 1.00 | 55.16 | 1.00 |
| B-1 | 开洞 | 150 | 118.75 | 0.54 | 28.33 | 0.51 |
| E-1 | 开洞 | 100 | 145.29 | 0.66 | 32.83 | 0.60 |
| E-2 | 开洞 | 50 | 164.87 | 0.75 | 38.81 | 0.70 |

通过对比分析可以得到如下结论:

①与试件 B-1 相比，试件 E-1、E-2 的洞口高度依次下降了 50 mm 和 100 mm，对应的承载力提高了 22.3% 和 38.8%；说明在其他参数相同时，减小洞口高度可以显著提高负弯矩作用下腹板开洞组合梁的承载力，洞口高度越小，截面刚度越大，对抗剪承载力越有利。

②随着洞口高度的减小，试件 E-1、E-2 的变形能力有了明显的提高，与试件 B-1 相比最大挠度分别提高了 15.9% 和 37%，说明在其他参数相同时，洞口高度越小，组合梁试件的变形能力越大。

## 2）洞口区域剪力分担

为了定量分析洞口高度变化对洞口区截面剪力分担的影响，计算得到洞口区各截面承担的剪力大小，见表 4.13。

**表 4.13　洞口高度变化时负弯矩区洞口截面剪力分担**

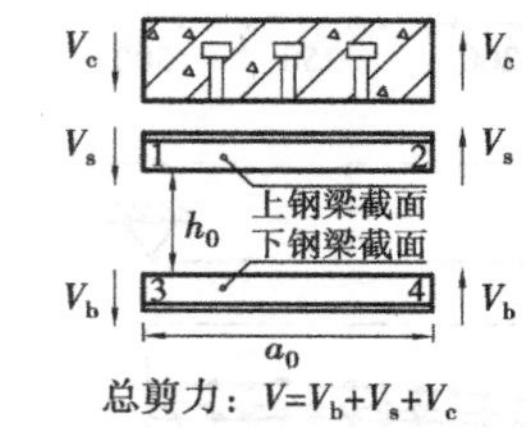

$V_c$　$V_s$　$V_b$　1　2　3　4　$h_0$　上钢梁截面　下钢梁截面　$a_0$

总剪力：$V=V_b+V_s+V_c$

洞口区剪力分布

| 试件编号 | 洞口高度 | $V$/kN | 各截面剪力/kN | | | $V_c/V$ | $V_s/V$ | $V_b/V$ |
|---|---|---|---|---|---|---|---|---|
| | | | $V_c$ | $V_s$ | $V_b$ | | | |
| A-1 | — | 109.8 | 28.7 | 81.1 | — | 26.1% | 73.9% | — |
| B-1 | 150 | 52.35 | 43.7 | 6.60 | 2.1 | 83.5% | 12.4% | 4.1% |
| E-1 | 100 | 67.6 | 44.1 | 13.8 | 9.7 | 65.3% | 20.5% | 14.2% |
| E-2 | 50 | 75.7 | 45.2 | 17.3 | 13.2 | 59.7% | 22.9% | 17.4% |

注：$V$ 为截面总剪力；$V_c$ 为混凝土板剪力；$V_s$ 为洞口上钢梁截面剪力；$V_b$ 为洞口下钢梁截面剪力。

表 4.13 中结果表明：

①试件 B-1 的洞口高度最大，其混凝土板承担的剪力比重也最大，占截面总剪力的 83.5%；随着洞口高度的减小，试件混凝土板承担的剪力比重明显减小，分别占到截面总剪力的 65.3% 和 59.7%；结合图 4.13 可以看出，洞口高度较大时，混凝土板承担的剪力比重加大，混凝土板在洞口处发生了剪切破坏，试件的承载力和变形能力都会下降。

②随着洞口高度的减小，各试件钢梁部分承担的剪力比重明显增加，占截面总剪力的比重由 16.5% 升至 40.3%，其中上钢梁截面承担的剪力由 12.4% 升至 22.9%，下钢梁截面承担的剪力由 4.1% 升至 17.4%；结合图 4.13 可以看出，洞口高度小时，钢梁承担的剪力比重增加，试件的承载力和变形能力都会有所增加。

③当洞口高度减小时，剩余的腹板面积会相对增加，使钢梁可以分担更多的剪力，对抗剪承载力是有利的；显然，洞口高度变化对负弯矩作用下腹板开洞组合梁的抗剪性能有较大的影响。

## 3）栓钉滑移分布

洞口高度变化时各负弯矩区组合梁试件滑移沿梁长度方向的分布见表 4.14。通过分析可以得到如下结论：

①荷载作用初期，试件滑移分布平缓，栓钉受力都比较小；随着荷载的增加，滑移值在洞口区域出现突变，极限荷载时，滑移最大值出现在洞口左端，说明该区域栓钉受力较大。

②随着洞口高度的减小，洞口处滑移分布有所下降，这是由于随着洞口高度的减小，腹板刚度得到了补充，钢梁承担的剪力增加，而传递到混凝土板上的剪力 $V_c$ 则增加不明显（表 4.13），栓钉受力也开始趋于均匀。

**表 4.14　洞口高度变化时负弯矩区组合梁滑移沿梁长方向的分布**

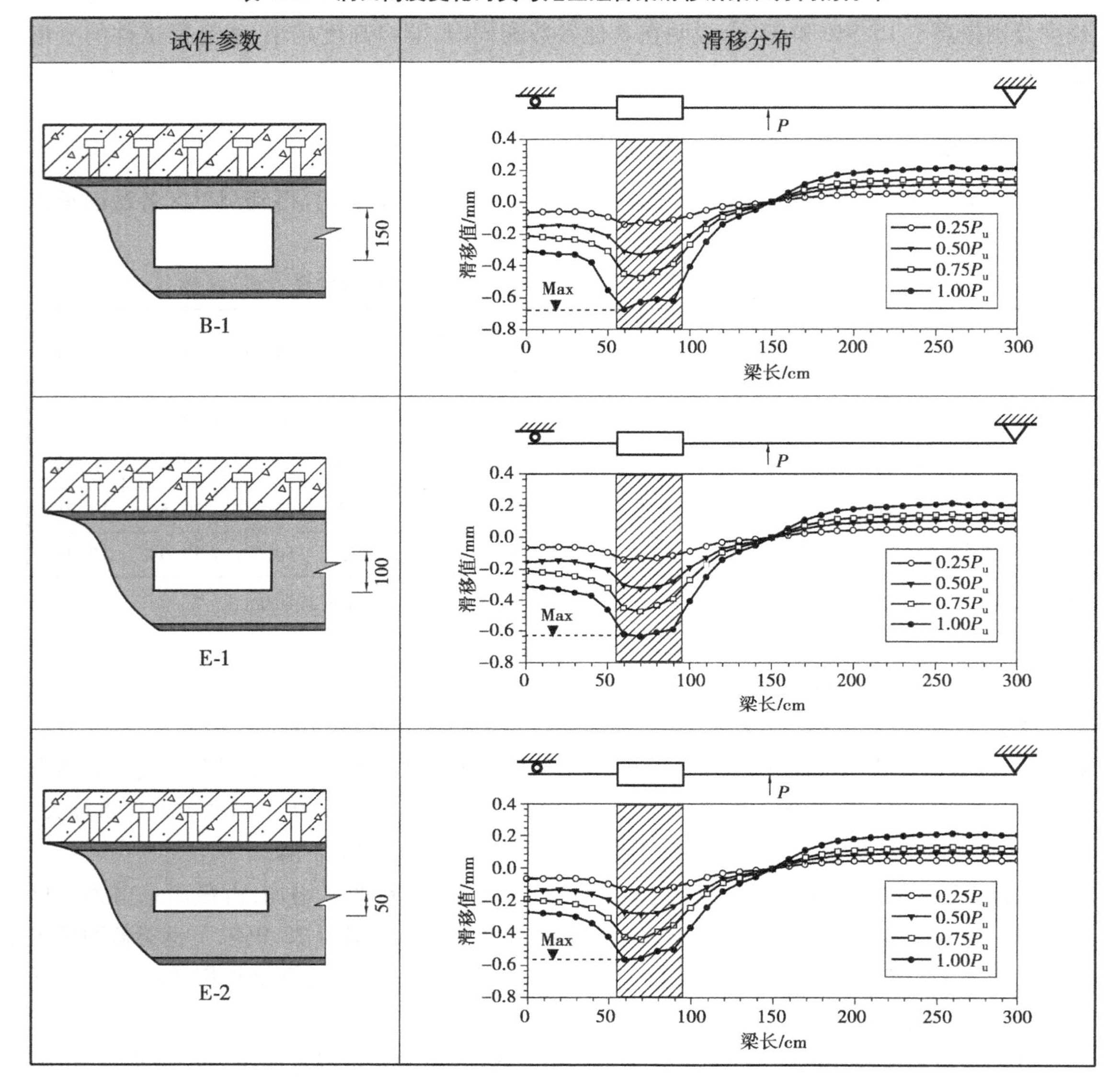


## 4.4.5　洞口宽度变化

对于负弯矩作用下的腹板开洞组合梁，开洞大小决定了钢梁腹板的削弱程度，从负弯矩区洞口受力特征（图 4.1）可以看出，洞口的宽度和剪力共同决定着洞口角点处次弯矩的大小。为了研究不同宽度的洞口对负弯矩作用下腹板开洞组合梁受力性能的影响程度，对 3 个洞口宽度不同的组合梁试件进行了对比分析，试件参数见表4.2，示意图如图 4.14、图 4.15 所示。

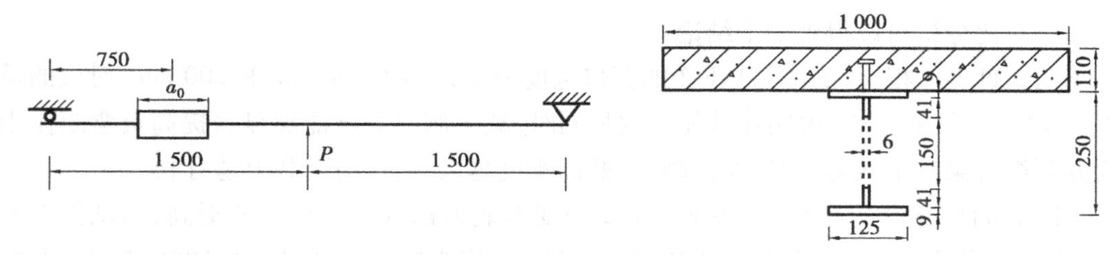


图4.14　洞口宽度变化时负弯矩区组合梁试件示意图与截面尺寸

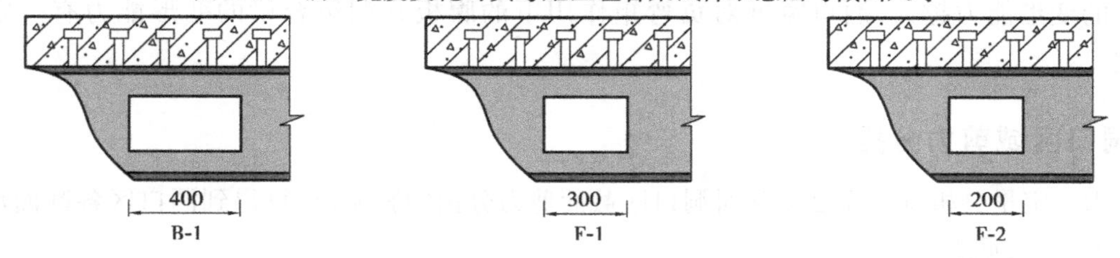


图4.15　洞口宽度变化情况

## 1)承载力与变形能力

洞口高度变化下各负弯矩区组合梁试件的荷载-挠度曲线如图4.16所示,对应数值见表4.15。

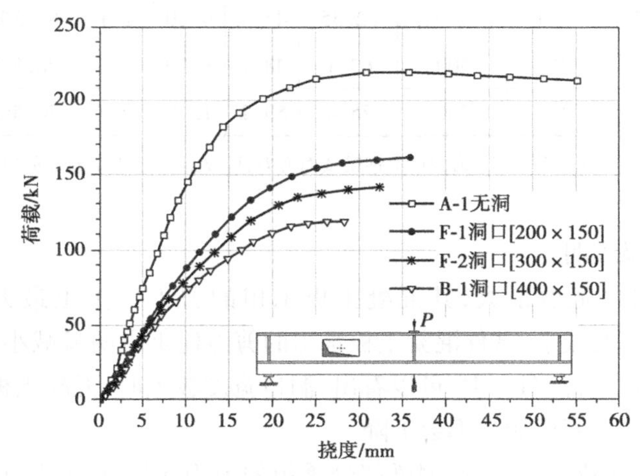


图4.16　洞口宽度变化下负弯矩区组合梁的荷载-挠度曲线

表4.15　洞口宽度变化时负弯矩区组合梁承载力及挠度值对比

| 试件编号 | 开洞情况 | 变化参数 | 极限荷载 | $P_u^i/P_u^{A-1}$ | 极限位移 | $d_u^i/d_u^{A-1}$ |
|---|---|---|---|---|---|---|
| | | 洞口宽度/mm | $P_u^i$/kN | | $d_u$/mm | $i$为试件编号 |
| A-1 | 无洞 | — | 219.62 | 1.00 | 55.16 | 1.00 |
| B-1 | 开洞 | 400 | 118.75 | 0.54 | 28.33 | 0.51 |
| F-1 | 开洞 | 300 | 141.84 | 0.65 | 32.32 | 0.58 |
| F-2 | 开洞 | 200 | 161.82 | 0.74 | 35.89 | 0.65 |

通过对比分析可以得到如下结论：

①与试件 B-1 相比，试件 F-1、F-2 的洞口宽度依次减小了 100 mm 和 200 mm，对应的承载力提高 19.4% 和 43.1%，说明在其他参数相同时，减小洞口宽度能够显著提高负弯矩作用下腹板开洞组合梁的承载力，洞口宽度越小，截面刚度越大，对抗剪承载力越有利。

②随着洞口宽度的减小，试件 F-1、F-2 的变形能力都有一定程度的提高，与试件 B-1 相比，最大挠度分别提高了 14.1% 和 26.7%，说明在其他参数相同时，洞口宽度越小，组合梁试件的变形能力越大，洞口宽度对负弯矩作用下的腹板开洞组合梁的变形能力有一定的影响。

### 2）洞口区域剪力分担

为了定量分析洞口宽度变化对洞口区截面剪力分担的影响，计算得到洞口区各截面承担的剪力大小，见表 4.16。

**表 4.16　洞口宽度变化时负弯矩区组合梁洞口截面剪力分担**

$V_c$ $V_s$ $V_b$ 上钢梁截面 下钢梁截面 $h_0$ $a_0$ 1 2 3 4

总剪力：$V=V_b+V_s+V_c$

洞口区剪力分布

| 试件编号 | 洞口宽度/mm | $V$/kN | 各截面剪力/kN | | | $V_c/V$ | $V_s/V$ | $V_b/V$ |
|---|---|---|---|---|---|---|---|---|
| | | | $V_c$ | $V_s$ | $V_b$ | | | |
| A-1 | — | 109.8 | 28.7 | 81.1 | — | 26.1% | 73.9% | — |
| B-1 | 400 | 52.35 | 43.7 | 6.60 | 2.1 | 83.5% | 12.4% | 4.1% |
| F-1 | 300 | 63.1 | 48.1 | 8.39 | 6.6 | 76.3% | 13.3% | 10.4% |
| F-2 | 200 | 75.4 | 53.2 | 12.8 | 9.4 | 70.5% | 17.0% | 12.5% |

注：$V$ 为截面总剪力；$V_c$ 为混凝土板剪力；$V_s$ 为洞口上钢梁截面剪力；$V_b$ 为洞口下钢梁截面剪力。

表 4.16 中的结果表明：

①试件 B-1 的洞口宽度最大，其混凝土板承担的剪力比重也最大，占截面总剪力的 83.5%；随着洞口高度的减小，试件混凝土板承担的剪力比重也明显减小，分别占到截面总剪力的 76.3% 和 70.5%；结合图 4.16 可以看出，洞口宽度较大时，混凝土板承担的剪力比重加大，对应试件的承载力和变形能力都会下降。

②随着洞口宽度的减小，各试件钢梁部分承担的剪力比增加明显，占截面总剪力的比重由 16.5% 上升至 29.5%，其中上钢梁截面承担的剪力由 12.4% 上升至 17%，下钢梁截面承担的剪力由 4.1% 上升至 12.5%；结合图 4.16 可以看出，洞口宽度较小时，钢梁承担的剪力比重增加，对应试件的承载力和变形能力都会有所增加。

③洞口宽度减小使钢梁承担的剪力比重增加，对抗剪承载力是有利的。可见洞口宽度变化对负弯矩作用下腹板开洞组合梁的抗剪性能有较大影响。

### 3）栓钉滑移值分布

洞口高度变化时各负弯矩区组合梁试件滑移沿梁长度方向的分布见表 4.17。

**表 4.17　洞口宽度变化时负弯矩区组合梁滑移沿梁长方向的分布**

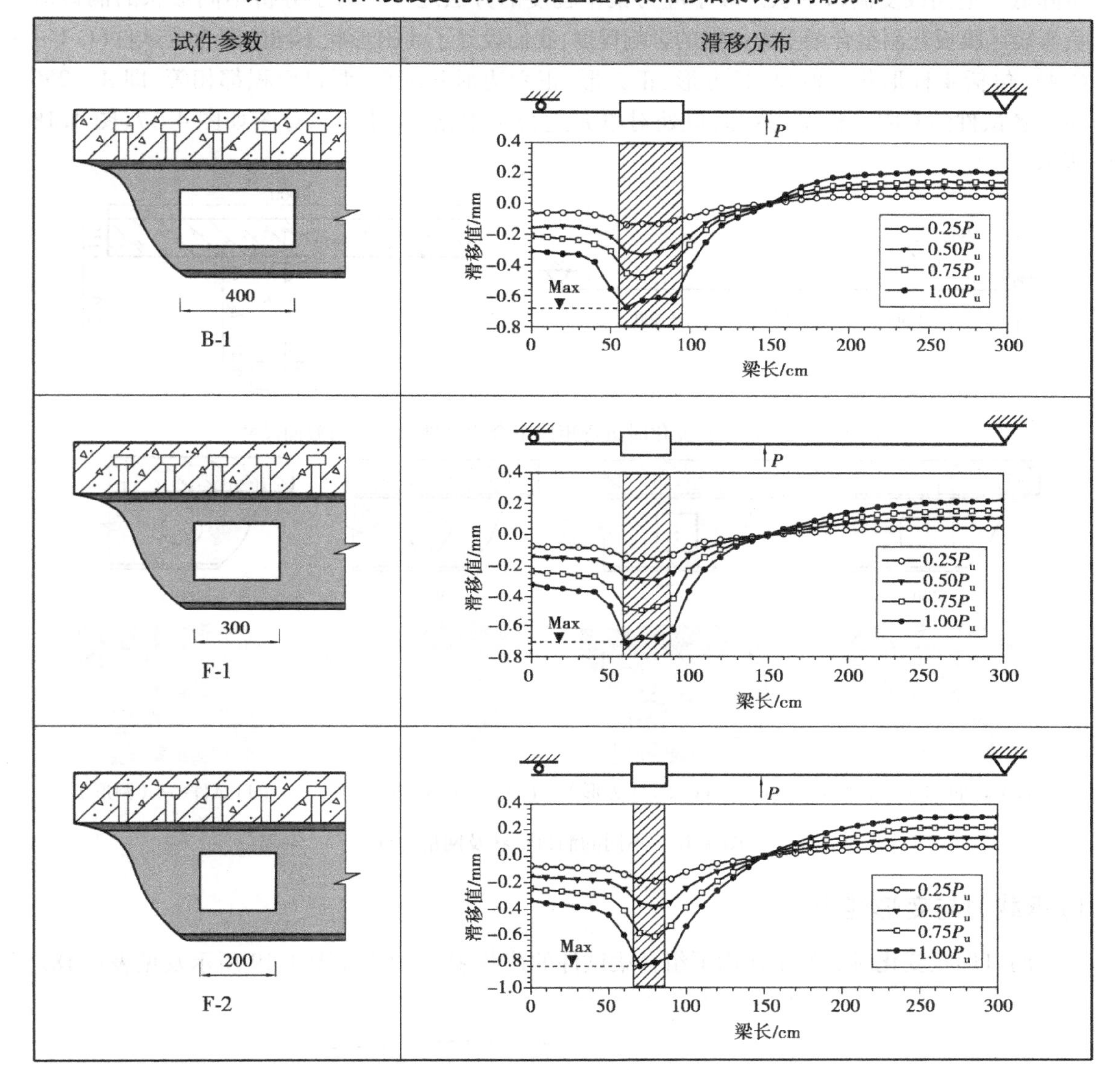


通过分析可以得到如下结论：

①荷载作用初期，试件滑移分布平缓，栓钉受力都比较小；随着荷载的增加，滑移值在洞口区域出现突变，极限荷载时，滑移最大值都出现在洞口左端，说明洞口区域的栓钉受力较大。

②虽然洞口宽度减小后腹板刚度会有所增大，但洞口处滑移分布并没有显著下降，原因是传递到混凝土板上的剪力 $V_c$ 还是比较大（表 4.16），洞口区域的栓钉需要传递较多的剪力。

## 4.4.6　洞口形状变化

在实际工程中，矩形洞口是使用较为普遍的一种开洞形式，虽然矩形洞口具有加工方便的优点，但由于在其 4 个角部产生了应力集中现象，容易导致构件强度下降，使其承载力进一步降低。适当改变洞口形状是减小应力集中程度的方法之一。为了分析不同形状的洞口对负弯矩区腹板开洞组合梁受力性能的影响程度,我们设计了 4 根形状不同的组合梁试件(G-1 ~ G-4),包括 4 种形状的洞口:长方形、正方形、正六边形和圆形,洞口面积都相等,即 $A = 256\ cm^2$,各试件的有限元模型都在洞口处对单元进行了细化,尺寸及示意图如图 4.17、图 4.18 所示。

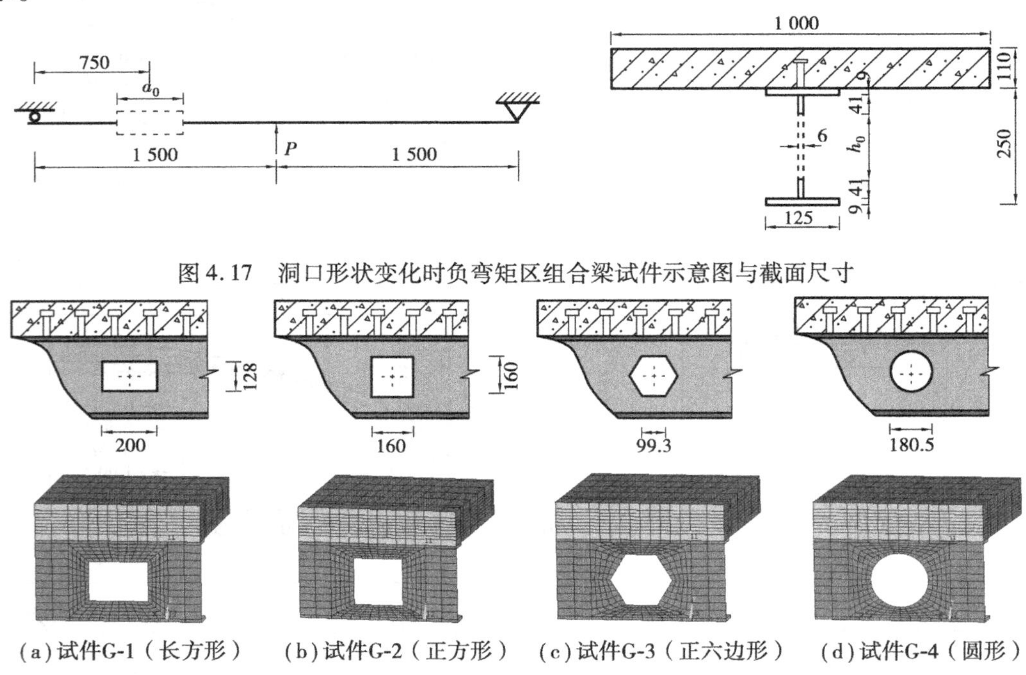


图 4.17　洞口形状变化时负弯矩区组合梁试件示意图与截面尺寸

(a) 试件G-1(长方形)　(b) 试件G-2(正方形)　(c) 试件G-3(正六边形)　(d) 试件G-4(圆形)

图 4.18　不同的洞口形状及网格划分

## 1) 承载力与变形能力

洞口形状变化时负弯矩作用下组合梁试件的荷载-挠度曲线如图 4.19 所示及见表 4.18。

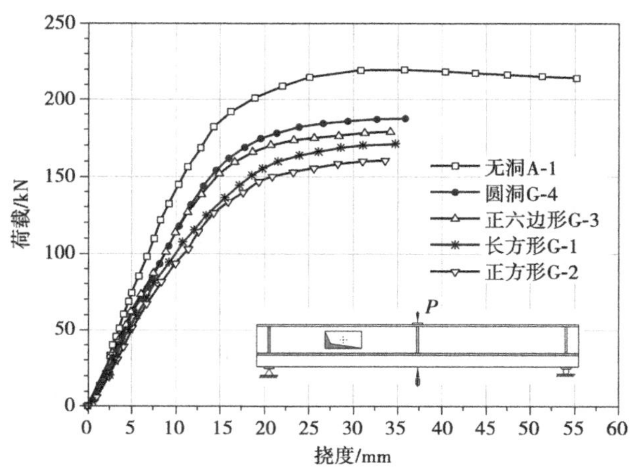


图 4.19　洞口形状变化时负弯矩区组合梁的荷载-挠度曲线

表 4.18　不同洞口形状的负弯矩区组合梁承载力及挠度值

| 试件编号 | 洞口形状 | 极限荷载 $P_u^i$/kN | $P_u^i/P_u^{A-1}$ | 极限位移 $d_u$/mm | $d_u^i/d_u^{A-1}$ |
|---|---|---|---|---|---|
| A-1 | 无洞 | 219.62 | 1.00 | 55.16 | 1.00 |
| G-1 | 长方形 | 171.25 | 0.78 | 34.75 | 0.63 |
| G-2 | 正方形 | 160.75 | 0.73 | 33.65 | 0.61 |
| G-3 | 正六边形 | 179.42 | 0.81 | 34.20 | 0.62 |
| G-4 | 圆形 | 187.64 | 0.85 | 35.85 | 0.65 |

从图 4.19 及表 4.18 中可以得出以下结论：

①在等面积情况下，洞口形状对负弯矩区组合梁的承载力有较大的影响，但各试件变形能力之间的差异则不大。

②开洞试件 G-1 ~ G-4 与无洞试件 A-1 相比，承载力都有不同程度的降低(15.1% ~ 27%)，其中试件 G-4(圆形)的承载力最大，达到无洞试件 A-1 承载力的 84.9%，试件 G-3(正六边形)、试件 G-1(长方形)的承载力次之，分别达到 A-1 的 81% 和 78%，试件 G-2(正方形)的承载力最低，为无洞试件 A-1 的 59.1%。圆形洞口试件 D-4 的承载力最大，原因是圆形洞口较为有效地减缓了应力集中的程度[图4.20(d)]，正六边形洞口对应力集中也有一定的减缓作用[图 4.20(c)]，而长方形洞口和正方形洞口的应力集中现象则比较明显[图 4.20(a)、(b)]，所以其承载力下降也比较大。

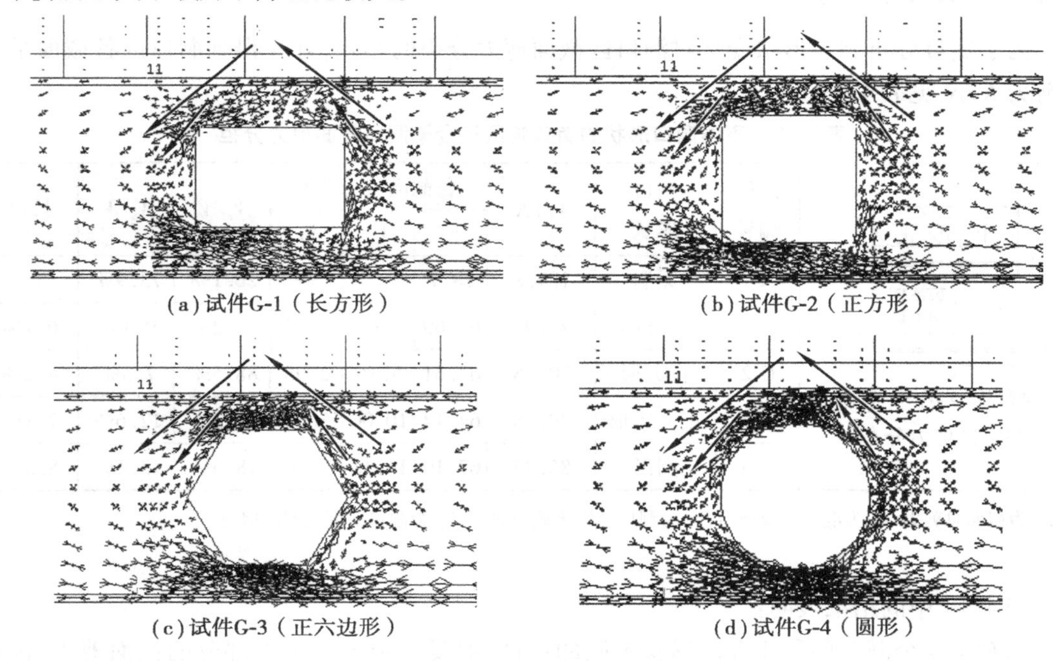


(a) 试件G-1（长方形）　(b) 试件G-2（正方形）

(c) 试件G-3（正六边形）　(d) 试件G-4（圆形）

图 4.20　洞口区域主应力迹线分布

③从变形能力上看，开洞试件 G-1 ~ G-4 与无洞试件 A-1 相比，变形能力都下降较大，但各开洞试件之间的降低幅度相差不大(35.2% ~39.1%)，说明洞口形状对负弯矩区腹板开洞组合梁的变形能力影响不大。

图4.20是洞口形状不同的负弯矩区腹板开洞组合梁的主应力迹线分布图,图中可以看出不同形状洞口的应力集中程度以及洞口区域剪力的传递方向。主应力迹线图表示了主拉压应力的分布矢量,外凸剪线代表拉应力,内凹剪线代表压应力;主应力主要由弯矩和轴力引起,而在剪力作用下主应力与梁轴线形成了一定的角度。根据主应力迹线长度和密集程度的不同可以得出如下结论:

①在每个洞口区域都有不同程度的应力集中现象。在圆形和正六边形洞口区域周边的主应力迹线长度相对均匀,即数值上没有出现明显的突变,说明其应力集中程度相对缓和;在长方形和正方形洞口区域周边的主应力迹线长度并不均匀,尤其在角部出现了明显的突变,说明在洞口角部的应力集中程度较为突出。

②从主应力迹线的方向上看,圆形和正六边形洞口周边的主应力基本可以和洞口边缘保持平行,与梁轴线的角度保持为45°~60°,说明了力的传递方向与传递途径较为合理;在长方形和正方形洞口周边的大部分主应力不能与洞口边缘保持平行,难以保持连续均匀传递,靠近角部的部分主应力迹线出现中断,不利于力的传递。

③洞口上方的剪力主要由混凝土板和钢梁共同承担,以主压应力由洞口右侧传递到洞口左侧,再以主拉应力向支座传递,一部分主压应力由钢梁传递,另一部分通过栓钉的组合作用由混凝土板传递;洞口下方的剪力主要由钢梁承担,以主拉应力由洞口右侧传递到洞口左侧,再以主压应力向支座传递。

## 2)洞口区域剪力分担

为了定量分析洞口形状变化对洞口区截面剪力分担的影响,计算得到洞口区各截面承担的剪力大小,见表4.19。

**表4.19　不同洞口形状的负弯矩区组合梁洞口截面剪力分担**



| 试件编号 | 洞口形状 | $V$/kN | 各截面剪力/kN | | | $V_c/V$ | $V_s/V$ | $V_b/V$ |
|---|---|---|---|---|---|---|---|---|
| | | | $V_c$ | $V_s$ | $V_b$ | | | |
| A-1 | 无洞 | 109.8 | 28.7 | 81.1 | — | 26.1% | 73.9% | — |
| G-1 | 长方形 | 77.91 | 65.60 | 7.09 | 5.22 | 84.2% | 9.1% | 6.7% |
| G-2 | 正方形 | 70.75 | 62.61 | 5.16 | 2.98 | 88.5% | 7.3% | 4.2% |
| G-3 | 正六边形 | 79.88 | 64.14 | 10.06 | 5.68 | 80.3% | 12.6% | 7.1% |
| G-4 | 圆形 | 85.37 | 67.10 | 11.18 | 7.09 | 78.6% | 13.1% | 8.3% |

注:$V$为截面总剪力;$V_c$为混凝土板剪力;$V_s$为洞口上钢梁截面剪力;$V_b$为洞口下钢梁截面剪力。

表4.19中的结果表明:

①对于4个洞口面积相等但形状不同的试件,混凝土板承担了大部分的截面剪力,占截面总剪力的78.6%~88.5%,钢梁部分承担的剪力比重为11.5%~22.4%,其中洞口下钢梁截面承担的剪力仅占到4.2%~8.3%。

②在4个洞口形状不同的试件中,承载力小的试件其混凝土板承担的剪力比重大,承载力大的试件其混凝土板承担的剪力比重小,因此尽量使钢梁部分参与抗剪对提高负弯矩区腹

板开洞组合梁的承载力是很有利的。

### 3）栓钉滑移分布

洞口形状变化时各负弯矩区组合梁试件滑移沿梁长度方向的分布见表4.20。通过分析可以得到如下结论：

①荷载作用初期，试件滑移分布平缓，栓钉受力都比较小；随着荷载的增加，滑移值在洞口区域出现突变，极限荷载时，滑移最大值都出现在洞口左端，说明该区域栓钉受力较大。

②各试件的滑移值在无洞区域的差异不大，在洞口区有一定差别，试件G-4（圆形洞口）的承载力最大，其混凝土板承担的剪力 $V_c$ 也较大（表4.19），需要栓钉传递更多的剪力，因此栓钉受力更大一些；试件G-2（正方形洞口）的承载力最小，其混凝土板承担的剪力 $V_c$ 较小，栓钉受力也比较小。

**表4.20　洞口形状变化时负弯矩区组合梁滑移沿梁长方向的分布**

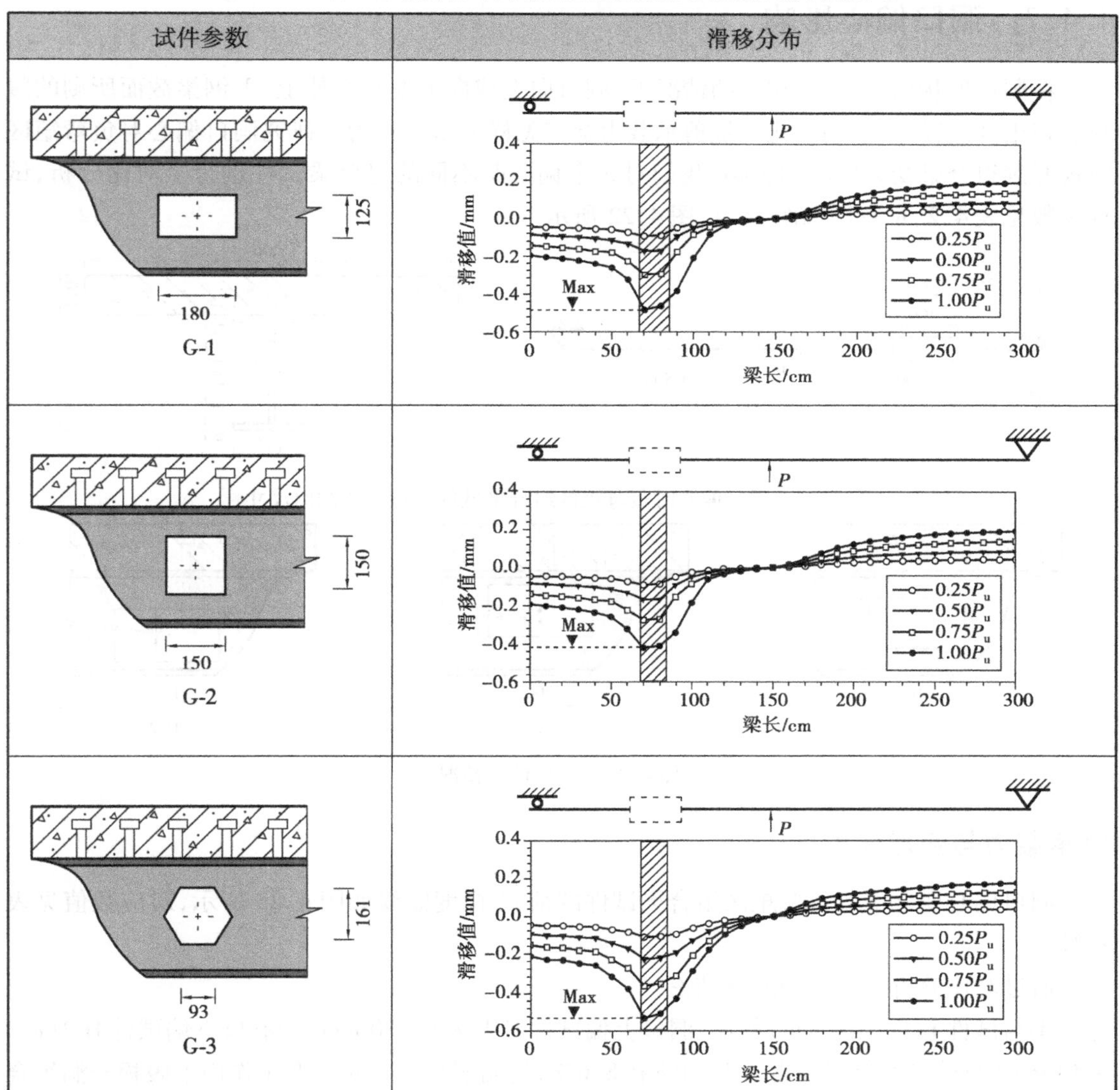

续表

| 试件参数 | 滑移分布 |
| --- | --- |
| 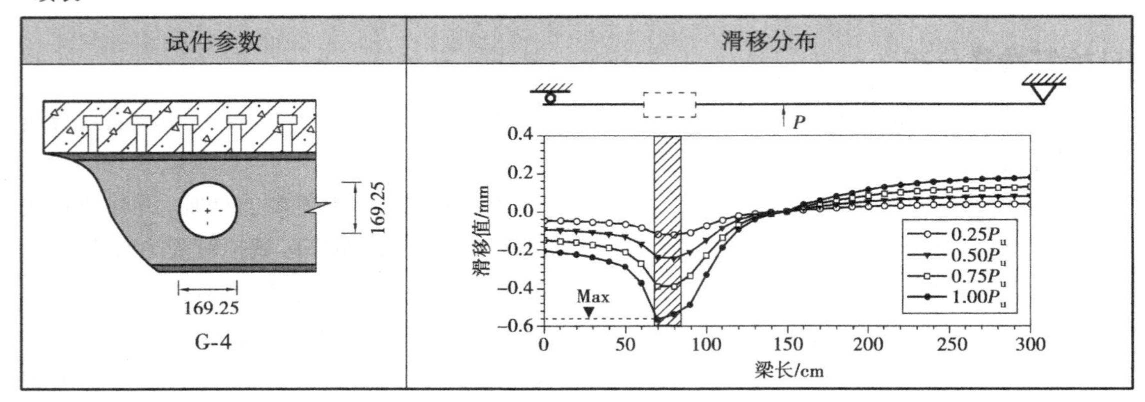 | |



## 4.4.7 洞口偏心影响

在洞口形状相同、面积相等的情况下,洞口向上或向下偏心会使上、下钢梁截面所剩的腹板面积出现差异,这样的变化对抗剪承载力会有怎样的影响?为了研究洞口偏心对负弯矩区腹板开洞组合梁受力性能的影响,我们对3个偏心距不同的组合梁试件进行了对比分析,试件参数见表4.2,示意图如图4.21、图4.22所示。

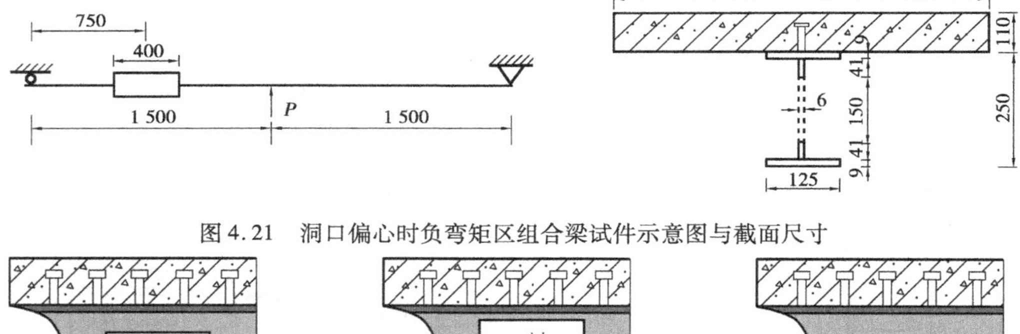



图4.21 洞口偏心时负弯矩区组合梁试件示意图与截面尺寸

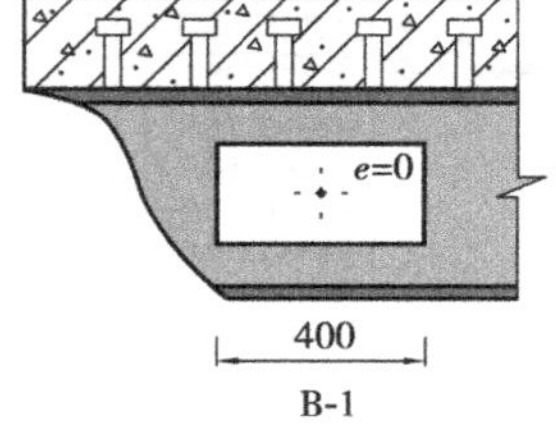



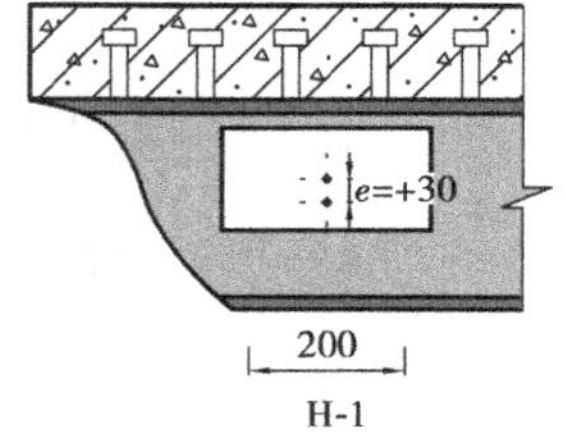



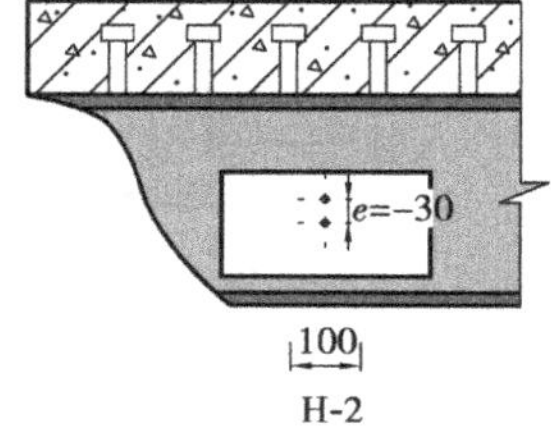



图4.22 洞口偏心情况

### 1)承载力与变形能力

洞口偏心变化下各负弯矩区组合梁试件的荷载-挠度曲线如图4.23所示,对应数值见表4.21。

通过对比分析可以得到如下结论:

①与试件B-1($e$=0 mm)相比,洞口上偏试件H-1($e$= +30 mm)和洞口下偏试件H-2($e$=−30 mm)的承载力分别提高了17.4%和8.6%,说明洞口偏心对负弯矩作用下腹板开洞组合梁的承载力有一定影响,洞口上偏时承载力提高更大。

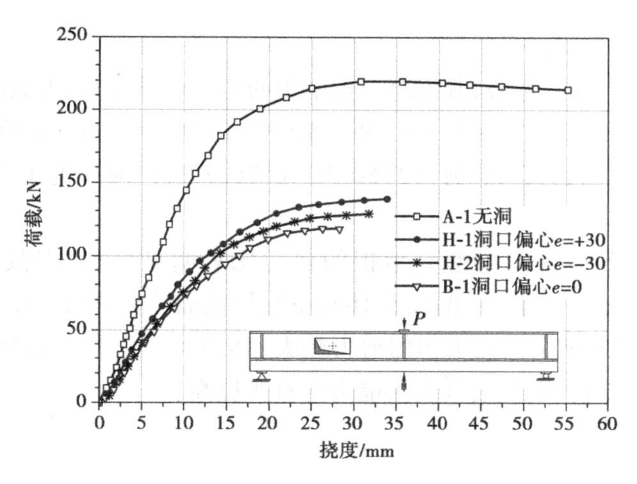


图 4.23　洞口偏心变化时负弯矩区组合梁的荷载-挠度曲线

**表 4.21　洞口偏心时试件承载力及挠度值对比**

| 试件编号 | 开洞情况 | 变化参数 | 极限荷载 | $P_u^i/P_u^{A\text{-}1}$ | 极限位移 | $d_u^i/d_u^{A\text{-}1}$ |
|---|---|---|---|---|---|---|
| | | 洞口偏心/mm | $P_u^i$/kN | | $d_u$/mm | |
| A-1 | 无洞 | — | 219.62 | 1.00 | 55.16 | 1.00 |
| B-1 | 开洞 | 0 | 118.75 | 0.54 | 28.33 | 0.51 |
| H-1 | 开洞 | +30(上偏) | 139.41 | 0.60 | 33.90 | 0.61 |
| H-2 | 开洞 | -30(下偏) | 128.95 | 0.44 | 31.75 | 0.58 |

②与试件 B-1($e$ =0 mm)相比,洞口上偏试件 H-1($e$ = +30 mm)和洞口下偏试件 H-2($e$ = -30 mm)的变形能力有一定提高,最大挠度值分别提高了 19.6% 和 12.1%,说明洞口偏心对负弯矩作用下腹板开洞组合梁的变形能力有一定影响,洞口上偏时变形能力提高更大。

## 2)洞口区域剪力分布

为了定量分析洞口偏心变化对洞口区截面剪力分布的影响,计算得到洞口区各截面承担的剪力大小,见表 4.22。

**表 4.22　洞口偏心时负弯矩区组合梁洞口截面剪力分担**

| $V_c$ $V_c$ $V_s$ $V_s$ 上钢梁截面 $h_0$ 下钢梁截面 $V_b$ $V_b$ $a_0$ 总剪力: $V=V_b+V_s+V_c$ 洞口区剪力分布 | 试件编号 | 洞口偏心/mm | $V$/kN | 截面总剪力 $V_g$/kN | | | $V_c/V$ | $V_s/V$ | $V_b/V$ |
|---|---|---|---|---|---|---|---|---|---|
| | | | | $V_c$ | $V_s$ | $V_b$ | | | |
| | A-1 | — | 109.8 | 28.7 | 81.1 | — | 26.1% | 73.9% | — |
| | B-1 | 0 | 52.35 | 43.7 | 6.60 | 2.10 | 83.5% | 12.4% | 4.1% |
| | H-1 | +30(上偏) | 63.43 | 49.66 | 1.96 | 11.8 | 78.3% | 3.1% | 18.6% |
| | H-2 | -30(下偏) | 58.67 | 45.64 | 11.6 | 1.43 | 77.8% | 19.7% | 2.5% |

注:$V$ 为截面总剪力;$V_c$ 为混凝土板剪力;$V_s$ 为洞口上钢梁截面剪力;$V_b$ 为洞口下钢梁截面剪力。

表 4.22 中的结果表明：

①试件 B-1 的洞口没有偏心，其混凝土板承担的剪力比重最大，占截面总剪力的 83.5%；洞口偏心后，上偏试件 H-1（$e = +30$ mm）和下偏试件 H-2（$e = -30$ mm）的混凝土板承担的剪力比重有所下降，分别占到截面总剪力的 80.3% 和 78.7%，但对应的承载力和变形能力都有一定提高。

②洞口偏心后，各试件钢梁部分承担的剪力比重明显增加，占截面总剪力的比重由 16.5% 上升至 22.2%；对于洞口上偏试件 H-1，下钢梁截面承担的剪力较大（18.6%），对于洞口下偏试件 H-2，洞口上钢梁截面承担的剪力较大（19.7%）；洞口偏心使得钢梁部分承担的剪力比重增加，对应试件的承载力和变形能力都有所提高。

## 3）栓钉滑移分布

洞口形状变化时各试件滑移沿梁长度方向的分布见表 4.23。通过分析可以得到如下结论：

①荷载作用初期，试件滑移分布平缓，栓钉受力都比较小；随着荷载的增加，滑移值在洞口区域出现突变，极限荷载时，滑移最大值都出现在洞口左端，说明该区域栓钉受力较大。

②各试件的滑移值在无洞区域差异不大，在开洞区域有一定差别，试件 H-1（$e = +30$ mm）的承载力最大，其混凝土板承担的剪力 $V_c$ 较大（表 4.22），需要栓钉传递更多的剪力，因此栓钉受力要大一些；试件 B-1（$e = +30$ mm）的承载力与试件 H-2（$e = -30$ mm）的承载力相差不多，对应的混凝土板承担的剪力 $V_c$ 也较为接近，因此滑移分布差别不大。

**表 4.23 洞口形状变化时负弯矩区组合梁滑移沿梁长方向的分布**

| 试件参数 | 滑移分布 |
| --- | --- |
| 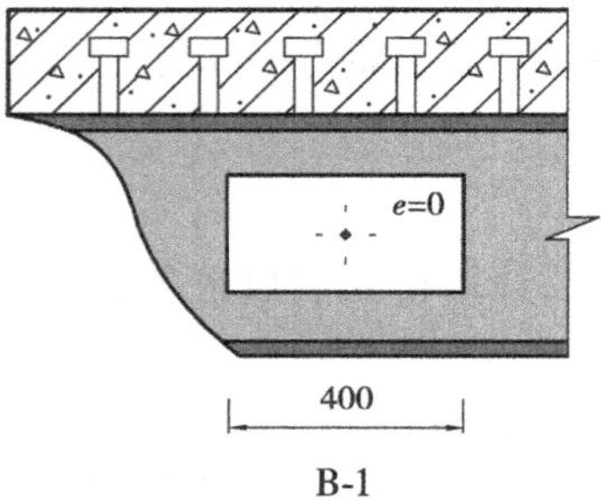 e=0<br>400<br>B-1 | 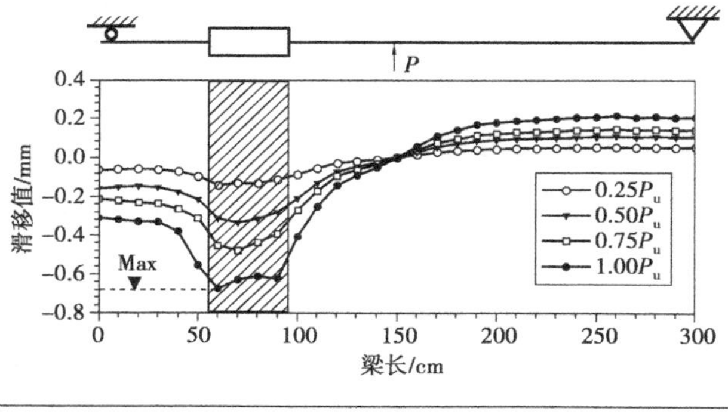 P<br>滑移值/mm<br>梁长/cm<br>Max<br>0.25$P_u$ 0.50$P_u$ 0.75$P_u$ 1.00$P_u$ |
| 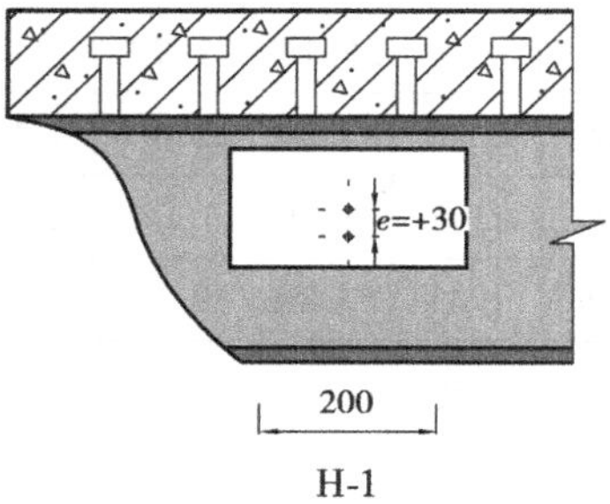 e=+30<br>200<br>H-1 | 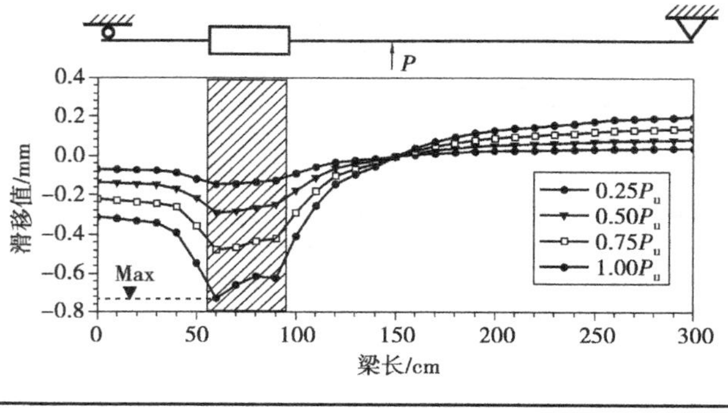 P<br>滑移值/mm<br>梁长/cm<br>Max<br>0.25$P_u$ 0.50$P_u$ 0.75$P_u$ 1.00$P_u$ |

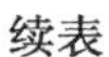

续表

| 试件参数 | 滑移分布 |
| --- | --- |

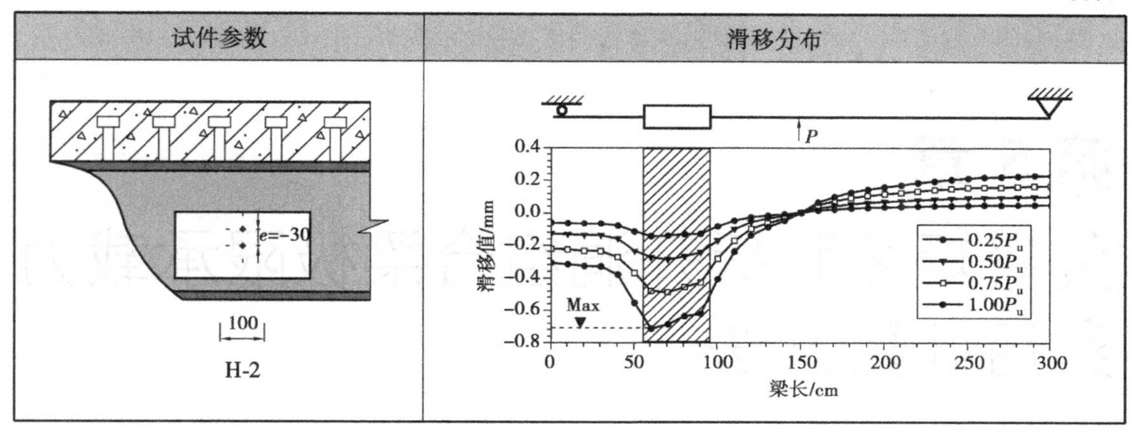


## 4.5　小　结

本章对18根负弯矩区腹板开洞组合梁进行了非线性有限元计算，分析了不同影响参数对负弯矩区腹板开洞组合梁受力性能的影响。选择的影响参数有混凝土板厚度、纵筋配筋率、洞口位置、洞口高度、洞口宽度、洞口形状和洞口偏心等；研究内容包括负弯矩作用下腹板开洞组合梁的承载力及变形能力、洞口区域剪力分担情况、栓钉水平滑移分布等。通过对比分析可以得出如下结论：

①增加混凝土板厚度可以显著提高负弯矩区腹板开洞组合梁的承载力，但对其变形能力影响不大（图4.5）；随着混凝土板厚度的增加，其承担的剪力大小和比重都在增加（表4.4），对抗剪承载力是有利的。

②增加纵向钢梁配筋率可以明显提高负弯矩区腹板开洞组合梁的变形能力（图4.8），但对承载力和洞口区截面剪力分担情况的影响不大（图4.7）。

③洞口位置对负弯矩区腹板开洞组合梁的承载力和变形能力有比较明显的影响（图4.10）；洞口越远离支座，即洞口中心弯剪比越大，开洞组合梁的承载力越小，变形能力也随之下降，混凝土板承担的剪力比重增加（表4.10），组合梁呈现出脆性破坏的特征。

④随着洞口高度的减小，负弯矩区腹板开洞组合梁的承载力和变形能力都显著提高（图4.13），由于高度减小可使剩余的腹板面积相对增加，钢梁可以分担更多的剪力（表4.13），对抗剪承载力是有利的。

⑤减小洞口宽度使负弯矩区腹板开洞组合梁的承载力和变形能力都明显提高（图4.16），洞口宽度减小使钢梁承担的剪力比重增加（表4.16），对抗剪承载力是有利的。

⑥在等面积情况下，洞口形状对负弯矩区腹板开洞组合梁的承载力有较大的影响（图4.29），圆形和正六边形洞口的承载力较大，长方形和正方形的承载力较小；在圆形和正六边形的洞口截面，钢梁承担的剪力比重有所增加（表4.19），对抗剪承载力是有利的。

⑦洞口偏心后负弯矩区腹板开洞组合梁的承载力和变形能力都有一定的提高（图4.23），其中洞口向上偏心时提高幅度更大。

# 第5章 负弯矩区腹板开洞组合梁极限承载力实用计算方法

## 5.1 引 言

腹板开洞对组合梁的受力性能造成了较大的不利影响，洞口削弱了组合梁截面，使得组合梁的刚度和承载力显著降低。本书试验结果表明，负弯矩区腹板开洞组合梁主要在洞口区域发生破坏，因此除了按一般组合梁验算最大弯矩及最大剪力处的承载力外，更需要验算洞口处的极限承载力。

对于一般无洞组合梁极限抗弯承载力的计算，各国规范[97-99]普遍使用了简化塑性理论计算方法。简化塑性理论法近似地假定组合梁在极限承载力状态时全截面可以完全屈服，再根据等效矩形应力图计算出极限承载力。该方法的优点是作用效应清晰、形式明确、使用方便。

目前对于腹板开洞组合梁极限承载力的计算方法主要有以下5种：

(1) ASCE[118]的计算方法

该方法用于正弯矩区的腹板开洞组合梁，过程明确，精确度高，适用性强，没有考虑混凝土板在剪应力和正应力共同作用下的折减。

(2) EC4[82]的计算方法

该方法用于正弯矩区的腹板开洞组合梁，多用于可靠性验证，需要首先考虑组合梁承受的荷载。

(3) 桁架模型[78,79]计算方法

该方法用于正弯矩区的腹板开洞组合梁，计算过程复杂，需要考虑洞口上方的栓钉数量。

(4) 陈涛、顾祥林等[89]所提计算方法

该方法在ASCE的计算方法基础上推导而来，用于负弯矩区的腹板开洞组合梁，算法简单明确，未考虑洞口上方混凝土板的抗剪的作用。

(5) 次弯矩函数[119]计算方法

该方法用于正弯矩区的腹板开洞组合梁，计算适用性较强，精度较高，考虑了洞口截面的

轴力-弯矩-剪力耦合，但推导过程比较复杂，对于负弯矩作用下的情况需要重新推导。

综上所述，目前已有的理论计算方法主要针对正弯矩区的腹板开洞组合梁，缺乏对负弯矩区的理论研究，并且已有研究方法没有考虑到洞口上方混凝土板对抗剪承载力的贡献，偏离实际情况较大。对此本章的主要工作内容是：在试验及有限元基础上，根据负弯矩区腹板开洞组合梁的受力特点，采用空腹桁架模型，同时考虑洞口上方混凝土板的抗剪作用，推导出一种负弯矩区腹板开洞组合梁极限承载力的实用计算方法；用本章推导的计算方法计算试验试件，验证计算方法的正确性；对比不同参数的计算结果，揭示洞口区域内力变化的内在规律。

## 5.2　理论基础

### 5.2.1　负弯矩区腹板开洞组合梁力学模型

组合梁腹板开洞后，截面的抗弯和抗剪承载力明显降低，可能发生的破坏形式有：剪切破坏、弯曲破坏和空腹破坏(Vierendeel Mechanism)。当洞口位于弯剪区段时，空腹破坏是最常见的破坏形式，在前述试验及有限元基础上，本书以空腹桁架模型为基础进行理论计算，负弯矩区腹板开洞组合梁的力学模型如图5.1所示。洞口区域由洞口上方截面、洞口下方截面组成，截面上有轴力、剪力、次弯矩的共同作用，计算过程中考虑混凝土板对抗剪的贡献。

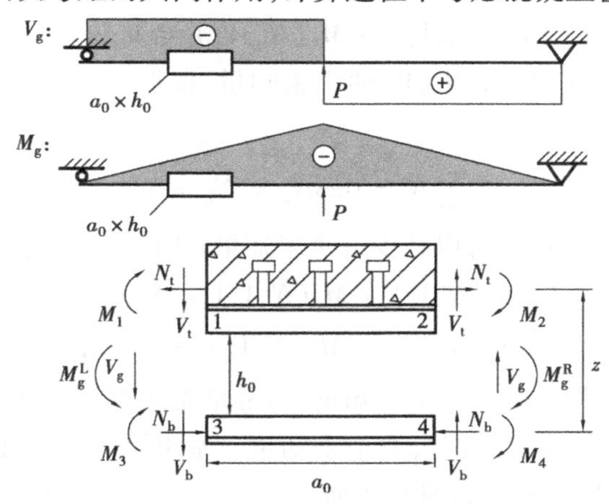


图5.1　负弯矩区腹板开洞组合梁力学模型

图5.1中的 $M_g^L$、$M_g^R$ 为洞口左端和右端的总弯矩；$M_1$、$M_2$、$M_3$、$M_4$ 分别为洞口4个角部的次弯矩，由洞口上方、下方截面的剪力沿洞口宽度方向传递而产生，即对应剪力与洞口宽度之积；$V_t$、$N_t$ 和 $V_b$、$N_b$ 分别为洞口上方、下方截面的剪力和轴力；$a_0$、$h_0$ 为洞口宽度和高度；$z$ 为洞口上方、下方截面形心轴之间的距离。

### 5.2.2　基本假定

试验和有限元结果都表明，由于开洞削弱了承担剪力的腹板截面，导致负弯矩区洞口上方的混凝土板承担了洞口区截面的大部分剪力，因此在计算时需要考虑混凝土板的抗剪作

用。同时,组合梁负弯矩区腹板洞口区域的受力较为复杂,有轴力、剪力和次弯矩的共同作用,为简化计算,可以作如下基本假设:

①组合梁为完全剪切连接,不考虑界面之间的滑移影响。

②钢梁腹板在弯矩和剪力的共同作用下服从 Von Mises 屈服准则。

③在组合梁达到承载力极限状态之前,钢梁不发生局部屈曲。

④组合梁达到承载力极限状态时,洞口 4 个角部形成塑性铰。

⑤考虑洞口上方凝土板对抗剪承载力的贡献,即受压区混凝土和受拉区钢筋参与次弯矩的计算。

## 5.3 计算方法

使用空腹桁架模型进行计算分析时,洞口区域的内力为 3 次超静定,多余未知量有洞口上方或洞口下方截面内的轴力、剪力和次弯矩,这 3 个内力共同消耗截面材料的强度,因此需要建立截面的轴力-弯矩-剪力相关关系(*N-M-V* 关系曲线)以找出内力之间的耦联关系。在洞口的 4 个角部各有一个截面,每一个截面有自己的 *N-M-V* 相关关系,这些相关关系又可以通过建立次弯矩函数来反映,由此可以得到 4 个次弯矩函数:$M_1(N_t,V_t)$、$M_2(N_t,V_t)$、$M_3(N_b,V_b)$、$M_4(N_b,V_b)$。根据弯矩平衡条件可得:

$$\begin{cases} M_1(N_t,V_t)+M_2(N_t,V_t)=V_t\cdot a_0 \\ M_3(N_b,V_b)+M_4(N_b,V_b)=V_b\cdot a_0 \end{cases} \tag{5.1}$$

式(5.1)中每个方程各有 $N_t$、$V_t$ 和 $N_b$、$V_b$ 两个未知量,根据洞口上方截面和下方截面的轴力平衡条件,可得:

$$\sum N=0\Rightarrow N_t=N_b=N \tag{5.2}$$

将式(5.2)带入式(5.1)中,可以减少一个未知量,式(5.1)可写为:

$$\begin{cases} M_1(N,V_t)+M_2(N,V_t)=V_t\cdot a_0 \\ M_3(N,V_b)+M_4(N,V_b)=V_b\cdot a_0 \end{cases} \tag{5.3}$$

式(5.3)中的两个方程共含有 3 个未知量,通常是无法求解的,但是如果给 3 个未知量中的某个未知量一个定值,便可求出其余两个未知量。本书赋予洞口下方截面的剪力 $V_b$ 不同的值,就能求出 $N$ 和 $V_t$,计算流程如图 5.2 所示,计算前还需要知道 $V_b$ 的最大值,即确定 $V_b$ 的取值范围($0\sim V_{b,max}$)。

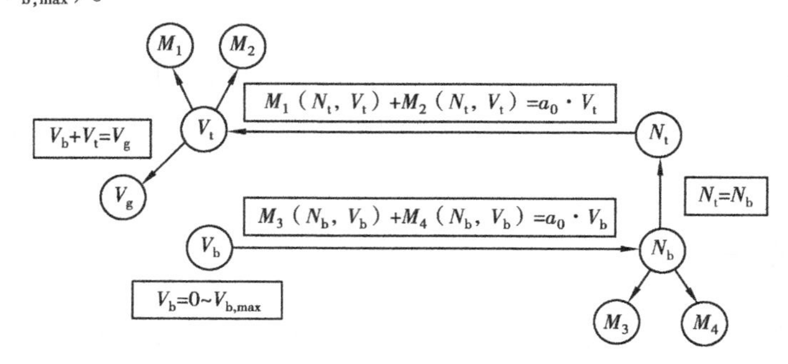


图 5.2 计算流程

在确定 $V_b$ 的最大值 $V_{b,max}$ 时，必须考虑整个结构的轴力平衡条件，由于洞口下方截面的面积较小，其承载力小于洞口上方截面，因此下方截面的承载力起控制作用，$V_{b,max}$ 的确定过程如图5.3所示，计算过程中利用式(5.3)中的第二式进行迭代求解。

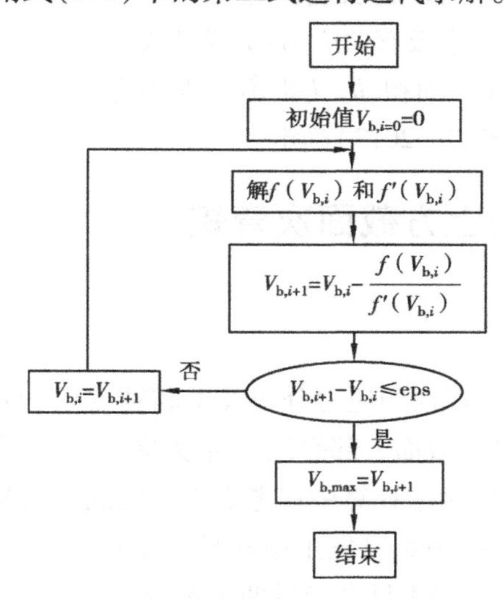


图5.3　确定 $V_{b,max}$ 的流程

从图5.2的计算流程图中看出，当洞口下方截面的剪力 $V_b$ 确定后，带入式(5.3)就可以求出对应的 $N$ 和 $V_t$，将求得的轴力和剪力值代入式(5.1)就可以得到洞口4个角点处的次弯矩函数。

当洞口上方、下方截面的内力全部求出后，根据全截面受力平衡条件，如图5.1所示，可以得到洞口处的总弯矩 $M_g$ 和总剪力 $V_g$：

$$\begin{cases} M_g^L = M_p - M_1 - M_3 \\ M_g^R = M_p + M_2 + M_4 \\ M_g = \dfrac{M_g^L + M_g^R}{2} \\ V_g = V_t + V_b \end{cases} \tag{5.4}$$

式中　$M_g^L$、$M_g^R$——洞口左端和右端的总弯矩；

$M_p$——主弯矩，$M_p = N \cdot z$；

$N$——洞口区轴力；

$z$——洞口上方、下方截面形心轴之间的距离；

$M_g$——洞口区的总弯矩；

$V_g$——洞口区总剪力。

## 5.4　负弯矩区腹板开洞组合梁次弯矩函数推导

洞口处4个角点的次弯矩函数 $M_{ij}$ 分别由对应截面上的塑性应力分布图推导而出，相应的符号意义表示如下：$NA$ 为塑性中和轴，$SA$ 为截面形心轴，$FA$ 为换算应力图的面积平分轴；

$n_t$、$n_b$ 分别为洞口上方、下方截面的无量纲轴力，即轴力与最大塑性轴力的比值；$a$ 为换算应力图中对应轴力的折算截面高度，$g$ 为截面形心轴到塑性中和轴的距离；$y_{ij}$为截面参数，$i$ 表示角点，$j$ 表示中和轴所在区域；$\sigma_c$ 为混凝土板抗压强度，$\sigma_s$ 为钢筋屈服强度，$\sigma_{yf}$为翼缘屈服强度，$\sigma_{yw}$为按 Mises 屈服条件确定的腹板弯曲应力；$A_c$ 为混凝土板截面面积，$A_s$ 为受拉钢筋面积，$A_f$ 为钢梁翼缘面积，$A_w$ 为钢梁腹板面积；$b_c$ 为混凝土翼板宽度，$b_e$ 为混凝土翼板有效宽度，按我国《钢结构设计标准》(GB 50017—2017)确定。

## 5.4.1 负弯矩区洞口上方截面次弯矩

### 1)洞口角点 1 的次弯矩 $M_{1j}$

负弯矩作用下洞口角点 1 截面的应力分布及中和轴 $NA$ 的变化情况如图 5.4 所示，该截面上的轴力和次弯矩都为正值，截面上部受压下部受拉，随着轴力的增加，中和轴 $NA$ 只能从面积平分轴 $FA$ 开始向上移动，由于计算中仅考虑受压区混凝土及受拉区钢筋参与工作，忽略了混凝土的抗拉作用，实际情况中难以发生中和轴位于钢梁内的情况，因此面积平分轴只能出现在混凝土板内，所以中和轴 $NA$ 只会经过两个区域，即 $NA$ 在钢筋区域以下的混凝土板内[图 5.4(a)、(b)]、$NA$ 在钢筋区域内[图 5.4(c)、(d)]。根据中和轴 $NA$ 位置的不同，次弯矩函数 $M_{1j}$由两段函数组成。

从图 5.4 中可以看出：当轴力为零，次弯矩达到最大值时，面积平分轴 $FA$ 与中和轴 $NA$ 重合[图 5.4(a)]；随着轴力的增加，$NA$ 依次经过轴力和次弯矩共同存在的区域[图 5.4(b)、(c)]；当轴力达到最大值时，相应的次弯矩为零[图 5.4(d)]。

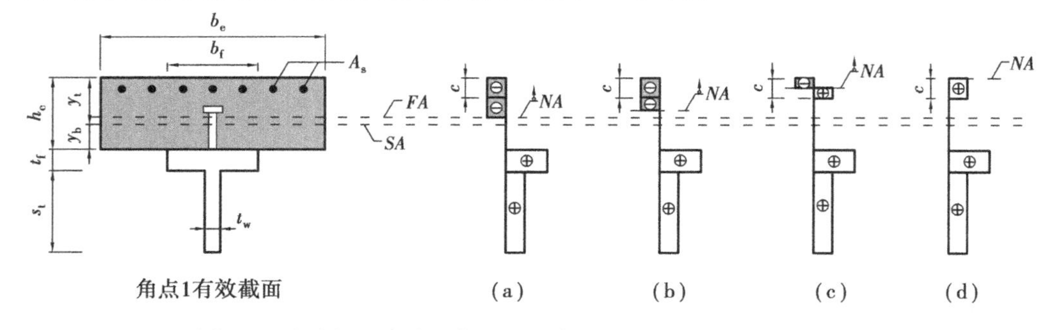


图 5.4 负弯矩区角点 1 截面上的应力分布及中和轴的变化范围

由于洞口上方截面包含了混凝土和钢材两种强度不同的材料，为了便于研究，可以换算为同一种材料的截面尺寸，这就需要引入换算应力图的概念，如图 5.5(c)所示，换算应力图是将截面各组成部分的应力换算成与中和轴所在区域同宽的应力图，由此可较为方便地确定轴力引起的应力分布变化。在计算中考虑混凝土板的抗压作用和纵向钢筋的抗拉作用，忽略混凝土抗拉和钢筋的抗压作用，将混凝土翼板实际宽度($b_c$)换算为有效宽度($b_e$)。

**分析情况(一)：中和轴 $NA$ 位于混凝土翼板**

随着轴力从零开始增长，中和轴 $NA$ 从面积平分轴 $FA$ 开始向上移动，移动范围在混凝土翼板内，但不包括钢筋区域，如图 5.5(b)所示。

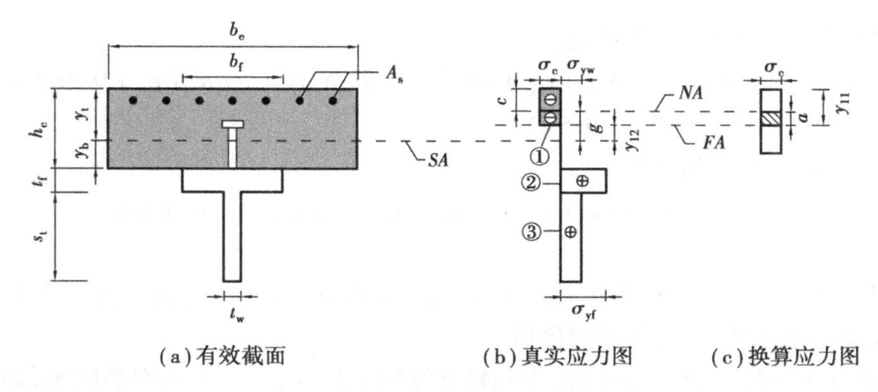


图 5.5　中和轴 NA 在混凝土板内时角点 1 截面的应力分布图

此时满足条件：$0 \leqslant a \leqslant y_{11} - c$ 或 $0 \leqslant n_t \leqslant \dfrac{y_{11} - c}{y_{11} + c}$

①确定角点 1 截面的形心轴位置：

$$y_t = \frac{0.5b_e h_c^2 \sigma_c + A_f \sigma_{yf}(h_c + 0.5t_f) + A_w \sigma_{yw}(h_c + t_f + 0.5s_t)}{A_c \sigma_c + A_f \sigma_{yf} + A_w \sigma_{yw}} \tag{5.5}$$

$$y_b = h_c - y_t \tag{5.6}$$

②考虑到计算的简便，将受拉钢筋的面积换算成与混凝土翼板有效宽度（$b_e$）相同，高度为 $c$ 的混凝土面积区域，即钢筋区域，换算关系为：

$$c = \frac{A_s \sigma_s}{b_e \sigma_c} \tag{5.7}$$

可以得到中和轴 NA 在混凝土板内移动的最大距离是 $y_{11} - c$。

③确定换算应力图中面积平分轴 FA 的位置：

$$y_{11} = \frac{N_{plt}}{b_e \sigma_c} \tag{5.8}$$

$$N_{plt} = A_f \sigma_{yf} + A_w \sigma_{yw} + A_s \sigma_s \tag{5.9}$$

其中，$N_{plt}$为洞口上方截面的最大塑性轴力。

④确定形心轴 SA 到面积平分轴 FA 的距离：

$$y_{12} = y_t - y_{11} \tag{5.10}$$

⑤确定洞口上方截面的无量纲轴力 $n_t$ 以及折算高度 $a$：

$$n_t = \frac{N}{N_{plt}} = \frac{a b_e \sigma_c}{N_{plt}} \Rightarrow a = n_t \frac{N_{plt}}{b_e \sigma_c} = n_t (y_{11} + c) \tag{5.11}$$

⑥确定形心轴 SA 到中和轴 NA 的距离：

$$g = y_{12} + a = y_{12} + n_t (y_{11} + c) \tag{5.12}$$

⑦将真实应力图中①～③部分的合力对形心轴 SA 取矩可以得到次弯矩函数 $M_{1j}$的第 1 段函数式 $M_{11}$：

$$\begin{aligned} M_{11} &= M_{①} + M_{②} + M_{③} \\ &= b_e \sigma_c \frac{y_t^2 - g^2}{2} + b_f t_f \sigma_{yf}\left(y_b + \frac{t_f}{2}\right) + t_w s_t \sigma_{yw}\left(t_f + y_b + \frac{s_t}{2}\right) \\ &= -0.5 b_e \sigma_c g^2 + 0.5 b_e \sigma_c y_t^2 + b_f t_f \sigma_{yf}(y_b + 0.5t_t) + t_w s_t \sigma_{yw}(t_f + y_b + 0.5s_t) \end{aligned} \tag{5.13}$$

将式(5.12)代入式(5.13)可以得到：

$$M_{11}=-0.5b_e\sigma_c[y_{12}+n_t(y_{11}+c)]^2+0.5b_e\sigma_c y_t^2+b_f t_f\sigma_{yf}(y_b+0.5t_t)+t_w s_t\sigma_{yw}(t_f+y_b+0.5s_t)\tag{5.14}$$

简化后可以得到关于 $n_t$ 的函数式：

$$M_{11}=-0.5b_e\sigma_c(y_{11}+c)n_t^2-b_e\sigma_c y_{12}(y_{11}+c)n_t+M_{11}^0\tag{5.15}$$

式中：

$$M_{11}^0=0.5b_e\sigma_c y_t^2-0.5b_e\sigma_c y_{12}^2+b_f t_f\sigma_{yf}(y_b+0.5t_f)+t_w s_t\sigma_{yw}(t_f+y_b+0.5s_t)\tag{5.16}$$

**分析情况(二)：中和轴 *NA* 位于钢筋区域**

随着轴力继续增长，次弯矩下降，中和轴继续向上移动，开始进入钢筋区域，如图5.6所示。此时满足条件：

$$(y_{13}-c)\leqslant a\leqslant y_{13}\text{或}\frac{y_{13}-c}{y_{13}}\leqslant n_t\leqslant\frac{y_{13}}{y_{13}}$$

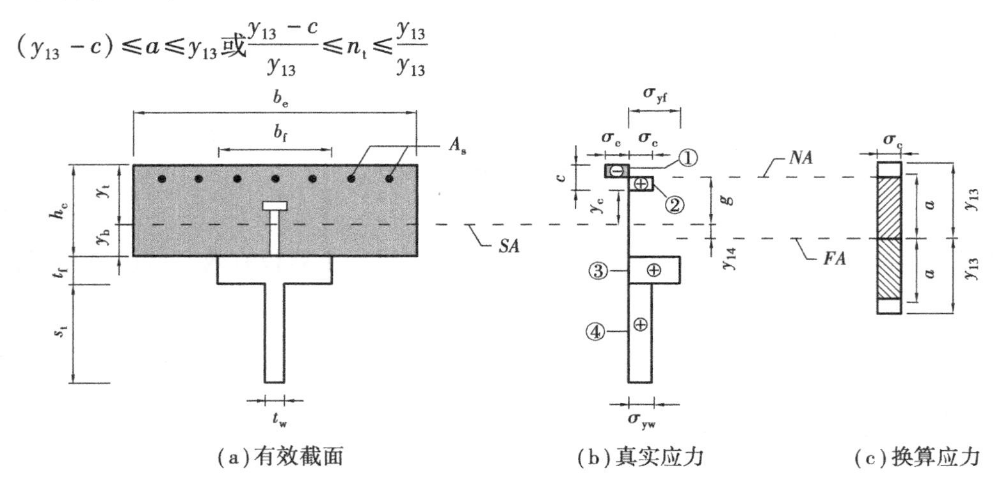


图5.6　中和轴 *NA* 在钢筋区域时角点1截面的应力分布图

①确定换算应力图中面积平分轴 *FA* 的位置：

$$y_{13}=\frac{N_{plt}}{2b_e\sigma_c}\tag{5.17}$$

②确定形心轴 *SA* 到面积平分轴 *FA* 的距离：

$$\begin{cases}y_{14}=y_t-y_{13}\\y_c=y_t-c\end{cases}\tag{5.18}$$

③确定洞口上方截面的无量纲轴力 $n_t$ 以及折算高度 $a$：

$$n_t=\frac{N}{N_{plt}}=\frac{2ab_e\sigma_c}{N_{plt}}\Rightarrow a=n_t\frac{N_{plt}}{2b_e\sigma_c}=n_t y_{13}\tag{5.19}$$

④确定形心轴 *SA* 到中和轴 *NA* 的距离：

$$g=y_{14}+a=y_{14}+n_t y_{13}\tag{5.20}$$

⑤将真实应力图中①～④部分的合力对形心轴 *SA* 取矩可以得到次弯矩函数 $M_{1j}$ 的第2段函数式 $M_{12}$：

$$\begin{aligned}M_{12}&=M_{①}-M_{②}+M_{③}+M_{④}\\&=b_e\sigma_c\frac{y_t^2-g^2}{2}-b_e\sigma_c\frac{g^2-y_c^2}{2}+b_f t_f\sigma_{yf}(y_b+0.5t_f)+\\&\quad t_w s_t\sigma_{yw}(t_f+y_b+0.5s_t)\end{aligned}$$

$$= -b_e\sigma_c g^2 + 0.5b_e\sigma_c(y_t^2 + y_c^2) + b_f t_f \sigma_{yf}(y_b + 0.5t_t) + t_w s_t \sigma_{yw}(t_f + y_b + 0.5s_t) \quad (5.21)$$

将式(5.20)代入式(5.21)可以得到：

$$M_{12} = -b_e\sigma_c(y_{14} + n_t y_{13})^2 + 0.5b_e\sigma_c(y_t^2 + y_c^2) + b_f t_f \sigma_{yf}(y_b + 0.5t_t) + t_w s_t \sigma_{yw}(t_f + y_b + 0.5s_t) \quad (5.22)$$

简化后可以得到关于 $n_t$ 的函数式：

$$M_{12} = -b_e\sigma_c y_{13}^2 n_t^2 - 2b_e\sigma_c y_{13} y_{14} n_t + M_{12}^0 \quad (5.23)$$

式中：

$$M_{12}^0 = -b_e\sigma_c y_{14}^2 + 0.5b_e\sigma_c(y_t^2 + y_c^2) + b_f t_f \sigma_{yf}(y_b + 0.5t_f) + t_w s_t \sigma_{yw}(t_f + y_b + 0.5s_t) \quad (5.24)$$

### 2)洞口角点2的次弯矩 $M_{2j}$

负弯矩作用下洞口角点2截面的应力分布及中和轴 NA 的变化情况如图5.7所示，该截面的轴力为正值，次弯矩为负值，截面上部受拉下部受压，随着轴力的增加，中和轴 NA 只能从面积平分轴开始向下移动，由于计算中仅考虑受压区混凝土及受拉区钢筋参与工作，忽略混凝土的受拉作用，实际情况中，中和轴位于混凝土板内的情况难以发生，因此面积平分轴只能出现在钢梁内，中和轴 NA 可以经过两个区域，即 NA 在钢梁翼缘内[图5.7(a)、(b)]、NA 在钢梁腹板内[图5.7(c)、(d)]。根据中和轴 NA 位置的不同，次弯矩函数 $M_{2j}$ 由两段函数组成。从图5.7中可以看出：当轴力为零，次弯矩达到最大值时，面积平分轴 FA 与中和轴 NA 重合[图5.7(a)]；随着轴力的增加，NA 依次经过轴力和次弯矩共同存在的区域[图5.7(b)、(c)]；当轴力达到最大值时，相应的次弯矩为零[图5.7(d)]。

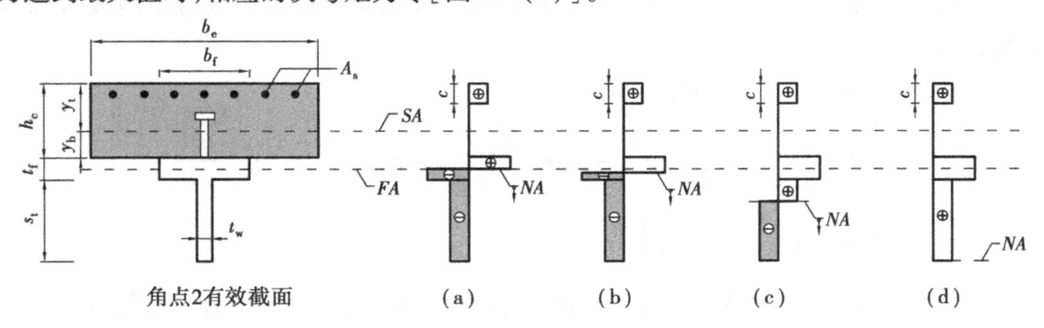


图5.7　负弯矩区角点2截面上的应力分布及中和轴的变化范围

**分析情况(一)：中和轴 NA 位于钢梁上翼缘内**

随着轴力从零开始增长，中和轴从面积平分轴开始向下移动，移动范围在钢梁上翼缘内，如图5.8所示。

此时满足条件：

$$0 \leqslant n_t \leqslant \frac{y_s + t_f - y_{21}}{y_{21}} \quad 或 \quad 0 \leqslant n_t \leqslant \frac{y_s + t_f - y_{21}}{y_{21}}$$

①当中和轴位于钢梁上翼缘时，考虑纵向受力钢筋的受拉，忽略混凝土板的受拉作用，为了满足换算应力图中的面积平分轴与实际截面的面积平分轴位置相同，将钢筋区域的高度换算为钢梁上翼缘的折算高度：

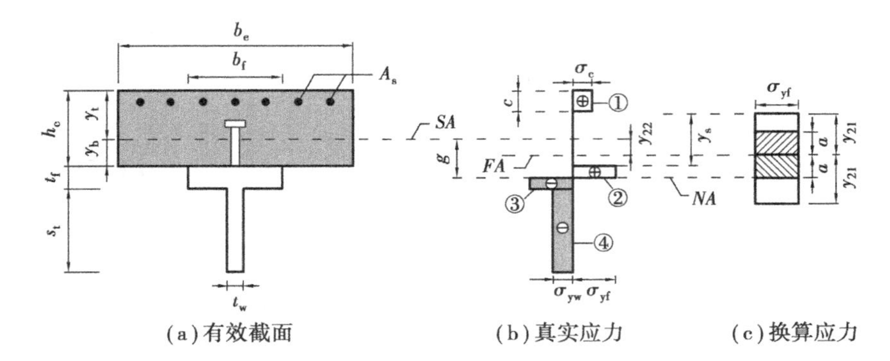

(a)有效截面　(b)真实应力　(c)换算应力

图 5.8　中和轴 $NA$ 在钢梁上翼缘时角点 2 截面上的应力分布图

$$y_s = \frac{A_s\sigma_s}{b_f\sigma_{yf}} \tag{5.25}$$

②确定换算应力图中面积平分轴 $FA$ 的位置:

$$y_{21} = \frac{N_{plt}}{2b_f\sigma_{yf}} \tag{5.26}$$

③确定形心轴 $SA$ 到面积平分轴 $FA$ 的距离:

$$y_{22} = y_b + y_{21} - y_s \tag{5.27}$$

④确定洞口上方截面的无量纲轴力 $n_t$ 以及折算高度 $a$:

$$n_t = \frac{N}{N_{plt}} = \frac{2ab_f\sigma_{yf}}{N_{plt}} \Rightarrow \quad a = n_t\frac{N_{plt}}{2b_f\sigma_{yf}} = n_t y_{21} \tag{5.28}$$

⑤确定形心轴 $SA$ 到中和轴 $NA$ 的距离:

$$g = y_{22} + a = y_{22} + n_t y_{21} \tag{5.29}$$

⑥将真实应力图中①~④部分的合力对形心轴 $SA$ 取矩可以得到次弯矩函数 $M_{2j}$ 的第 1 段函数式 $M_{21}$:

$$\begin{aligned} M_{21} &= -M_{①} + M_{②} - M_{③} - M_{④} \\ &= -b_f\sigma_{yf}\frac{(y_b + t_f)^2 - g^2}{2} + b_f\sigma_{yf}\frac{g^2 - y_b^2}{2} - b_e\sigma_c\frac{y_t^2 - (y_t - c)^2}{2} - \\ &\quad t_w s_t\sigma_{yw}\left(t_f + y_b + \frac{s_t}{2}\right) \\ &= b_f\sigma_{yf}g^2 - 0.5b_f\sigma_{yf}[y_b^2 - (y_b^2 + t_f^2)] - 0.5b_e\sigma_c[y_t^2 - (y_t - c)^2] - \\ &\quad t_w s_t\sigma_{yw}(t_f + y_b + 0.5s_t) \end{aligned} \tag{5.30}$$

将式(5.29)代入式(5.30)可以得到:

$$\begin{aligned} M_{21} &= b_f\sigma_{yf}(y_{22} + n_t y_{21})^2 - 0.5b_f\sigma_{yf}[y_b^2 - (y_b^2 + t_f^2)] - 0.5b_e\sigma_c[y_t^2 - (y_t - c)^2] - \\ &\quad t_w s_t\sigma_{yw}(t_f + y_b + 0.5s_t) \end{aligned} \tag{5.31}$$

简化后可以得到关于 $n_t$ 的函数式:

$$M_{21} = b_f\sigma_{yf}y_{21}^2 n_t^2 + 2b_f\sigma_{yf}y_{21}y_{22}n_t + M_{21}^0 \tag{5.32}$$

式中:

$$\begin{aligned} M_{21}^0 &= b_f\sigma_{yf}y_{22}^2 - 0.5b_e\sigma_c[y_t^2 - (y_t - c)^2] - t_w s_t\sigma_{yw}(t_f + y_b + 0.5s_t) + \\ &\quad 0.5b_f\sigma_{yf}[y_b^2 + (y_b + t_f)^2] \end{aligned} \tag{5.33}$$

**分析情况(二):中和轴 NA 位于钢梁腹板内**

随着轴力继续增长,次弯矩下降,中和轴继续向下移动,移动范围在钢梁腹板内,如图 5.9 所示。

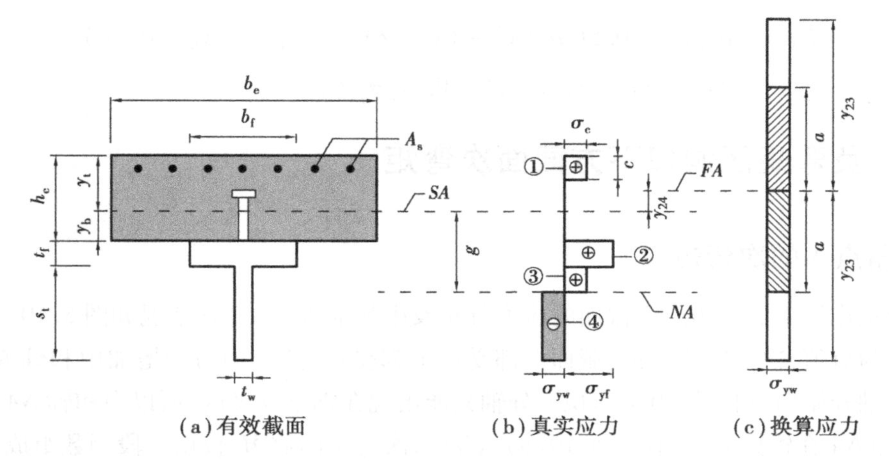


(a)有效截面　(b)真实应力　(c)换算应力

图 5.9　中和轴 NA 在钢梁腹板内时角点 2 截面上的应力分布图

此时满足条件:$\dfrac{y_{23}-s_t}{y_{23}}\leqslant a\leqslant\dfrac{y_{23}}{y_{23}}$　或　$\dfrac{y_{23}-s_t}{y_{23}}\leqslant n_t\leqslant\dfrac{y_{23}}{y_{23}}$

①确定换算应力图中面积平分轴的位置:

$$y_{23}=\frac{N_{plt}}{2t_w\sigma_{yw}} \tag{5.34}$$

②确定形心轴 SA 到面积平分轴 FA 的距离:

$$y_{24}=y_{23}-(s_t+t_f+y_b) \tag{5.35}$$

③确定洞口上方截面的无量纲轴力 $n_t$ 以及折算高度 $a$:

$$n_t=\frac{N}{N_{plt}}=\frac{2at_w\sigma_{yw}}{N_{plt}}\Rightarrow\quad a=n_t\frac{N_{plt}}{2t_w\sigma_{yw}}=n_t y_{23} \tag{5.36}$$

④确定形心轴 SA 到中和轴 NA 的距离:

$$g=a-y_{24}=n_t y_{23}-y_{24} \tag{5.37}$$

⑤将真实应力图中①~④部分的合力对形心轴 SA 取矩可以得到次弯矩函数 $M_{2j}$ 的第 2 段函数式 $M_{22}$:

$$\begin{aligned}M_{22}&=-M_{①}+M_{②}+M_{③}-M_{④}\\&=-b_e\sigma_c\frac{y_t^2-(y_t-c)^2}{2}+b_f t_f\sigma_{yf}\left(y_b+\frac{t_f}{2}\right)+t_w\sigma_{yw}\frac{(s_t+t_f+y_b)^2-g^2}{2}+\\&\quad t_w\sigma_{yw}\frac{g^2-(y_b+t_f)^2}{2}-t_w\sigma_{yw}\frac{(s_t+t_f+y_b)^2-g^2}{2}\\&=t_w\sigma_{yw}g^2-0.5t_w\sigma_{yw}[(y_b+t_f)^2+(t_f+y_b+s_t)^2]+b_f t_f\sigma_{yf}(y_b+0.5t_f)-\\&\quad 0.5b_e\sigma_c[y_t^2-(y_t-c)^2]\end{aligned} \tag{5.38}$$

将式(5.37)代入式(5.38)可以得到:

$$\begin{aligned}M_{22}&=t_w\sigma_{yw}(n_t y_{23}-y_{24})^2-0.5t_w\sigma_{yw}[(y_b+t_f)^2+(t_f+y_b+s_t)^2]+\\&\quad b_f t_f\sigma_{yf}(y_b+0.5t_f)-0.5b_e\sigma_c(2y_t c-c^2)\end{aligned} \tag{5.39}$$

简化后可以得到关于 $n_t$ 的函数式：

$$M_{22}=t_w\sigma_{yw}y_{23}^2n_t^2-2t_w\sigma_{yw}y_{23}y_{24}n_t+M_{22}^0 \tag{5.40}$$

式中：

$$M_{22}^0=t_w\sigma_{yw}y_{24}^2-0.5b_e\sigma_c[y_t^2-(y_t-c)^2]+b_ft_f\sigma_{yf}(y_b+0.5t_f)-0.5t_w\sigma_{yw}(t_f+y_b+s_t)^2-0.5t_w\sigma_{yw}(y_b+t_f)^2 \tag{5.41}$$

## 5.4.2 负弯矩区洞口下方截面次弯矩

### 1)洞口角点 3 的次弯矩 $M_{3j}$

负弯矩作用下洞口角点 3 截面的应力分布及中和轴 $NA$ 的变化情况如图 5.10 所示，该截面的轴力为负值，次弯矩为正值，截面上部受压下部受拉，随着轴力的增加中和轴 $NA$ 只能从面积平分轴开始向下移动，由于面积平分轴只能出现在钢梁翼缘内，所以中和轴 $NA$ 只经过一个区域，即 $NA$ 在钢梁翼缘内[图 5.10(a)、(b)]，次弯矩函数 $M_{3j}$ 仅由一段函数组成。

从图 5.10 中可以看出：当轴力为零，次弯矩达到最大值时，面积平分轴 $FA$ 与中和轴 $NA$ 重合[图 5.10(a)]；随着轴力的增加，$NA$ 依次经过轴力和弯矩共同存在的区域[图 5.10(b)]；当轴力达到最大值时，相应的次弯矩为零[图 5.10(c)]。

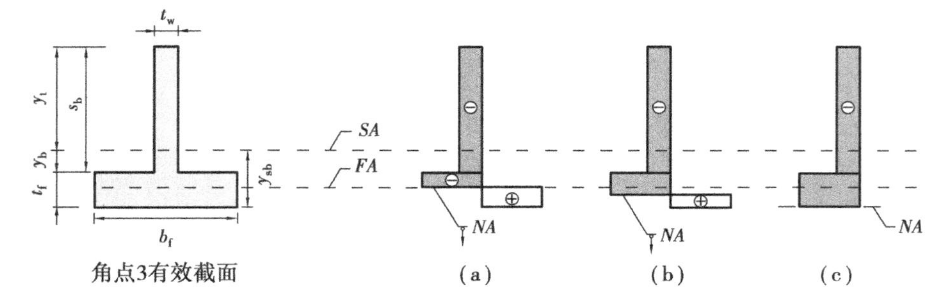


图 5.10 负弯矩区角点 3 截面上的应力分布及中和轴的变化范围

**分析情况：中和轴 $NA$ 位于钢梁下翼缘内**

随着轴力的增加，中和轴从面积平分轴开始向下移动，中和轴的移动范围在钢梁下翼缘内，如图 5.11 所示。此时满足条件：

$$0\leqslant a\leqslant y_{31}-y_s \quad 或 \quad 0\leqslant n_b\leqslant\frac{y_{31}-y_s}{y_{31}}$$

①确定角点 3 截面的形心轴位置：

$$y_t=\frac{0.5b_ft_f^2\sigma_{yf}+A_{wb}\sigma_{yw}(t_f+0.5s_b)}{A_{fb}\sigma_{yf}+A_w\sigma_{yw}} \tag{5.42}$$

$$y_b=y_{sb}-t_f,y_t=s_b-y_b \tag{5.43}$$

②考虑到中和轴位于钢梁下翼缘内，为了满足换算应力图中面积平分轴与实际截面的面积平分轴位置相同，将洞口上方、下方钢梁截面的最大塑性轴力差换算成钢梁翼缘的折算高度：

$$y_s=\frac{N_{plt}-N_{plb}}{2b_f\sigma_{yf}} \tag{5.44}$$

$$N_{plb} = A_{fb}\sigma_{yf} + A_w\sigma_{yw} \tag{5.45}$$

其中，$N_{plb}$为洞口下方钢梁截面的最大塑性轴力。

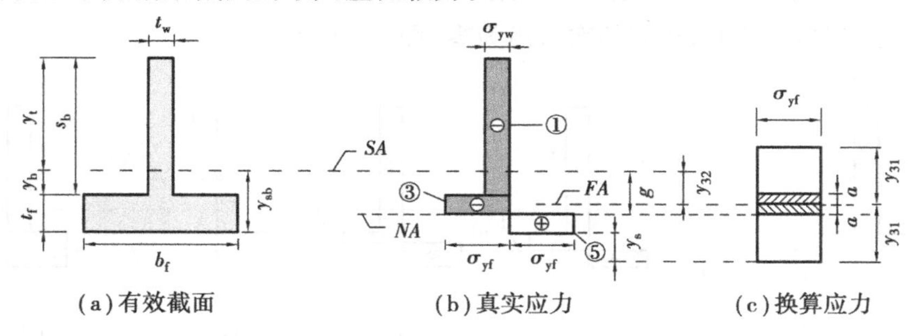


图 5.11　中和轴 NA 在钢梁下翼缘时角点 3 截面上的应力分布图

③确定换算应力图中面积平分轴的位置：

$$y_{31} = \frac{N_{plt}}{2b_f\sigma_{yf}} \tag{5.46}$$

④确定形心轴 SA 到面积平分轴 FA 的距离：

$$y_{32} = y_{sb} + y_s - y_{31} \tag{5.47}$$

⑤确定洞口上方截面的无量纲轴力 $n_b$ 以及折算高度 $a$：

$$n_b = \frac{N}{N_{plt}} = \frac{2ab_f\sigma_{yf}}{N_{plt}} \Rightarrow a = n_b\frac{N_{plt}}{2b_f\sigma_{yf}} = n_b y_{31} \tag{5.48}$$

⑥确定形心轴 SA 到中和轴 NA 的距离：

$$g = y_{32} + a = y_{32} + n_b y_{31} \tag{5.49}$$

⑦将真实应力图中①~③部分的合力对形心轴 SA 取矩可以得到次弯矩函数 $M_{3j}$的第一段函数式 $M_{31}$：

$$\begin{aligned} M_{31} &= M_{①} - M_{②} + M_{③} \\ &= -0.5b_f\sigma_{yf}(g^2 - y_b^2) + 0.5b_f\sigma_{yf}(y_{sb}^2 - g^2) + 0.5t_w\sigma_{yw}(y_t^2 - y_b^2) \\ &= -b_f\sigma_{yf}g^2 + b_f\sigma_{yf}(y_b^2 + y_{sb}^2) + 0.5t_w\sigma_{yw}(y_t^2 - y_b^2) \end{aligned} \tag{5.50}$$

将式(5.49)代入式(5.50)可以得到：

$$M_{31} = -b_f\sigma_{yf}(y_{32} + n_b y_{31})^2 + b_f\sigma_{yf}(y_b^2 + y_{sb}^2) + 0.5t_w\sigma_{yw}(y_t^2 - y_b^2) \tag{5.51}$$

简化后可以得到关于 $n_b$ 的函数式：

$$M_{31} = -b_f\sigma_{yf}y_{31}^2 n_b^2 - 2b_f\sigma_{yf}y_{31}y_{32}n_b + M_{31}^0 \tag{5.52}$$

式中：

$$M_{31}^0 = -b_f\sigma_{yf}y_{32}^2 + b_f\sigma_{yf}(y_b^2 + y_{sb}^2) + 0.5t_w\sigma_{yw}(y_t^2 - y_b^2) \tag{5.53}$$

## 2)洞口角点 4 的次弯矩 $M_{4j}$

负弯矩作用下洞口角点 4 截面的应力分布及中和轴 NA 的变化情况如图 5.12 所示，该截面的轴力和次弯矩均为负值，截面上部受拉下部受压，随着轴力的增加中和轴 NA 只能从面积平分轴开始向上移动，由于面积平分轴只能出现在钢梁翼缘内，所以中和轴 NA 可以经过两个区域，即 NA 在钢梁翼缘内[图 5.12(a)、(b)]，NA 在钢腹板内[图 5.12(c)、(d)]，根据中和轴 NA 位置的不同，次弯矩函数 $M_{4j}$由两段函数组成。

从图 5.12 中可以看出：当轴力为零，次弯矩达到最大值时，面积平分轴 $FA$ 与中和轴 $NA$ 重合[图 5.12(a)]；随着轴力的增加，$NA$ 依次经过轴力和弯矩共同存在的区域[图 5.12(b)、(c)]；当轴力达到最大值时，相应的次弯矩为零[图 5.12(d)]。

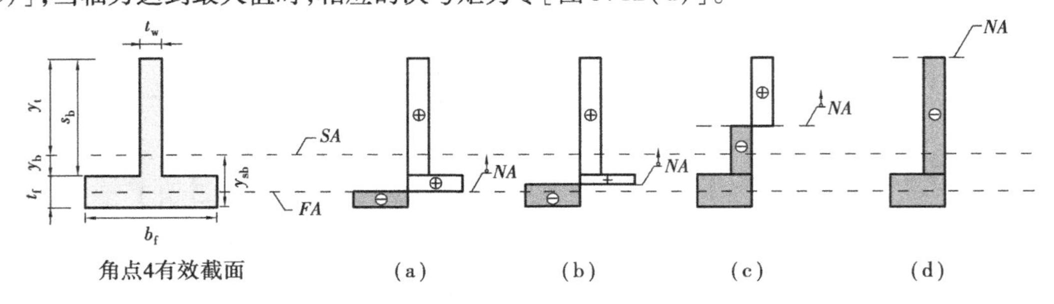


图 5.12　负弯矩区角点 4 截面上的应力分布及中和轴的变化范围

**分析情况(一)：中和轴 $NA$ 位于钢梁下翼缘内**

随着轴力的增加，中和轴从面积平分轴开始向上移动，中和轴的移动范围在钢梁下翼缘内，如图 5.13 所示。此时满足条件：

$$0 \leqslant a \leqslant y_{42} - y_b \quad 或 \quad 0 \leqslant n_b \leqslant \frac{y_{42} - y_b}{y_{41}}$$

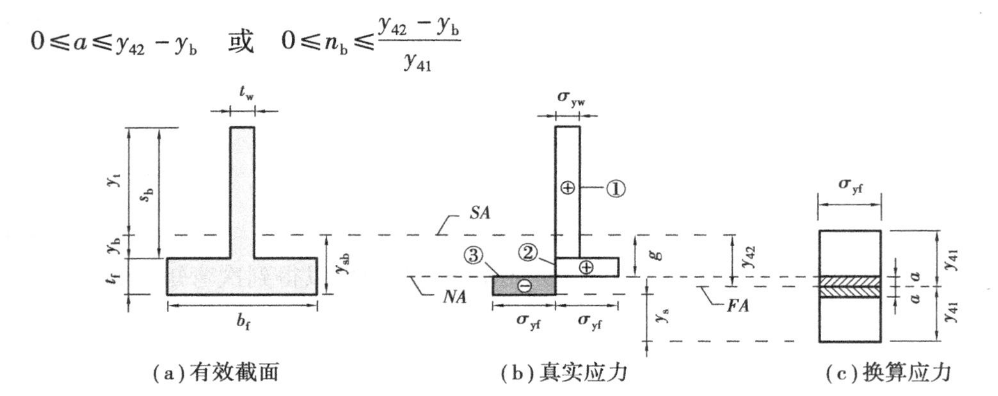


图 5.13　中和轴 $NA$ 在钢梁下翼缘时角点 4 截面上的应力分布图

①为了满足换算应力图中的面积平分轴与实际截面的面积平分轴位置相同，将洞口上方、下方截面的最大塑性轴力差换算成钢梁翼缘的折算高度：

$$y_s = \frac{N_{plt} - N_{plb}}{2b_f\sigma_{yf}} \tag{5.54}$$

②确定换算应力图中面积平分轴 $FA$ 的位置：

$$y_{41} = \frac{N_{plt}}{2b_f\sigma_{yf}} \tag{5.55}$$

③确定形心轴 $SA$ 到面积平分轴 $FA$ 的距离：

$$y_{42} = y_{sb} + y_s - y_{41} \tag{5.56}$$

④确定洞口上方截面的无量纲轴力 $n_b$ 以及折算高度 $a$：

$$n_b = \frac{N}{N_{plt}} = \frac{2ab_f\sigma_{yf}}{N_{plt}} \Rightarrow \quad a = n_b\frac{N_{plt}}{2b_f\sigma_{yf}} = n_b y_{41} \tag{5.57}$$

⑤确定形心轴 $SA$ 到中和轴 $NA$ 的距离：

$$g = y_{42} - a = y_{42} - n_b y_{41} \tag{5.58}$$

⑥将真实应力图中①～③部分的合力对形心轴 $SA$ 取矩可以得到次弯矩函数 $M_{4j}$ 的第一段函数式 $M_{41}$：

$$M_{41} = -M_{①} + M_{②} - M_{③}$$
$$= 0.5b_f\sigma_{yf}(g^2 - y_b^2) - 0.5b_f\sigma_{yf}(y_{sb}^2 - g^2) - 0.5t_w\sigma_{yw}(y_t^2 - y_b^2)$$
$$= b_f\sigma_{yf}g^2 - b_f\sigma_{yf}(y_b^2 + y_{sb}^2) - 0.5t_w\sigma_{yw}(y_t^2 - y_b^2) \tag{5.59}$$

将式(5.58)代入式(5.59)可以得到：

$$M_{41} = b_f\sigma_{yf}(y_{42} - n_b y_{41})^2 - b_f\sigma_{yf}(y_b^2 + y_{sb}^2) - 0.5t_w\sigma_{yw}(y_t^2 - y_b^2) \tag{5.60}$$

简化后可以得到关于 $n_b$ 的函数式：

$$M_{41} = b_f\sigma_{yf}y_{41}^2 n_b^2 - 2b_f\sigma_{yf}y_{41}y_{42}n_b + M_{41}^0 \tag{5.61}$$

式中：

$$M_{41}^0 = b_f\sigma_{yf}y_{42}^2 - b_f\sigma_{yf}(y_b^2 + y_{sb}^2) - 0.5t_w\sigma_{yw}(y_t^2 - y_b^2) \tag{5.62}$$

**分析情况(二)：中和轴 $NA$ 位于钢梁腹板内**

随着轴力的增加，中和轴继续向上移动，中和轴的移动范围由钢梁下翼缘顶部移动到钢梁腹板内，如图 5.14 所示。此时满足条件：

$$y_{44} - y_b \leqslant a \leqslant y_{44} + y_b \quad 或 \quad \frac{y_{44} - y_b}{y_{43}} \leqslant n_b \leqslant \frac{y_{44} + y_b}{y_{43}}$$

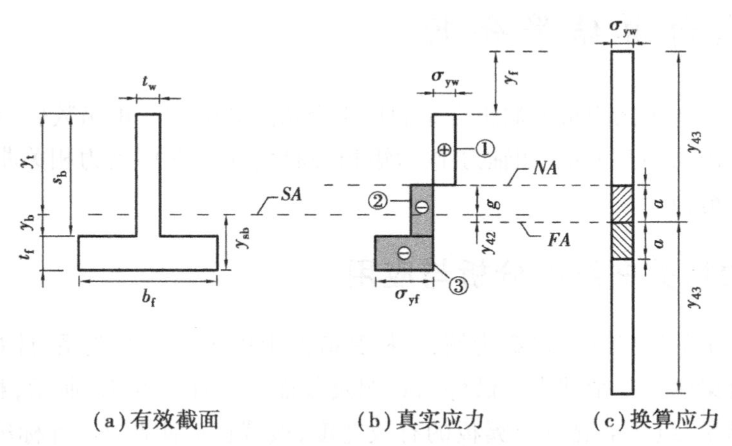


图 5.14　中和轴 $NA$ 在钢梁腹板时角点 4 截面上的应力分布图

①为了满足换算应力图中的面积平分轴与实际截面的面积平分轴位置相同，将洞口上方、下方截面的最大塑性轴力差换算成钢梁翼缘的折算高度：

$$y_f = \frac{N_{plt} - N_{plb}}{2t_w\sigma_{yw}} \tag{5.63}$$

②确定换算应力图中面积平分轴 $FA$ 的位置：

$$y_{43} = \frac{N_{plt}}{2t_w\sigma_{yw}} \tag{5.64}$$

③确定形心轴 $SA$ 到面积平分轴 $FA$ 的距离：

$$y_{44} = y_{43} - y_f - y_t \tag{5.65}$$

④确定洞口上方截面的无量纲轴力 $n_b$ 以及折算高度 $a$：

$$n_b = \frac{N}{N_{plt}} = \frac{2at_w\sigma_{yw}}{N_{plt}} \Rightarrow \quad a = n_b\frac{N_{plt}}{2t_w\sigma_{yw}} = n_b y_{43} \tag{5.66}$$

⑤确定形心轴 $SA$ 到中和轴 $NA$ 的距离：

$$g = a - y_{44} = n_b y_{43} - y_{44} \tag{5.67}$$

⑥将真实应力图中①~③部分的合力对形心轴 $SA$ 取矩可以得到次弯矩函数 $M_{4j}$ 的第二段函数式 $M_{42}$：

$$\begin{aligned} M_{42} &= -M_{①} - M_{②} - M_{③} \\ &= -0.5t_w\sigma_{yw}(y_t^2 - g^2) - 0.5t_w\sigma_{yw}(y_b^2 - g^2) - 0.5b_f\sigma_{yf}(y_{sb}^2 - y_b^2) \\ &= t_w\sigma_{yw}g^2 - t_w\sigma_{yw}(y_t^2 + y_b^2) - 0.5b_f\sigma_{yf}(y_{sb}^2 - y_b^2) \end{aligned} \tag{5.68}$$

将式(5.67)代入式(5.68)可以得到：

$$M_{42} = t_w\sigma_{yw}(n_b y_{43} - y_{44})^2 - t_w\sigma_{yw}(y_t^2 + y_b^2) - 0.5b_f\sigma_{yf}(y_{sb}^2 - y_b^2) \tag{5.69}$$

简化后可以得到关于 $n_b$ 的函数式：

$$M_{42} = t_w\sigma_{yw}y_{43}^2 n_b^2 - 2t_w\sigma_{yw}y_{43}y_{44}n_b + M_{42}^0 \tag{5.70}$$

式中：

$$M_{42}^0 = t_w\sigma_{yw}y_{44}^2 - b_f\sigma_{yf}(y_{sb}^2 - y_b^2) - 0.5t_w\sigma_{yw}(y_t^2 + y_b^2) \tag{5.71}$$

## 5.5 理论计算结果分析

在推导出了负弯矩区腹板开洞组合梁洞口4个角点处的次弯矩函数后，通过计算可以得到对应截面上的内力相互关系，如轴力-次弯矩相关曲线以及轴力-剪力相关曲线等，求出洞口处的总弯矩和总剪力。

### 5.5.1 内力相关曲线的分析与应用

选择第2章中的试验梁 SCB-2 为例，分析其截面上的内力相互关系，计算负弯矩作用下的腹板开洞组合梁的极限承载力。试件示意图及截面尺寸如图 5.15 所示，材料属性采用试验得到的实测结果；组合梁混凝土翼板的有效宽度，按我国《钢结构设计标准》(GB 50017—2017)确定。

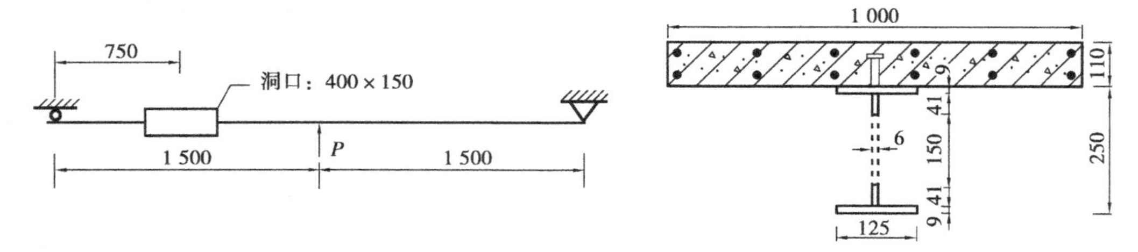


图 5.15 组合梁试件示意图与截面尺寸(SCB-2)

计算得到了负弯矩作用下组合梁 SCB-2 洞口区域截面的轴力-次弯矩相关曲线和轴力-剪力相关曲线如图 5.16、图 5.17 所示。从图 5.16 中可以看出：洞口上方截面的次弯矩 $M_1$、$M_2$ 以及洞口下方截面的次弯矩 $M_3$、$M_4$ 都随轴力的增加而逐渐减小；当轴力达到各自截面的最大塑性轴力时，对应的次弯矩为零。由于洞口上方、下方截面内的轴力必须相等才能平衡，即

图 5.16 中平衡线以下的部分为平衡区域，该区域内的洞口上、下方截面的轴力可以相互平衡；而平衡线以上的部分则超越了洞口下方截面的最大轴力范围，该区域（阴影部分）不再满足轴力平衡条件，区域内的次弯矩 $M_1$、$M_2$ 是不能被利用的。各平衡线所对应的轴力值就是洞口下方截面的最大塑性轴力 $N_{plb}$。在平衡区域内给定一个轴力值 $N$，就可以得到对应的次弯矩值，将次弯矩 $M_i$ 和主弯矩 $M_p$ 叠加可以得到洞口处的总弯矩。

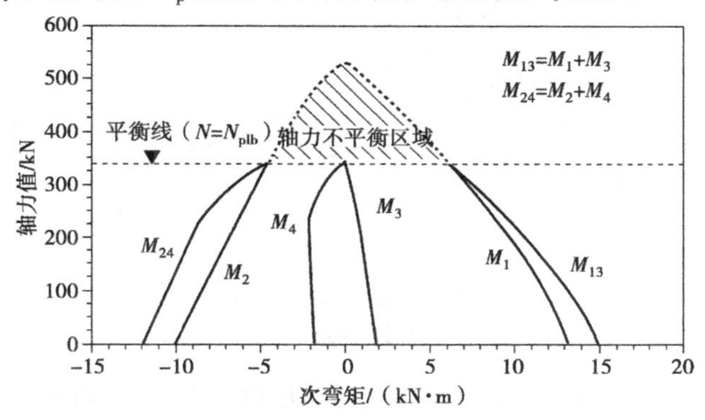


图 5.16　负弯矩区洞口轴力-次弯矩相关曲线

从图 5.17 中可以看出：洞口上方、下方截面的剪力值均随着轴力的增加而下降，说明洞口截面上的轴向力对抗剪承载力是不利的，同时发现，洞口上方截面的剪力 $V_t$ 远大于下方截面的剪力 $V_b$，说明了混凝土板对负弯矩区腹板开洞组合梁的竖向抗剪承载力有很大的贡献。在平衡区域内，将洞口上方截面剪力 $V_t$ 和下方截面剪力 $V_b$ 叠加可以得到洞口处的总剪力 $V_g$。

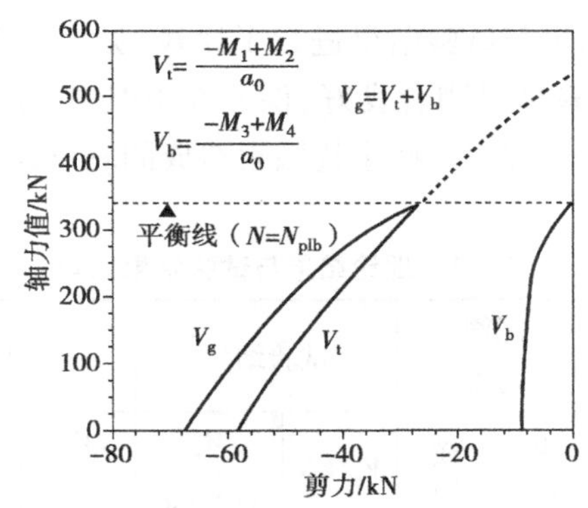


图 5.17　负弯矩区洞口轴力-剪力相关曲线

为了便于实际应用，制作出负弯矩区洞口处的轴力-剪力-弯矩相关曲线图，如图 5.18 所示，通过该图可以更为直观地得到洞口处的抗弯和抗剪承载力。

从图 5.18 中可以看出：轴力-剪力-弯矩相关曲线是由极限状态下可能出现的各种内力组合构成的，曲线上的每一个点代表着一种内力组合情况，给定了一个轴力 $N$，可以求出唯一对应的总剪力 $V_g$ 和总弯矩 $M_g$，为了简化计算，洞口区总弯矩 $M_g$ 取为 $M_g^L$ 与 $M_g^R$ 次的平均值，即 $M_g=(M_g^L+M_g^R)/2$。在选择轴力 $N$ 时，需要考虑多个受力情况，如洞口上方截面的拉力（忽略混凝土受拉）、洞口下方截面压力以及洞口区的抗剪连接件栓钉所承担的纵向剪力等，通过对比选择起控制作用的轴力。图 5.18 中的 $M_g^L$、$M_g^R$ 分别为洞口左端、右端总弯

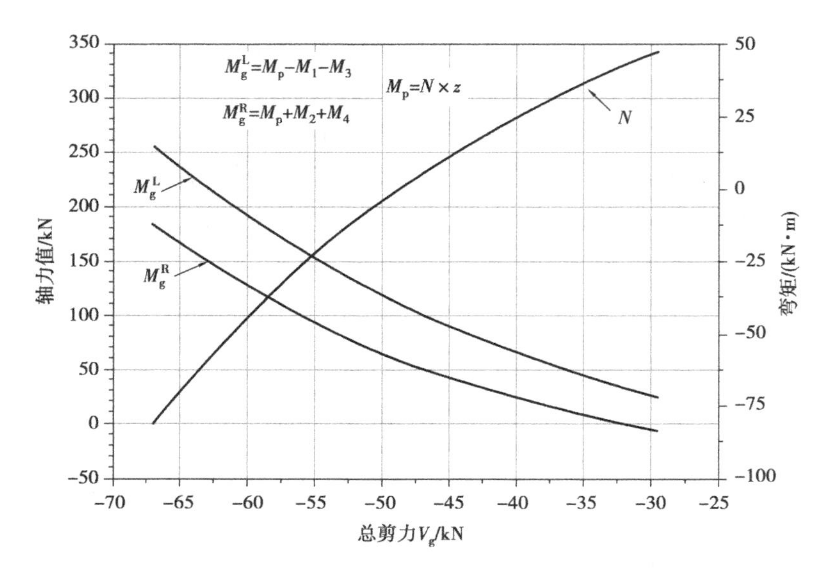


图 5.18　负弯矩区洞口处的轴力-剪力-弯矩相关曲线

矩，$M_p$ 为主弯矩，其中 $M_g^R$ 和 $M_p$ 均为负值，$M_g^L$ 则有一部分为正值，且 $M_g^R$ 的绝对值大于 $M_g^L$，这是由于洞口左端截面的部分材料强度被正的次弯矩 $M_1$、$M_3$ 所消耗，而右端截面的材料强度则全部由负的次弯矩 $M_1$、$M_3$ 和主弯矩 $M_p$ 消耗。

## 5.5.2　理论结果与试验结果比较

为了验证理论方法的准确性，我们对本书第 2 章中试验部分的 5 根负弯矩区腹板开洞组合梁进行了计算，并将理论结果与试验结果进行了比较，见表 5.1。对比结果表明：理论方法得到的各试件计算结果与试验结果吻合良好，误差在 10% 以内，可以满足工程设计的要求。误差产生的主要原因有：试验过程中一些干扰因素造成的测量误差以及理论方法的基本假定与试验情况有一定偏差。

**表 5.1　理论结果与试验结果比较**

| 试　件 | 洞口 $a_0\times h_0$ /mm | 混凝土板 /mm | | 配筋率/% | | 试验结果 | | 理论结果 | | $\lvert V_g^s\rvert/V_g^e$ | $\lvert M_g^s\rvert/M_g^e$ |
|---|---|---|---|---|---|---|---|---|---|---|---|
| | | $h_c$ | $b_c$ | 纵向 | 横向 | $V_g^e$/kN | $M_g^e$ /(kN·m) | $\lvert V_g^s\rvert$ /kN | $\lvert M_g^s\rvert$ /(kN·m) | | |
| SCB-2 | 400×150 | 110 | 1 000 | 0.8 | 0.5 | 50.30 | 37.73 | 54.31 | 35.27 | 1.07 | 0.93 |
| SCB-3 | 400×150 | 125 | 1 000 | 0.8 | 0.5 | 64.10 | 48.08 | 61.82 | 44.67 | 0.96 | 0.93 |
| SCB-4 | 400×150 | 140 | 1 000 | 0.8 | 0.5 | 72.65 | 54.48 | 68.54 | 51.25 | 0.94 | 0.94 |
| SCB-5 | 400×150 | 110 | 1 000 | 1.2 | 0.5 | 54.11 | 40.58 | 58.03 | 43.20 | 1.07 | 1.06 |
| SCB-6 | 400×150 | 110 | 1 000 | 1.6 | 0.5 | 57.50 | 43.13 | 60.11 | 46.07 | 1.05 | 1.07 |

## 5.5.3　参数变化下的理论计算

根据推导出的理论公式，计算了不同参数变化时负弯矩区腹板开洞组合梁的内力相关曲线，选择第 2 章中试验使用的腹板开洞组合梁试件进行计算，以混凝土翼板厚度和纵向钢筋配筋率为变化参数。

## 1）板厚变化时的内力相关曲线

试件 SCB-2、SCB-3、SCB-4 的板厚（$h_c$）分别为 110 mm、125 mm 和 140 mm，示意图如图 5.19所示，材料属性采用试验得到的实测结果。

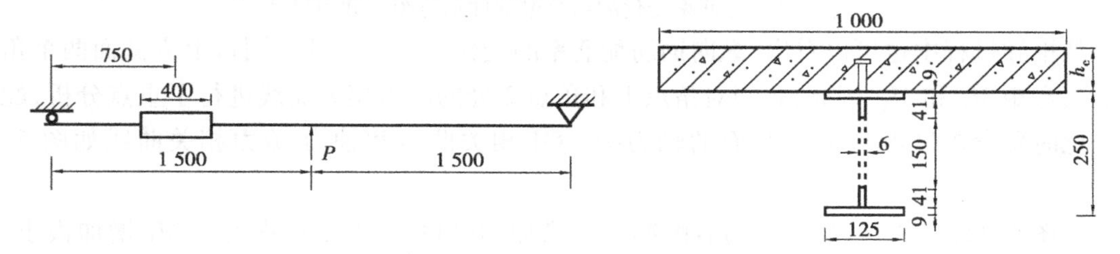


图 5.19　板厚变化的组合梁试件示意图与截面尺寸

从推导过程看，混凝土板厚变化主要影响的是洞口上方截面两个角点处的次弯矩 $M_1$ 和 $M_2$，因此重点分析角点 1 和角点 2 处的内力相关曲线，板厚变化时负弯矩区洞口上方截面的轴力-次弯矩相关曲线和轴力-剪力相关曲线如图 5.20 所示。

从图 5.20（a）中可以看出：随着混凝土翼板厚度的增加，洞口角点 1 处的次弯矩 $M_1$ 明显增加，但洞口角点 2 处的次弯矩 $M_2$ 的增加幅度则很小，原因是角点 1 截面上有一部分混凝土受压，对承载力有较大的贡献，随着板厚的增加，参与工作的混凝土也在增多，而在角点 2 截面上的混凝土受拉，在计算时不考虑混凝土的抗拉作用，因此，板厚增加对 $M_2$ 的影响很小。

从图 5.20（b）中可以看出：随着混凝土翼板厚度的增加，洞口上方截面的剪力 $V_t$ 也显著增加，与试验结果符合；结合图 5.20（a）可以发现，增加的这一部分剪力主要来自 $M_1$ 的提高，即板厚变化时洞口角点 1 截面对抗剪承载力的贡献更大。

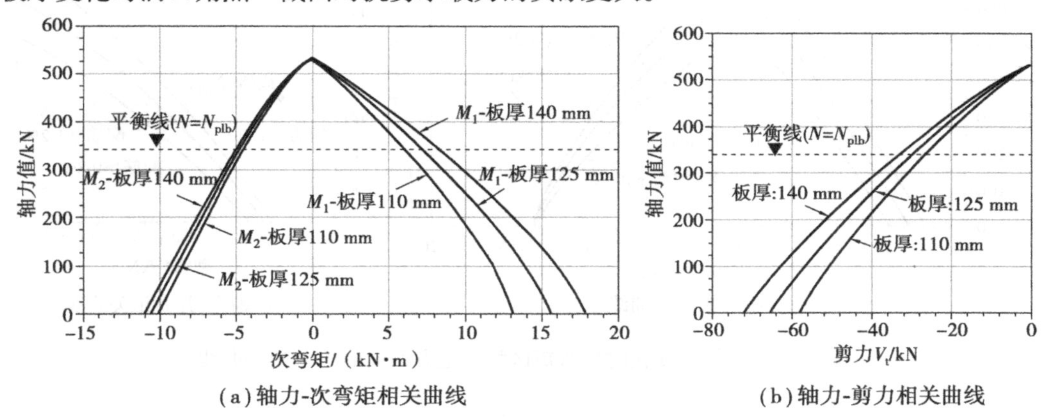


（a）轴力-次弯矩相关曲线　　（b）轴力-剪力相关曲线

图 5.20　板厚变化时负弯矩区洞口上方截面的内力相关曲线

## 2）配筋率变化时的内力相关曲线

试件 SCB-2、SCB-5、SCB-6 的配筋率（$\rho$）分别为 0.8%、1.2% 和 1.6%，示意图如图 5.21 所示，材料属性采用试验得到的实测结果。

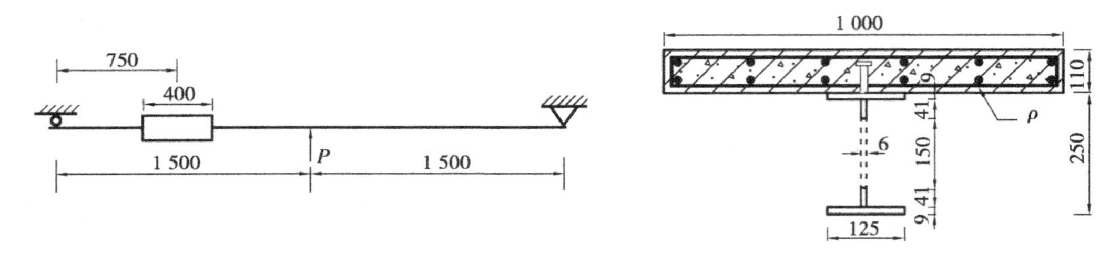


图 5.21　配筋率变化的组合梁试件示意图与截面尺寸

从推导过程中也可以看出，纵向钢筋配筋率的变化主要影响的是洞口上方截面两个角点处的次弯矩 $M_1$ 和 $M_2$，因此，我们对角点 1 和角点 2 处的内力相关曲线进行了重点分析，配筋率变化时负弯矩区洞口上方截面的轴力-次弯矩相关曲线和轴力-剪力相关曲线如图 5.22 所示。

从图 5.22(a)中可以看出：随着配筋率的增加，洞口角点 1 处的次弯矩 $M_1$ 增加很小，原因是该截面的次弯矩为正值，部分混凝土受压，钢筋发挥的作用较小，在计算中忽略了钢筋的抗压；洞口角点 2 处的次弯矩 $M_2$ 随着配筋率的增加有一定幅度的增加，原因是该截面的次弯矩为负，混凝土大部分受拉，需要发挥钢筋的抗拉作用，配筋率增加，钢筋对承载力的贡献也会提高。另外，虽然配筋率的增加使洞口上方截面的最大塑性轴力 $N_{plt}$ 也在增加，轴力的变化范围也随之增大，但由于 $N_{plb}$ 没有变化，平衡线的位置不变，因此满足平衡条件的区域不会扩大太多。

从图 5.22(b)中可以看出：随着配筋率的增加，洞口上方截面的剪力 $V_t$ 有一定的增加，但幅度不大，与试验结果符合；结合图 5.22(a)可以发现，增加的这一部分剪力主要来自 $M_2$ 的提高，即在配筋率变化时洞口角点 2 截面对抗剪承载力的贡献更大。

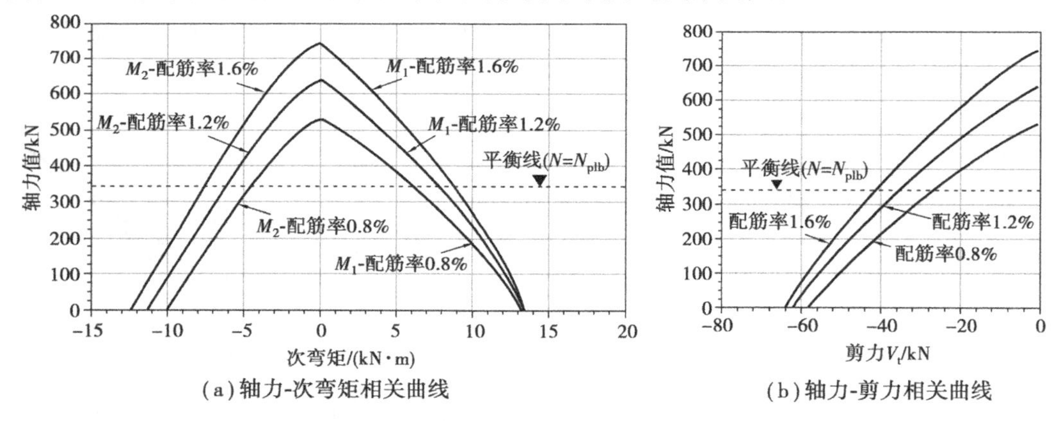


图 5.22　配筋率变化时负弯矩区洞口上方截面的内力相关曲线

## 5.6　小　结

本章在试验研究和有限元分析基础上，根据负弯矩区腹板开洞组合梁的破坏模式及受力特点，采用空腹桁架力学模型，同时考虑了洞口上方混凝土翼板的抗剪作用，按洞口区域塑性应力分布推导了对应的次弯矩函数，建立了负弯矩区腹板开洞组合梁的极限承载力计算公式。通过公式计算出洞口区域截面上的内力相互关系，得到了对应的轴力-次弯矩相关曲线以及轴力-剪力相关曲线，为了方便应用，制作了负弯矩作用下洞口区截面的轴力-剪力-弯矩相关曲线图，可以直接得到洞口处的抗弯和抗剪承载力。用理论方法对试验梁进行了计算分析，并与试验结果进行了比较，可以得到如下结论：

①洞口上方截面的次弯矩 $M_1$、$M_2$ 以及洞口下方截面的次弯矩 $M_3$、$M_4$ 都随轴力的增加而逐渐减小(图 5.16)；轴力不平衡区域内的次弯矩 $M_1$、$M_2$ 是不能被利用的，即洞口上方截面的材料强度不能得到充分利用。

②洞口上方、下方截面的剪力值均随轴力的增加而下降(图 5.17)，说明截面上的轴向力对抗剪承载力是不利的；洞口上方截面的剪力 $V_t$ 远大于下方截面的剪力 $V_b$，说明了混凝土板对负弯矩区腹板开洞组合梁的竖向抗剪承载力有很大的贡献，符合试验现象。

③理论方法得到的各试件计算结果与试验结果吻合良好(表 5.1)，误差在 10% 以内，可以满足工程设计的要求，计算公式可以为实际工程提供理论参考。

④通过参数变化下的理论计算看出，随着混凝土翼板厚度的增加，洞口角点 1 处的次弯矩 $M_1$ 明显增加，洞口角点 2 处的次弯矩 $M_2$ 的增加幅度则很小，洞口上方截面的剪力 $V_t$ 显著增加(图 5.20)，符合试验现象；随着配筋率的增加，洞口角点 1 处的次弯矩 $M_1$ 增加很小，洞口角点 2 处的次弯矩 $M_2$ 有一定幅度的增加，洞口上方截面的剪力 $V_t$ 有一定的增加(图 5.22)，但幅度不大，符合试验现象。

# 第 6 章
# 负弯矩区腹板开洞组合梁补强措施研究

## 6.1 引　言

开洞对组合梁的受力性能有很大的不利影响，为了达到使用目的需要采取相应的补强措施。目前，国内外对于钢梁腹板开洞后的补强方法的研究相对较多，也有一些对应的技术规程，但是对于腹板开洞组合梁补强措施的研究相对较少，而对于负弯矩区的腹板开洞组合梁的相关研究和技术规范则更为缺乏。鉴于此，本章在已有的针对开洞钢梁的补强措施的基础上，提出了几种针对负弯矩区腹板开洞组合梁的补强措施，并用 ANSYS 软件进行材料非线性计算，对其补强效果进行了分析，为工程实际应用提供了参考。

## 6.2 腹板开洞钢梁的构造及补强措施

在实际工程中，腹板开洞钢梁的洞口主要以矩形和圆形洞口为主，现有的补强措施也主要针对这两种洞口形状。位于昆明市南屏街的世纪中心大厦是以钢框架为支撑体系的全钢结构超高建筑，该建筑使用了较多腹板开洞的钢梁，洞口处都设置了补强板，如图 6.1 所示。

图 6.1　钢梁腹板开洞与补强措施

目前我国关于腹板开洞钢梁的构造及补强措施的相关规定主要出自《高层民用建筑钢结构技术规程》(JGJ 99—2015)，其主要对钢梁腹板上开设的矩形和圆形洞口的构造和补强措施进行了规定，相应构造措施见表 6.1、表 6.2。

**表 6.1　钢梁腹板开矩形洞口时的构造及补强措施**

| 构造（洞口尺寸及开洞位置） | 补强措施 |
| --- | --- |
| $l_0 \geqslant h$　$a_0 \leqslant 750$　$a_1 \leqslant 750$　$l_1 \geqslant \mathrm{Max}(a_0, h)$　$h_0 \leqslant \frac{h}{2}$　$s_t \geqslant \frac{h}{4}$　$s_b \geqslant \frac{h}{4}$<br>（1）矩形洞口高度不得大于梁高的 1/2，长度不得大于 750 mm；<br>（2）洞口与梁端的距离 $l_0$ 应大于梁高 $h$ 和 1/10 跨度；<br>（3）两相邻洞口边缘的净距 $l_1$ 应大于等于梁高 $h$ 或洞口跨度 $a_0$ 的较大值；<br>（4）洞口上边缘或下边缘距钢梁翼缘外侧的距离大于等于 1/4 梁高。 | 用于 $a_0>h$　300　$a_0 \leqslant 750$　300　≤12　≥18　≥125　1—1<br>（1）设置纵横向加劲肋，纵向加劲肋应超出洞口边缘各 300 mm；<br>（2）当洞口跨度大于 500 mm，应在腹板两面设置加劲肋；<br>（3）洞口跨度大于梁高 $h$ 时，沿梁腹板全高设置横向加劲肋。 |

**表 6.2　钢梁腹板开圆形洞口时的构造及补强措施**

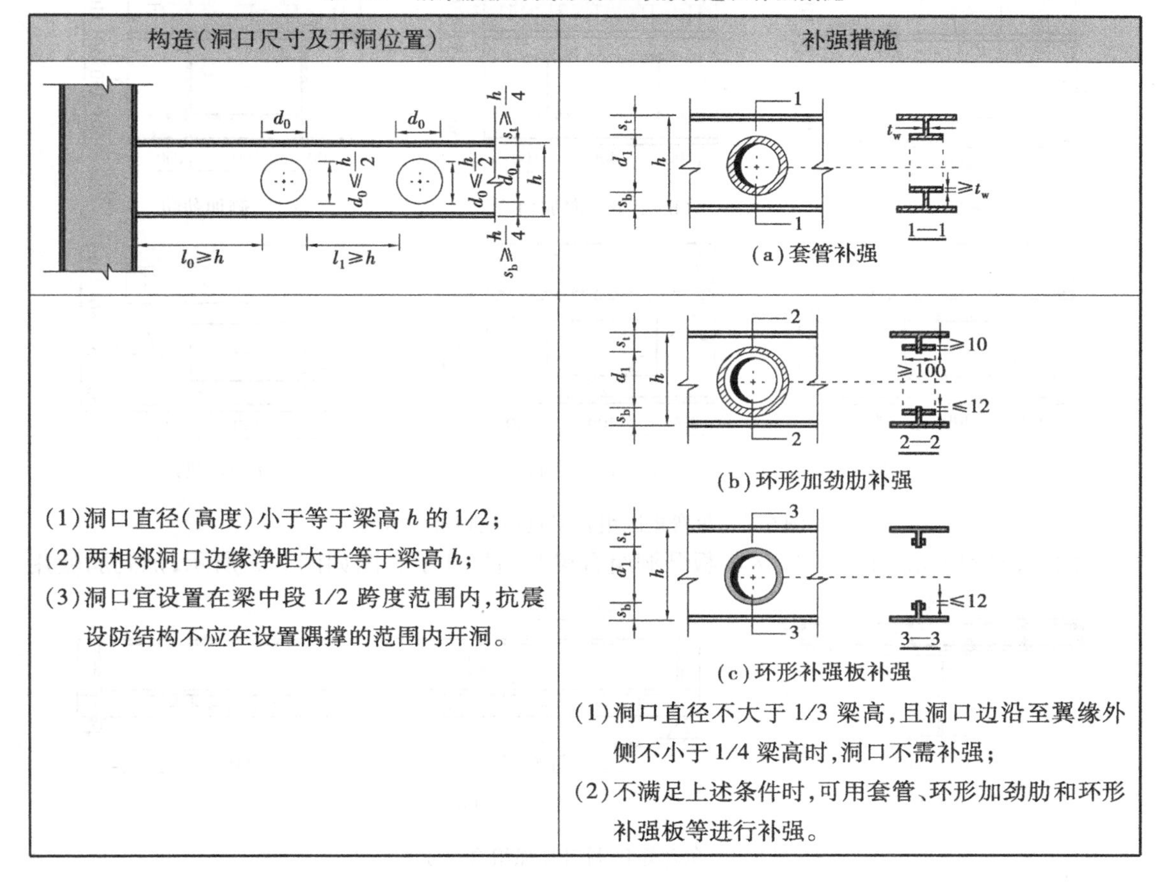

| 构造（洞口尺寸及开洞位置） | 补强措施 |
| --- | --- |
| $l_0 \geqslant h$　$l_1 \geqslant h$　$d_0 \leqslant \frac{h}{2}$　$s_t \geqslant \frac{h}{4}$　$s_b \geqslant \frac{h}{4}$ | （a）套管补强 |
| （1）洞口直径（高度）小于等于梁高 $h$ 的 1/2；<br>（2）两相邻洞口边缘净距大于等于梁高 $h$；<br>（3）洞口宜设置在梁中段 1/2 跨度范围内，抗震设防结构不应在设置隅撑的范围内开洞。 | （b）环形加劲肋补强<br>（c）环形补强板补强<br>（1）洞口直径不大于 1/3 梁高，且洞口边沿至翼缘外侧不小于 1/4 梁高时，洞口不需补强；<br>（2）不满足上述条件时，可用套管、环形加劲肋和环形补强板等进行补强。 |

## 6.3 负弯矩区组合梁腹板洞口补强方法

目前,工程中常用的钢梁腹板洞口的补强方法是在洞口周边设置补强板(加劲肋),设计原则是洞口处截面上的剪力由剩余腹板和补强板共同承担,弯矩则由钢梁翼缘承担。本书借鉴了常用的钢梁腹板洞口补强方法,提出了6种针对负弯矩区组合梁洞口的补强方法。

### 6.3.1 洞口补强方法选择

已有研究成果[84,90]及本书有限元分析表明:无论是正弯矩区或负弯矩区的腹板开洞组合梁,在洞口面积相同的情况下,圆形洞口的受力性能最为有利,承载力也最大;矩形洞口的受力情况最为不利,其刚度和承载力的降低最为明显,因此,本节研究的补强方法主要针对矩形洞口。

我们设计了6种针对负弯矩区腹板开洞组合梁的洞口补强方法,示意图如图6.2所示。具体形式包括:在洞口左右两侧设置了竖向加劲肋[图6.2(a)],在洞口上下设置了横向加劲肋[图6.2(b)],在洞口左右两侧及削弱较大的洞口下侧设置加劲肋[图6.2(c)],在洞口周边设置纵横向的井字形加劲肋[图6.2(d)],在洞口区设置了V形加劲肋[图6.2(e)],在洞口区设置U形加劲肋[图6.2(f)]。

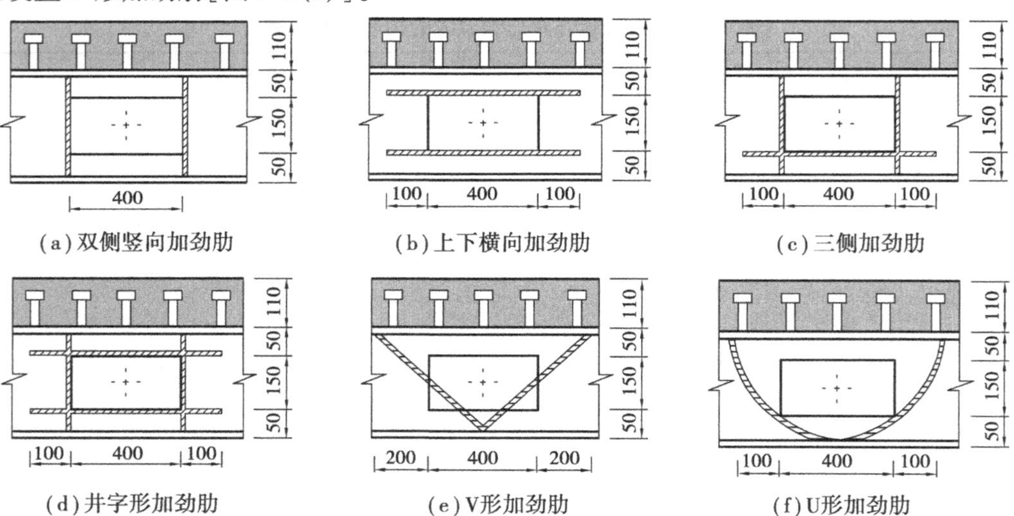


图6.2 负弯矩区组合梁腹板洞口补强方式

洞口设置加劲肋的负弯矩区腹板开洞组合梁几何尺寸示意图如图6.3所示,加劲肋使用

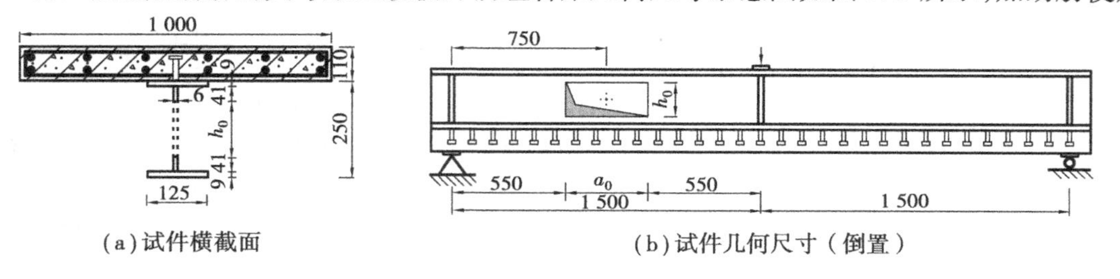


图6.3 负弯矩区洞口补强组合梁示意图

的钢板材质与钢梁相同，尺寸都为 100 mm × 12 mm，材料属性与第 3 章中有限元计算所用材料属性相同，各组合梁除了洞口补强方式不同外，其他参数均相同。

## 6.3.2　不同洞口补强方法对受力性能的影响

为了分析不同洞口补强方法对负弯矩区组合梁受力性能的影响，我们对上述 6 种补强方式的组合梁进行了非线性有限元计算，找出较为有效的补强措施。

### 1）承载力和变形能力对比

如图 6.4 所示为不同洞口补强方式下负弯矩区组合梁的荷载-挠度曲线，对应的极限荷载及挠度值见表 6.3。从计算结果中可以看出：

①在洞口区设置不同的加劲肋进行补强后，负弯矩区腹板开洞组合梁的极限承载力都有不同程度的提高，幅度为 8% ~59%；在 6 种补强方法中，V 形加劲肋的补强效果最好，承载力比没有补强措施的提高了 59%；井字形加劲肋和 U 形加劲肋的提高幅度也较大，为 53% ~55%，补强效果显著；三侧加劲肋和上下横向加劲肋的提高幅度为 29% ~41%，补强效果较好；双侧竖向加劲肋的承载力仅提高了 8%，补强效果最不明显。

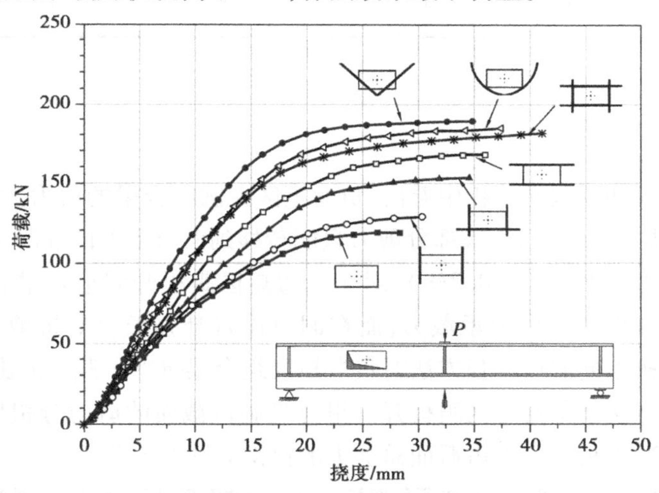


图 6.4　不同洞口补强方法下负弯矩区组合梁荷载-挠度曲线

②在洞口区设置加劲肋进行补强后，对负弯矩区腹板开洞组合梁的变形能力有较大的影响，提高程度各不相同（7% ~45%）；其中，井字形加劲肋的变形能力提高了 45%，组合梁延性较好，U 形加劲肋的变形能力次之，提高幅度为 32%；V 字形加劲肋、三侧加劲肋和上下横向加劲肋的变形能力相差不大（22% ~27%）；双侧竖向加劲肋变形能力最差，仅提高了 7%。

**表 6.3　不同洞口补强方法的负弯矩区组合梁极限荷载与挠度值对比**

| 编号 $i$ | 洞口补强方法 | $P_u^i$/kN | $P_u^i/P_u^1$ | $d_u$/mm | $d_u^i/d_u^1$ |
| --- | --- | --- | --- | --- | --- |
| 1 |  | 118.75 | 1.00 | 28.33 | 1.00 |

续表

| 编号 $i$ | 洞口补强方法 | $P_u^i$/kN | $P_u^i/P_u^1$ | $d_u$/mm | $d_u^i/d_u^1$ |
|---|---|---|---|---|---|
| 2 | 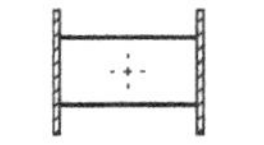 | 128.96 | 1.08 | 30.31 | 1.07 |
| 3 | 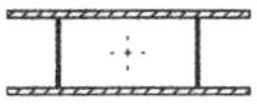 | 167.87 | 1.41 | 35.98 | 1.27 |
| 4 | 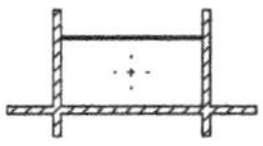 | 153.37 | 1.29 | 34.56 | 1.22 |
| 5 | 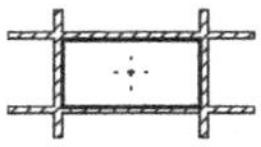 | 181.59 | 1.53 | 41.08 | 1.45 |
| 6 | 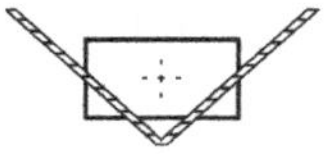 | 189.57 | 1.59 | 34.84 | 1.23 |
| 7 | 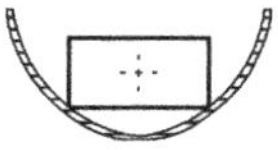 | 184.67 | 1.55 | 37.40 | 1.32 |

### 2)抗剪性能对比

从本书试验结果和有限元分析中看出:负弯矩区无洞组合梁的剪力大部分由钢梁腹板承担(74.5%),但在腹板开洞以后,大部分剪力只能转移到洞口上方的混凝土板内,此时混凝土板要承担大部分剪力(82.3% ~90.2%);对于负弯矩区腹板开洞组合梁而言,通过增加混凝土翼板厚度可以有效提高其抗剪承载力,而在洞口设置补强板会对抗剪性能产生怎样的影响? 因此还需要分析不同洞口补强方法对负弯矩区组合梁抗剪承载力的影响程度。

不同洞口补强方法下负弯矩区腹板开洞组合梁洞口截面的剪力分担情况见表6.4,对应的洞口处钢梁和混凝土板的剪力占截面总剪力的比例如图6.5所示。

**表6.4　不同补强方法下负弯矩区组合梁的洞口截面剪力分担情况**

| 编号 $i$ | 洞口补强方法 | $V$/kN | 各截面剪力/kN | | | $V_c/V$ | $V_s/V$ | $V_b/V$ |
|---|---|---|---|---|---|---|---|---|
| | | | $V_c$ | $V_t$ | $V_b$ | | | |
| 1 | 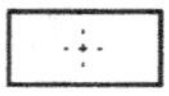 | 52.35 | 43.7 | 6.60 | 2.1 | 83.50% | 12.40% | 4.10% |
| 2 | 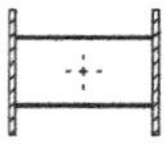 | 56.10 | 45.77 | 7.29 | 3.04 | 81.59% | 13.01% | 5.40% |
| 3 | 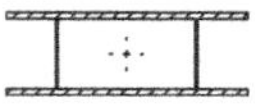 | 78.06 | 47.39 | 15.24 | 15.43 | 60.72% | 19.53% | 19.75% |
| 4 | 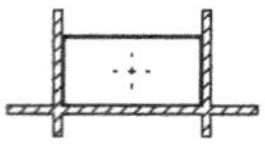 | 69.02 | 45.86 | 7.64 | 15.52 | 66.45% | 11.07% | 22.48% |

续表

| 编号 $i$ | 洞口补强方法 | $V$/kN | 各截面剪力/kN | | | $V_c/V$ | $V_s/V$ | $V_b/V$ |
|---|---|---|---|---|---|---|---|---|
| | | | $V_c$ | $V_t$ | $V_b$ | | | |
| 5 | | 86.26 | 50.41 | 17.70 | 18.15 | 55.44% | 21.52% | 23.04% |
| 6 | | 90.01 | 45.02 | 31.29 | 13.7 | 45.02% | 34.77% | 20.21% |
| 7 | | 87.25 | 46.90 | 24.94 | 15.41 | 50.76% | 28.59% | 20.65% |

注：$V$ 为截面总剪力；$V_c$ 为混凝土板剪力；$V_s$ 为洞口上钢梁截面剪力；$V_b$ 为洞口下钢梁截面剪力。

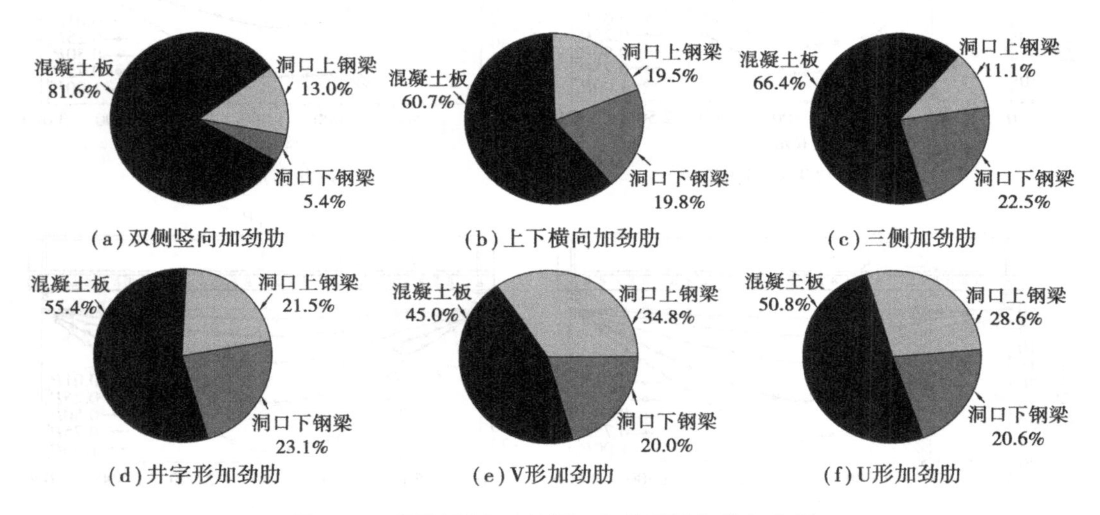


图 6.5　不同补强方法的洞口各截面承担剪力比例

从结果中可以看出：

①当洞口设置双侧竖向加劲肋时，各截面的剪力分担情况变化不大，可见两侧竖向加劲肋对抗剪承载力的影响较小；洞口设置三侧加劲肋时，洞口区混凝土板截面承担的剪力比重有所下降(66.45%)，洞口下方钢梁承担的剪力比重显著增加(22.48%)，洞口设置上下横向加劲肋时，洞口区混凝土板截面承担的剪力比重下降(60.72%)，洞口上、下方的钢梁承担的剪力比重明显增加(19.53%、19.75%)，与设置三侧加劲肋的情况相比，剪力在钢梁截面的分布更为均匀，说明在洞口上下设置横向加劲肋使得钢梁部分承担的剪力增加，对抗剪承载力是有利的。

②当洞口设置 V 形加劲肋时，钢梁部分承担的剪力提高很大，比重达到了 54.98%，设置 U 形加劲肋和井字形加劲肋的情况，钢梁部分承担的剪力比重提高也比较大，达到了 49.24% 和 44.56%，可见这 3 种洞口补强方法对负弯矩区腹板开洞组合梁的抗剪性能都是有利的，可以较好地补充开洞造成的抗剪承载力损失，其中 V 形加劲肋的效果最好。

### 3)挠曲变形对比

试验和有限元结果都表明,负弯矩作用下的组合梁腹板开洞后,刚度急剧下降,洞口处发生了明显的剪切变形,挠度显著增加,洞口处挠度曲线发生突变,组合梁整体变形增加。当在洞口设置加劲肋后,相应的开洞组合梁挠度曲线会发生怎样的改变,对洞口区变形突变会有多少缓解?对此,选择了上述补强方法中效果最为明显的3种方式(井字形加劲肋,V形加劲肋和U形加劲肋),对其在不同荷载阶段的整体变形进行了分析,并与没有补强措施的组合梁进行了对比,对应的挠度分布曲线如图6.6所示。

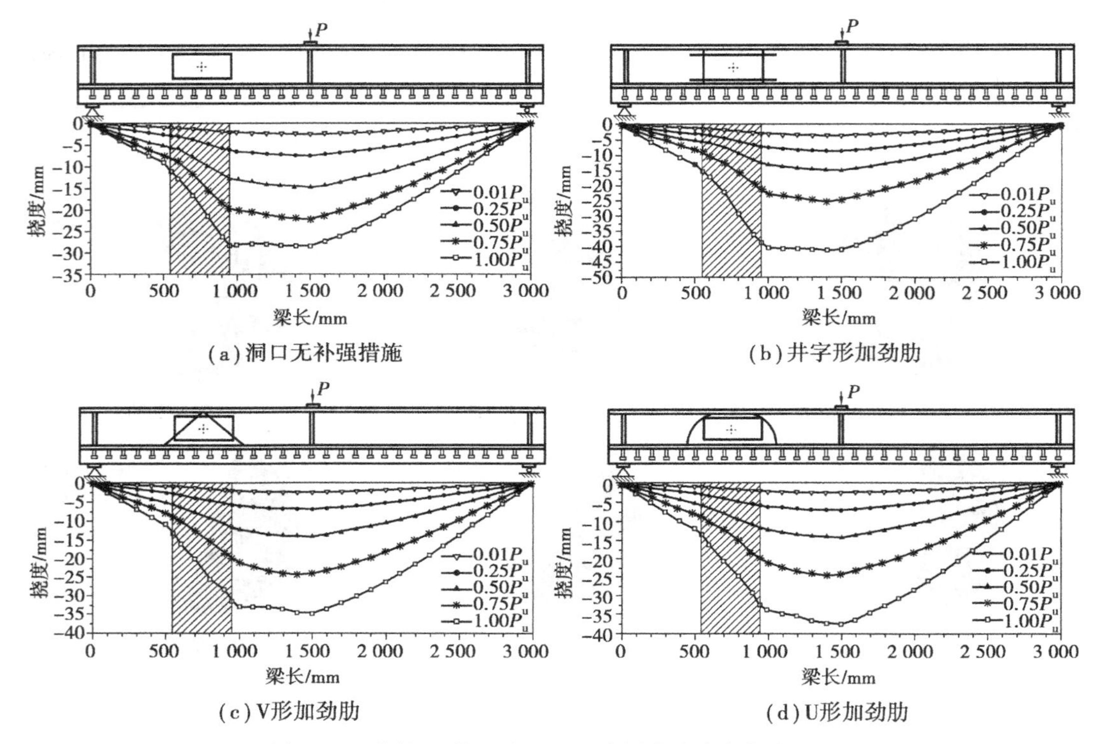


图6.6　不同洞口补强方法的组合梁挠度分布曲线对比

从图6.6中可以看出:与洞口无补强措施的组合梁相比,补强后的3个组合梁的变形能力都明显增加;洞口无补强措施的组合梁洞口区域的变形有明显剪切变形特征,井字形加劲肋的组合梁在荷载作用初期洞口区的剪切变形并不明显,在$0.75P_u \sim 1.00P_u$荷载段时,则表现出一定的剪切变形特征;对于V形加劲肋和U形加劲肋的组合梁,挠度变形在各荷载阶段都比较均匀,在达到极限荷载以前,洞口区没有出现明显的突变,主要以弯曲变形为主,在进入塑性发展阶段后,组合梁挠度增加则较为明显,极限挠度出现在受力最大点处(加载点),说明这两种补强方法可以有效补充开洞负弯矩区组合梁造成的刚度损失。

### 4)补强效果对比

通过对上述6种洞口补强方法的分析可以看出:传统的井字形加劲肋可以有效提高负弯矩作用下腹板开洞组合梁的承载力和变形能力,此外,本书提出的两种新的洞口补强方法,V形加劲肋和U形加劲肋也展现了很好的补强效果,对承载力的提高程度也要高于井字形加劲肋,原因在于这两种补强方法可以在洞口区域形成一种类似桁架结构的拉-压杆模型体系,V形或U形加劲肋起到了斜腹杆的作用,洞口上方截面和下方截面部分则起到了拉杆和压杆的作用,根据桁架理论可知,这样的传力机制明确,受力模式也更为合理。

## 6.4　其他有效的补强措施

前述的几种洞口补强方法主要是在洞口周边设置加劲肋,加劲肋的设置需要通过焊接来完成,除了焊接加劲肋外,本书还提出了以下两种补强措施,即对洞口区域的栓钉进行加密以及设置钢管支撑,并对其补强效果进行了分析。

### 6.4.1　洞口区栓钉加密

试验和有限元结果都表明,腹板开洞使得洞口区域的栓钉受力较大,加密洞口区域的栓钉对负弯矩区腹板开洞组合梁的受力是有利的,为了分析栓钉加密后的补强效果,对栓钉加密的负弯矩区腹板开洞组合梁进行了非线性有限元计算,栓钉加密范围如图6.7所示,加密范围内的栓钉采用双排布置,组合梁尺寸与示意图如图6.3所示。

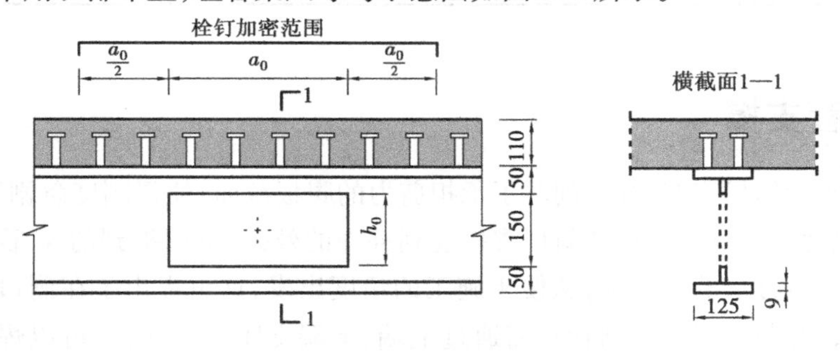


图6.7　洞口区域栓钉加密示意

如图6.8所示为洞口区域栓钉加密的负弯矩区组合梁的荷载-挠度曲线,同时列出了洞口无补强措施以及洞口设置井字形加劲肋的情况作为对比,对应的极限荷载及挠度值见表6.5。从计算结果中可以看出:

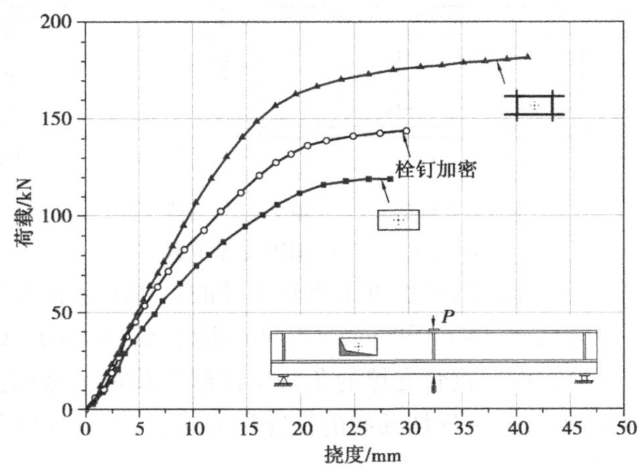


图6.8　洞口区栓钉加密的负弯矩区组合梁荷载-挠度曲线

①洞口区域的栓钉加密后，与无补强措施的负弯矩区腹板开洞组合梁相比，极限承载力提高了21.1%，起到了补强的效果，虽然提高幅度不及设置井字形加劲肋的情况（53%），但由于栓钉加密所占用的空间较小，易于同其他补强措施共同使用以发挥更为显著的补强效果。

②洞口区域的栓钉加密后，对负弯矩区腹板开洞组合梁变形能力的提高不大（5%），与设置井字形加劲肋的提高效果（45%）相比要小很多，但变形能力不足可以通过提高纵向钢筋配筋率来弥补，将栓钉加密与其他补强措施结合使用可以起到更好的补强效果。

**表6.5　洞口区栓钉加密的负弯矩区组合梁极限荷载与挠度值**

| 编号 $i$ | 补强方式 | $P_u^i$/kN | $P_u^i/P_u^1$ | $d_u$/mm | $d_u^i/d_u^1$ |
|---|---|---|---|---|---|
| 1 | | 118.75 | 1.00 | 28.33 | 1.00 |
| 2 | | 181.59 | 1.53 | 41.08 | 1.45 |
| 3 | 栓钉加密 | 143.68 | 1.21 | 29.78 | 1.05 |

## 6.4.2　钢管支撑

试验及有限元结果表明，开洞削弱了承担剪力的腹板截面，使得刚度急剧下降，根据桁架模型理论，可以通过在洞口区设置斜杆支撑起到补强的效果，书中提到的V形加劲肋和U形加劲肋也体现了该方法的有效性，从便于施工的角度出发，这里提出了在洞口区设置钢管支撑的补强措施，如图6.9所示，钢管只需通过上端、下端支座进行连接，可以焊接或者螺栓固定，不用沿着腹板进行焊接，加工也更为方便。

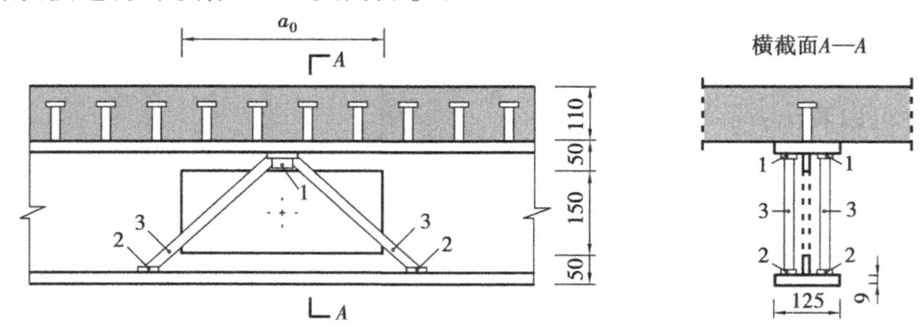


注：1—上端支座；2—下端支座；3—钢管支撑

图6.9　洞口区钢管支撑示意

为了分析钢管支撑的补强效果，对设置了钢管支撑的负弯矩区腹板开洞组合梁进行了非线性有限元计算分析，钢管尺寸 $d \times t = 30\ \text{mm} \times 2\ \text{mm}$，组合梁尺寸与示意图如图6.3所示。

如图6.10所示为洞口区设置钢管支撑的负弯矩区组合梁的荷载-挠度曲线，同时列出了洞口无补强措施以及洞口设置井字形加劲肋的情况作为对比，对应的极限荷载及挠度值见表6.6。从计算结果中可以看出：

①洞口区设置钢管支撑后，负弯矩区腹板开洞组合梁的承载力显著提高，与无补强措施

的情况相比提高了 55%，提高幅度略高于设置井字形加劲肋的情况（53%），起到了很好的补强效果。

②在洞口区设置钢管支撑后，负弯矩区腹板开洞组合梁的变形能力有一定提高（28%），虽然其提高幅度不及设置井字形加劲肋的情况（45%），但可以通过提高纵向钢筋配筋率来提高变形能力。

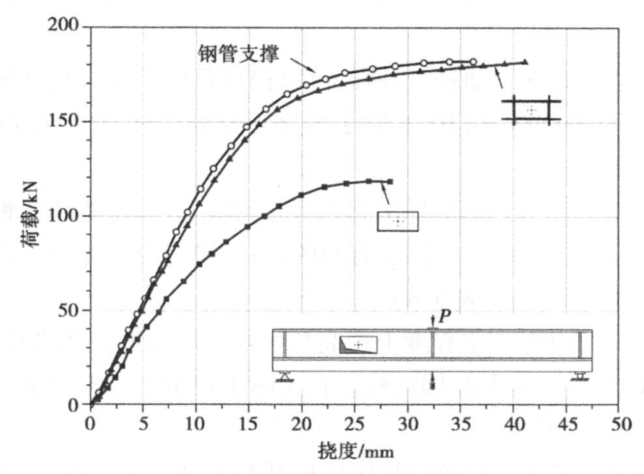


图 6.10　洞口区设置钢管支撑的负弯矩区组合梁荷载-挠度曲线

**表 6.6　洞口区设置钢管支撑的负弯矩区组合梁极限荷载与挠度值**

| 编号 $i$ | 补强方式 | $P_u^i$/kN | $P_u^i/P_u^1$ | $d_u$/mm | $d_u^i/d_u^1$ |
| --- | --- | --- | --- | --- | --- |
| 1 | | 118.75 | 1.00 | 28.33 | 1.00 |
| 2 | | 181.59 | 1.53 | 41.08 | 1.45 |
| 3 | 钢管支撑 | 184.01 | 1.55 | 36.20 | 1.28 |

## 6.5　补强措施的选择

本书前述的试验及有限元结果都表明：增加混凝土板厚度可以显著提高负弯矩区腹板开洞组合梁的承载力，而通过增加纵向钢筋配筋率可以明显提高其变形能力，即加强混凝土翼板是一种有效的补强措施。本章所提出的几种补强措施，除了设置双侧竖向加劲肋的情况以外，在单独使用的情况下对负弯矩区腹板开洞组合的补强效果都是比较明显的。在实际工程中，为了达到更好的补强效果，可以选择多种补强措施共同使用。例如，在加强混凝土翼板的同时在洞口区域设置加劲肋（V 形、U 形、井字形），同时对洞口区的栓钉进行加密，或者在设置钢管支撑的同时加强混凝土翼板等。

## 6.6 小　结

本章首先对已有规范中腹板开洞钢梁补强方法的相关规定进行了总结，以此为基础提出了几种针对负弯矩区腹板开洞组合梁的补强措施，并分别对其受力性能进行了对比分析，得到如下结论：

①通过在洞口周边设置加劲肋进行补强，可以提高负弯矩区腹板开洞组合梁的承载力和变形能力，起到了较好的补强效果；其中，除了井字形加劲肋外，V 形加劲肋和 U 形加劲肋的补强效果最为突出（图 6.4）。

②从抗剪性能来看，井字形加劲肋、V 形加劲肋和 U 形加劲肋等 3 种洞口区补强方法对负弯矩区腹板开洞组合梁的抗剪性能都是有利的，可以较好地补充开洞造成的抗剪承载力损失，其中 V 形加劲肋的效果最好（表 6.4）。

③加密洞口区栓钉可以在一定程度上提高负弯矩区腹板开洞组合梁的承载力（图 6.8），但对变形能力的提高效果则不明显，因此建议在实际工程中将栓钉加密与其他补强措施结合使用，可以起到更好的补强效果。

④设置钢管支撑可以显著提高负弯矩区腹板开洞组合梁的承载力，变形能力也有明显的提高（图 6.10），可见钢管支撑除了设置方便的优点外，还起到了很好的补强效果。

⑤从分析结果中看出，本章提出的几种补强措施可以起到较好的补强效果，实际工程中，在便于施工的前提下，可以选择多种补强措施共同使用以达到更好的补强效果。

# 第7章 带补强措施的负弯矩区腹板开洞组合梁极限承载力实用计算

## 7.1 引 言

钢-混凝土组合梁是高层结构中应用最为广泛的结构形式之一,随着建筑使用功能的不断完善,需要在楼层中设置很多纵横穿越的管道设备,通过在组合梁腹板上开洞让这些管道设备穿过,可以降低层高从而节约建设资金。在一些实际工程中,为了满足使用要求需要在组合梁的负弯矩区开设洞口,但是试验研究表明,腹板开洞对负弯矩作用下的组合梁的受力性能有很大影响,其刚度和承载力都会显著降低,为了达到使用要求需要对其进行补强,因此对如何有效提高腹板开洞组合梁的极限承载力及其理论计算方法的研究是很有意义的,一种常用的补强方法是在洞口上下设置补强板,即第6章中提到的横向加劲肋,如图7.1所示,目前对于理论计算方法的研究主要针对正弯矩区的腹板开洞组合梁[91],但正弯矩区的计算方法不能用于负弯矩区,对于负弯矩的情况需要重新推导计算公式。因此,本章的主要内容是:以设置上下补强板的开洞组合梁为例,根据负弯矩区腹板开洞组合梁的受力特点,采用空腹桁架模型,推导一种带补强措施的负弯矩区腹板开洞组合梁极限承载力的实用计算方法,使用该方法对实例进行了计算,揭示其内在受力特点,并将计算结果与有限元结果对比,验证计算方法的正确性。

图7.1 腹板开洞组合梁补强板示意图

# 7.2 理论基础

## 7.2.1 带补强措施的负弯矩区腹板开洞组合梁力学模型

对于设置补强板的负弯矩区腹板开洞组合梁承载力的计算仍以空腹桁架模型为基础，带补强板的负弯矩区腹板开洞组合梁力学模型如图 7.2 所示。

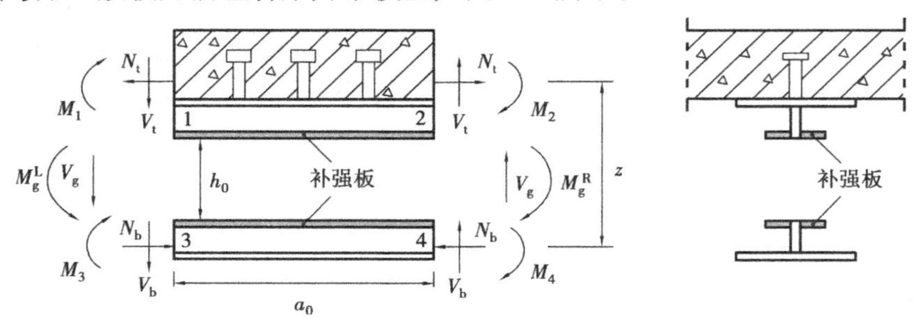


图 7.2　带补强板的负弯矩区腹板开洞组合梁力学模型

从图 7.2 中可以看出，带补强措施的力学模型要考虑补强板对洞口区域受力性能的有利影响，除此之外，其力学模型与无补强措施的力学模型基本相同（见 5.2.1 节），洞口区域由洞口上方、下方截面组成，截面上有轴力、剪力、次弯矩的共同作用。图中的 $M_g^L$、$M_g^R$ 为洞口左端和右端的总弯矩；$M_1$、$M_2$、$M_3$、$M_4$ 分别为洞口 4 个角部的次弯矩，分别由上方和下方截面的剪力沿洞口宽度方向传递而产生，其值为对应剪力与洞口宽度之积；$V_t$、$N_t$ 和 $V_b$、$N_b$ 分别为洞口上方和下方截面的剪力和轴力；$a_0$、$h_0$ 为洞口宽度和高度；$z$ 为洞口上、下截面形心轴之间的距离。

## 7.2.2 基本假定与计算方法

由于采用的力学模型相似，理论方法所涉及的基本假定和计算思路同本书第 5 章中计算无补强措施的负弯矩区腹板开洞组合梁的方法相同，但是需要充分考虑补强板对承载力的影响程度，这就使得洞口 4 个角部处的次弯矩函数发生了改变，需要另行推导考虑补强板作用时的次弯矩函数，推导过程中仍然使用了换算应力图。

# 7.3 带补强措施的负弯矩区腹板开洞组合梁次弯矩函数推导

推导过程中相应的符号意义表示如下：*NA* 为塑性中和轴，*SA* 为截面形心轴，*FA* 为换算应力图的面积平分轴；$n_t$、$n_b$ 分别为洞口上方、下方截面的无量纲轴力，为轴力与最大塑性轴力的比值；$a$ 为换算应力图中对应轴力的折算截面高度，$g$ 为截面形心轴到塑性中和轴的距离；$\gamma_{ij}$为截面参数，$i$ 表示角点，$j$ 表示中和轴所在区域；$\sigma_c$ 为混凝土板抗压强度，$\sigma_s$ 为钢筋屈服强度，$\sigma_{yf}$为翼缘屈服强度，$\sigma_{yt}$为补强板屈服强度，$\sigma_{yw}$为按 Mises 屈服条件确定的腹板弯曲应力；

$A_c$ 为混凝土板截面面积，$A_s$ 为受拉钢筋面积，$A_f$ 为钢梁翼缘面积，$A_w$ 为钢梁腹板面积，$A_{st}$ 为补强板面积；$b_c$ 为混凝土翼板实际宽度，$b_e$ 为混凝土翼板有效宽度，按《钢结构设计标准》(GB 50017—2017)确定。

## 7.3.1　负弯矩区洞口上方截面次弯矩

### 1)洞口角点 1 的次弯矩 $M_{1j}$

洞口角点 1 截面的应力分布及中和轴 *NA* 的变化情况如图 7.3 所示，该截面上的轴力和次弯矩都是正值，截面上部受压下部受拉，随着轴力的增加，中和轴 *NA* 从面积平分轴开始向上移动，由于计算中仅考虑受压区混凝土及受拉区钢筋参与工作，忽略混凝土的受拉作用，实际情况中，中和轴位于钢梁内的情况难以发生，因此面积平分轴只能出现在混凝土板内，所以中和轴 *NA* 只能经过两个区域，即 *NA* 在钢筋区域下的混凝土板内[图 7.3(a)、(b)]，*NA* 在钢筋区域内[图 7.3(c)、(d)]。根据中和轴 *NA* 位置的不同，次弯矩函数 $M_{1j}$ 由两段函数组成。

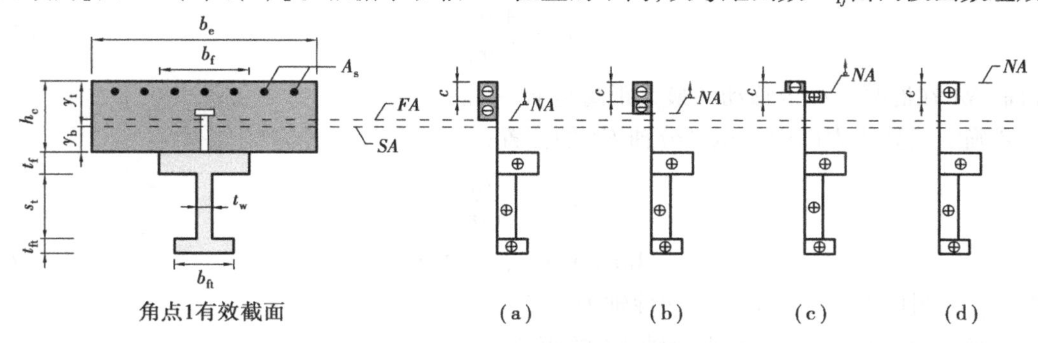


图 7.3　负弯矩区角点 1 截面上的应力分布以及中和轴的变化范围

从图 7.3 中可以看出：当轴力为零，次弯矩达到最大值时，面积平分轴 *FA* 与中和轴 *NA* 重合[图 7.3(a)]；随着轴力的增加，*NA* 依次经过轴力和弯矩共同存在的区域[图 7.3(b)、(c)]；当轴力达到最大值时，相应的次弯矩为零[图 7.3(d)]。

计算中考虑混凝土板的抗压作用和纵向钢筋的抗拉作用，忽略混凝土抗拉和钢筋的抗压作用。推导过程中同样引入换算应力图的概念，如图 7.4(c)所示，该图是将截面各组成部分的应力换算成与中和轴所在区域同宽的应力图，由此可较为方便地确定轴力引起的应力分布变化。

**分析情况(一)：中和轴 *NA* 位于混凝土翼板**

随着轴力从零开始增长，中和轴从面积平分轴开始向上移动，移动范围在混凝土翼板内，不包括钢筋区域，如图 7.4 所示。

此时满足条件：$0 \leqslant n_t \leqslant \dfrac{y_{11}-c}{y_{11}+c}$

①确定角点 1 处截面的形心轴位置：

$$y_t = \frac{0.5b_e h_c^2 \sigma_c + A_f \sigma_{yf}(h_c + 0.5t_f) + A_w \sigma_{yw}(h_c + t_f + 0.5s_t) + A_{st}\sigma_{yt}(h_c + t_f + s_t + 0.5t_{ft})}{A_c \sigma_c + A_f \sigma_{yf} + A_w \sigma_{yw} + A_{st}\sigma_{yt}} \tag{7.1}$$

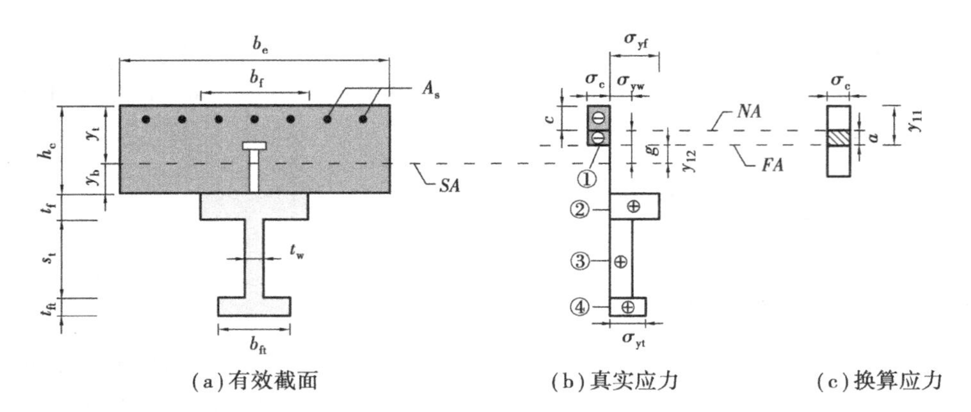

(a)有效截面　(b)真实应力　(c)换算应力

图7.4　中和轴 NA 在混凝土板内时角点1截面上的应力分布图

$$y_b = h_c - y_t \tag{7.2}$$

②为了简化计算,将受拉钢筋的面积换算成与混凝土翼有效板宽度($b_e$)相同,高度为 $c$ 的混凝土面积区域,即钢筋区域,换算关系为:

$$c = \frac{A_s\sigma_s}{b_e\sigma_c} \tag{7.3}$$

中和轴 NA 在混凝土板内移动的最大距离是 $y_{11} - c$。

③确定换算应力图中面积平分轴 FA 的位置:

$$y_{11} = \frac{N_{plt}}{b_e\sigma_c} \tag{7.4}$$

$$N_{plt} = A_f\sigma_{yf} + A_w\sigma_{yw} + A_s\sigma_s + A_{st}\sigma_{yt} \tag{7.5}$$

其中,$N_{plt}$为洞口上方截面的最大塑性轴力。

④确定形心轴 SA 到面积平分轴 FA 的距离:

$$y_{12} = y_t - y_{11} \tag{7.6}$$

⑤确定洞口上方截面的无量纲轴力 $n_t$ 以及折算高度 $a$:

$$n_t = \frac{N}{N_{plt}} = \frac{ab_e\sigma_c}{N_{plt}} \Rightarrow a = n_t\frac{N_{plt}}{b_e\sigma_c} = n_t(y_{11} + c) \tag{7.7}$$

⑥确定形心轴 SA 到中和轴 NA 的距离:

$$g = y_{12} + a = y_{12} + n_t(y_{11} + c) \tag{7.8}$$

⑦将真实应力图中①~④部分的合力对形心轴 SA 取矩可以得到次弯矩函数 $M_{1j}$的第1段函数式 $M_{11}$:

$$\begin{aligned} M_{11} &= M_{①} + M_{②} + M_{③} + M_{④} \\ &= b_e\sigma_c\frac{y_t^2 - g^2}{2} + b_ft_f\sigma_{yf}\left(y_b + \frac{t_f}{2}\right) + t_ws_t\sigma_{yw}\left(t_f + y_b + \frac{s_t}{2}\right) + \\ &\quad b_{ft}t_{ft}\sigma_{yt}(y_b + t_f + s_t + 0.5t_{tft}) \\ &= -0.5b_e\sigma_cg^2 + 0.5b_e\sigma_cy_t^2 + b_ft_f\sigma_{yf}(y_b + 0.5t_t) + t_ws_t\sigma_{yw}(t_f + y_b + 0.5s_t) + \\ &\quad b_{ft}t_{ft}\sigma_{yt}(y_b + t_f + s_t + 0.5t_{tft}) \end{aligned} \tag{7.9}$$

将式(7.8)代入式(7.9)可以得到:

$$M_{11} = -0.5b_e\sigma_c[y_{12} + n_t(y_{11} + c)]^2 + 0.5b_e\sigma_cy_t^2 + b_ft_f\sigma_{yf}(y_b + 0.5t_t) +$$

$$t_w s_t \sigma_{yw}(t_f + y_b + 0.5s_t) + b_{ft} t_{ft} \sigma_{yt}(y_b + t_f + s_t + 0.5t_{tft}) \tag{7.10}$$

简化后可以得到关于 $n_t$ 的函数式：

$$M_{11} = -0.5b_e\sigma_c(y_{11} + c)n_t^2 - b_e\sigma_c y_{12}(y_{11} + c)n_t + M_{11}^0 \tag{7.11}$$

式中：

$$M_{11}^0 = 0.5b_e\sigma_c y_t^2 - 0.5b_e\sigma_c y_{12}^2 + b_f t_f \sigma_{yf}(y_b + 0.5t_f) + t_w s_t \sigma_{yw}(t_f + y_b + 0.5s_t) + b_{ft} t_{ft} \sigma_{yt}(y_b + t_f + s_t + 0.5t_{tft}) \tag{7.12}$$

**分析情况（二）：中和轴 *NA* 位于钢筋区域**

随着轴力继续增长，次弯矩下降，中和轴继续向上移动，开始进入钢筋区域，如图7.5所示。

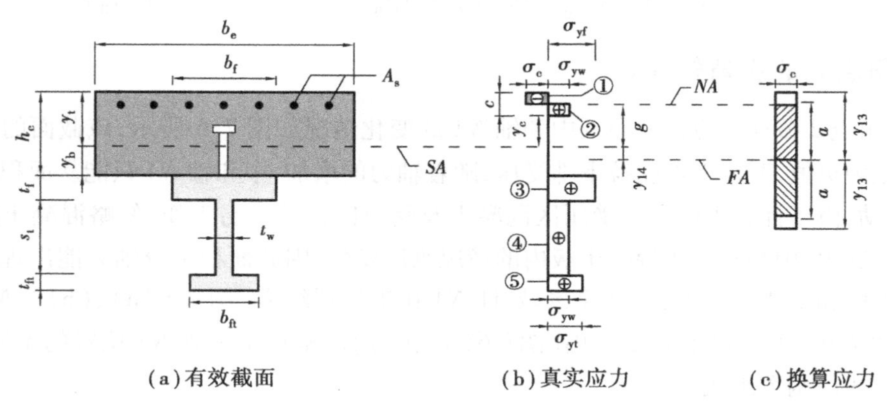


(a)有效截面　　(b)真实应力　　(c)换算应力

图7.5　中和轴 *NA* 在钢筋区域内时角点1截面上的应力分布图

此时满足条件：$(y_{13} - c) \leqslant a \leqslant y_{13}$ 或 $\dfrac{y_{13} - c}{y_{13}} \leqslant n_t \leqslant \dfrac{y_{13}}{y_{13}}$

①确定换算应力图中面积平分轴的位置：

$$y_{13} = \frac{N_{plt}}{2b_e\sigma_c} \tag{7.13}$$

②确定形心轴 *SA* 到面积平分轴 *FA* 的距离：

$$\begin{cases} y_{14} = y_t - y_{13} \\ y_c = y_t - c \end{cases} \tag{7.14}$$

③确定洞口上方截面的无量纲轴力 $n_t$ 以及折算高度 $a$：

$$n_t = \frac{N}{N_{plt}} = \frac{2ab_e\sigma_c}{N_{plt}} \Rightarrow a = n_t\frac{N_{plt}}{2b_e\sigma_c} = n_t y_{13} \tag{7.15}$$

④确定形心轴 *SA* 到中和轴 *NA* 的距离：

$$g = y_{14} + a = y_{14} + n_t y_{13} \tag{7.16}$$

⑤将真实应力图中①～⑤部分的合力对形心轴 *SA* 取矩可以得到次弯矩函数 $M_{1j}$ 的第2段函数式 $M_{12}$：

$$\begin{aligned} M_{12} &= M_① - M_② + M_③ + M_④ + M_⑤ \\ &= 0.5b_e\sigma_c(y_t^2 - g^2) - 0.5b_e\sigma_c(g^2 - y_c^2) + b_f t_f\sigma_{yf}(y_b + 0.5t_f) + \\ &\quad t_w s_t\sigma_{yw}(t_f + y_b + 0.5s_t) + b_{ft}t_{ft}\sigma_{yt}(y_b + t_f + s_t + 0.5t_{ft}) \\ &= -b_e\sigma_c g^2 + 0.5b_e\sigma_c(y_t^2 + y_c^2) + b_f t_f\sigma_{yf}(y_b + 0.5t_t) + \end{aligned}$$

$$t_w s_t \sigma_{yw}(t_f + y_b + 0.5s_t) + b_{ft} t_{ft} \sigma_{yt}(y_b + t_f + s_t + 0.5t_{ft}) \tag{7.17}$$

将式(7.16)代入式(7.17)可以得到：

$$M_{11} = -b_e\sigma_c(y_{14} + n_t y_{13})^2 + 0.5b_e\sigma_c(y_t^2 + y_c^2) + b_f t_f \sigma_{yf}(y_b + 0.5t_t) + t_w s_t \sigma_{yw}(t_f + y_b + 0.5s_t) + b_{ft} t_{ft} \sigma_{yt}(y_b + t_f + s_t + 0.5t_{ft}) \tag{7.18}$$

简化后可以得到关于 $n_t$ 的函数式：

$$M_{12} = -b_e\sigma_c y_{13}^2 n_t^2 - 2b_e\sigma_c y_{13} y_{14} n_t + M_{12}^0 \tag{7.19}$$

式中：

$$M_{12}^0 = -b_e\sigma_c y_{14}^2 + 0.5b_e\sigma_c(y_t^2 + y_c^2) + b_f t_f \sigma_{yf}(y_b + 0.5t_f) + t_w s_t \sigma_{yw}(t_f + y_b + 0.5s_t) + b_{ft} t_{ft} \sigma_{yt}(y_b + t_f + s_t + 0.5t_{ft}) \tag{7.20}$$

## 2)洞口角点 2 的次弯矩 $M_{2j}$

洞口角点 2 截面的应力分布及中和轴 NA 的变化情况如图 7.6 所示，该截面的轴力为正值，次弯矩为负值，截面上部受拉下部受压，随着轴力的增加，中和轴 NA 只能从面积平分轴开始向下移动，由于计算中仅考虑受压区混凝土及受拉区钢筋参与工作，忽略混凝土的受拉作用，实际情况中，中和轴位于混凝土板内的情况难以发生，因此面积平分轴只能出现在钢梁翼缘内，所以中和轴 NA 可以经过 3 个区域，即 NA 在钢梁翼缘内[图 7.6(a)、(b)]，NA 在钢梁腹板内[图 7.6(c)]，NA 在加劲肋内[图7.6(d)、(e)]。根据中和轴 NA 位置的不同，次弯矩函数 $M_{2j}$ 由 3 段函数组成。

从图 7.6 中可以看出：当轴力为零，次弯矩达到最大值时，面积平分轴 FA 与中和轴 NA 重合[图 7.6(a)]；随着轴力的增加，NA 依次经过轴力和弯矩共同存在的区域[图 7.6(b)、(c)、(d)]；当轴力达到最大值时，相应的次弯矩为零[图 7.6(e)]。

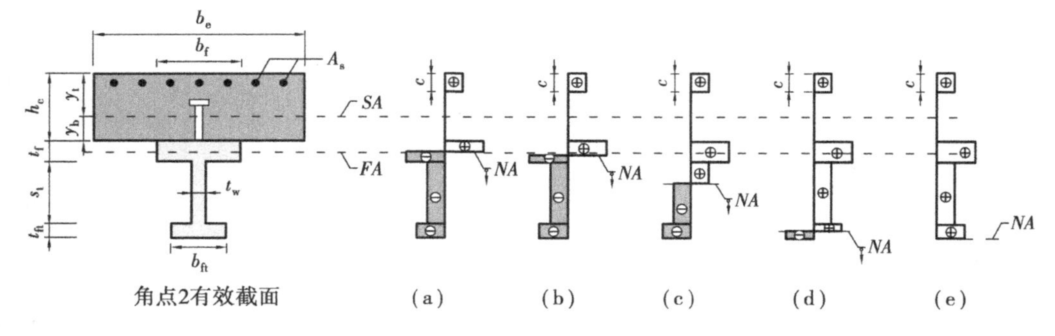


图 7.6　负弯矩区角点 2 截面上的应力分布以及中和轴的变化范围

**分析情况(一)：中和轴 NA 位于钢梁上翼缘内**

随着轴力从零开始增长，中和轴从面积平分轴开始向下移动，移动范围在钢梁上翼缘内，如图 7.7 所示。

此时满足条件：$0 \leqslant a \leqslant (y_s + t_f - y_{21})$或$0 \leqslant n_t \leqslant \dfrac{y_s + t_f - y_{21}}{y_{21}}$

①当中和轴位于钢梁上翼缘时，考虑纵向受力钢筋的受拉，忽略混凝土板的受拉作用，为了满足换算应力图中的面积平分轴与实际截面的面积平分轴位置相同，将钢筋区域的高度换算为钢梁上翼缘的折算高度：

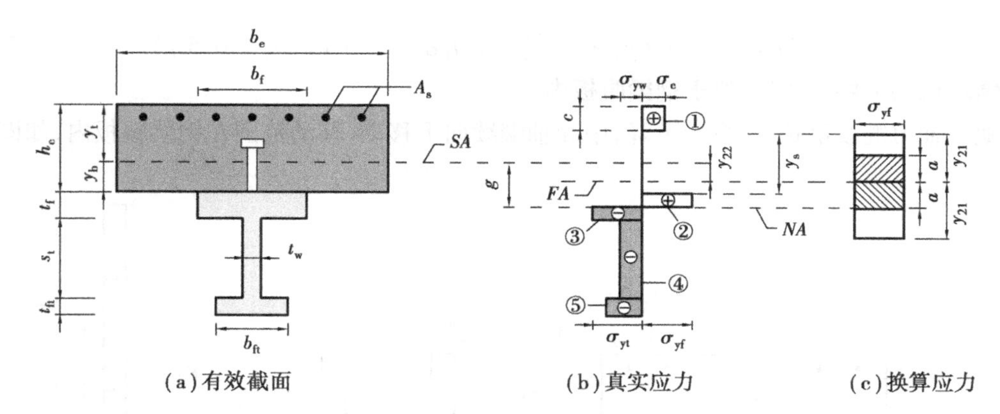


(a)有效截面　　(b)真实应力　　(c)换算应力

图 7.7　中和轴 $NA$ 在钢梁上翼缘内时角点 2 截面上的应力分布图

$$y_s = \frac{A_s \sigma_s}{b_f \sigma_{yf}} \tag{7.21}$$

②确定换算应力图中面积平分轴 $FA$ 的位置：

$$y_{21} = \frac{N_{plt}}{2b_f \sigma_{yf}} \tag{7.22}$$

③确定形心轴 $SA$ 到面积平分轴 $FA$ 的距离：

$$y_{22} = y_b + y_{21} - y_s \tag{7.23}$$

④确定洞口上方截面的无量纲轴力 $n_t$ 以及折算高度 $a$：

$$n_t = \frac{N}{N_{plt}} = \frac{2ab_f\sigma_{yf}}{N_{plt}} \Rightarrow a = n_t \frac{N_{plt}}{2b_f\sigma_{yf}} = n_t y_{21} \tag{7.24}$$

⑤确定形心轴 $SA$ 到中和轴 $NA$ 的距离：

$$g = y_{22} + a = y_{22} + n_t y_{21} \tag{7.25}$$

⑥将真实应力图中①～④部分的合力对形心轴 $SA$ 取矩可以得到次弯矩函数 $M_{2j}$ 的第 1 段函数式 $M_{21}$：

$$\begin{aligned}
M_{21} &= -M_{①} + M_{②} - M_{③} - M_{④} - M_{⑤} \\
&= -b_e\sigma_c \frac{y_t^2 - (y_t - c)^2}{2} + b_f\sigma_{yf}\frac{g^2 - y_b^2}{2} - b_f\sigma_{yf}\frac{(y_b + t_f)^2 - g^2}{2} - \\
&\quad t_w s_t \sigma_{yw}\left(t_f + y_b + \frac{s_t}{2}\right) - b_{ft}t_{ft}\sigma_{yt}(y_b + t_f + s_t + 0.5t_{ft}) \\
&= b_f\sigma_{yf}g^2 - 0.5b_f\sigma_{yf}[y_b^2 - (y_b^2 + t_f^2)] - 0.5b_e\sigma_c[y_t^2 - (y_t - c)^2] - \\
&\quad t_w s_t \sigma_{yw}(t_f + y_b + 0.5s_t) - b_{ft}t_{ft}\sigma_{yt}(y_b + t_f + s_t + 0.5t_{tft})
\end{aligned} \tag{7.26}$$

将式(7.25)代入式(7.26)可以得到：

$$\begin{aligned}
M_{21} &= b_f\sigma_{yf}(y_{22} + n_t y_{21})^2 - 0.5b_f\sigma_{yf}[y_b^2 - (y_b^2 + t_f^2)] - 0.5b_e\sigma_c[y_t^2 - (y_t - c)^2] - \\
&\quad t_w s_t \sigma_{yw}(t_f + y_b + 0.5s_t) - b_{ft}t_{ft}\sigma_{yt}(y_b + t_f + s_t + 0.5t_{ft})
\end{aligned} \tag{7.27}$$

简化后可以得到关于 $n_t$ 的函数式：

$$M_{21} = b_f\sigma_{yf}y_{21}^2 n_t^2 + 2b_f\sigma_{yf}y_{21}y_{22}n_t + M_{21}^0 \tag{7.28}$$

式中：

$$M_{21}^0 = b_f\sigma_{yf}y_{22}^2 - 0.5b_e\sigma_c[y_t^2 - (y_t - c)^2] - t_w s_t\sigma_{yw}(t_f + y_b + 0.5s_t) -$$

$$0.5b_f\sigma_{yf}[y_b^2+(y_b+t_f)^2]-b_{ft}t_{ft}\sigma_{yt}(y_b+t_f+s_t+0.5t_{ft}) \tag{7.29}$$

**分析情况(二):中和轴 $NA$ 位于钢梁腹板内**

随着轴力继续增长,次弯矩下降,中和轴继续向下移动,移动范围在钢梁腹板内,如图 7.8 所示。

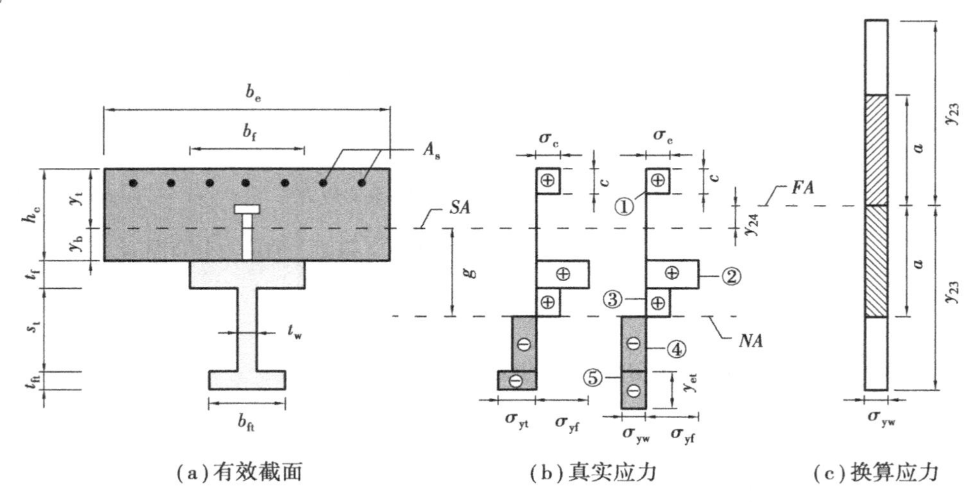


图 7.8　中和轴 $NA$ 在钢梁腹板内时角点 2 截面上的应力分布图

此时满足条件:$(y_{23}-s_t-y_{et})\leqslant a\leqslant(y_{23}-y_{et})$ 或 $\dfrac{y_{23}-s_t-y_{et}}{y_{23}}\leqslant n_t\leqslant\dfrac{y_{23}-y_{et}}{y_{23}}$

①确定换算应力图中面积平分轴 $FA$ 的位置:

$$y_{23}=\frac{N_{plt}}{2t_w\sigma_{yw}} \tag{7.30}$$

②确定形心轴 $SA$ 到面积平分轴 $FA$ 的距离:

$$y_{24}=y_{23}-(s_t+t_f+y_b+y_{et}) \tag{7.31}$$

③为了满足换算应力图中的面积平分轴与实际截面的面积平分轴位置相同,将补强板截面实际厚度换算为腹板的折算高度:

$$y_{et}=\frac{b_{ft}t_{ft}\sigma_{yt}}{t_w\sigma_{yw}} \tag{7.32}$$

④确定洞口上方截面的无量纲轴力 $n_t$ 以及折算高度 $a$:

$$n_t=\frac{N}{N_{plt}}=\frac{2at_w\sigma_{yw}}{N_{plt}}\Rightarrow\quad a=n_t\frac{N_{plt}}{2t_w\sigma_{yw}}=n_ty_{23} \tag{7.33}$$

⑤确定形心轴 $SA$ 到中和轴 $NA$ 的距离:

$$g=a-y_{24}=n_ty_{23}-y_{24} \tag{7.34}$$

⑥将真实应力图中①~⑤部分的合力对形心轴 $SA$ 取矩可以得到次弯矩函数 $M_{2j}$ 的第 2 段函数式 $M_{22}$:

$$\begin{aligned}M_{22}&=-M_{①}+M_{②}+M_{③}-M_{④}-M_{⑤}\\&=-b_e\sigma_c\frac{y_t^2-(y_t-c)^2}{2}+b_ft_f\sigma_{yf}\left(y_b+\frac{t_f}{2}\right)+t_w\sigma_{yw}\frac{g^2-(y_b+t_f)^2}{2}-\\&\quad t_w\sigma_{yw}\frac{(s_t+t_f+y_b)^2-g^2}{2}-b_{ft}t_{ft}\sigma_{yt}(y_b+t_f+s_t+0.5t_{tft})\end{aligned}$$

$$= t_w\sigma_{yw}g^2 - 0.5t_w\sigma_{yw}[(y_b + t_f)^2 + (t_f + y_b + s_t)^2] + b_f t_f \sigma_{yf}(y_b + 0.5t_f) - 0.5b_e\sigma_c[y_t^2 - (y_t - c)^2] - b_{ft}t_{ft}\sigma_{yt}(y_b + t_f + s_t + 0.5t_{tft}) \tag{7.35}$$

将式(5.38)代入式(5.39)可以得到：

$$M_{22} = t_w\sigma_{yw}(n_t y_{23} - y_{24})^2 - 0.5t_w\sigma_{yw}[(y_b + t_f)^2 + (t_f + y_b + s_t)^2] + b_f t_f \sigma_{yf}(y_b + 0.5t_f) - 0.5b_e\sigma_c(2y_t c - c^2) - b_{ft}t_{ft}\sigma_{yt}(y_b + t_f + s_t + 0.5t_{tft}) \tag{7.36}$$

简化后可以得到关于 $n_t$ 的函数式：

$$M_{22} = t_w\sigma_{yw}y_{23}^2 n_t^2 - 2t_w\sigma_{yw}y_{23}y_{24}n_t + M_{22}^0 \tag{7.37}$$

式中：

$$M_{22}^0 = t_w\sigma_{yw}y_{24}^2 - 0.5b_e\sigma_c[y_t^2 - (y_t - c)^2] + b_f t_f \sigma_{yf}(y_b + 0.5t_f) - 0.5t_w\sigma_{yw}(y_b + t_f)^2 - 0.5t_w\sigma_{yw}(t_f + y_b + s_t)^2 - b_{ft}t_{ft}\sigma_{yt}(y_b + t_f + s_t + 0.5t_{tft}) \tag{7.38}$$

**分析情况(三):中和轴 $NA$ 位于补强板内**

随着轴力继续增长,次弯矩下降,中和轴继续向下移动,移动范围在补强板内,如图7.9所示。

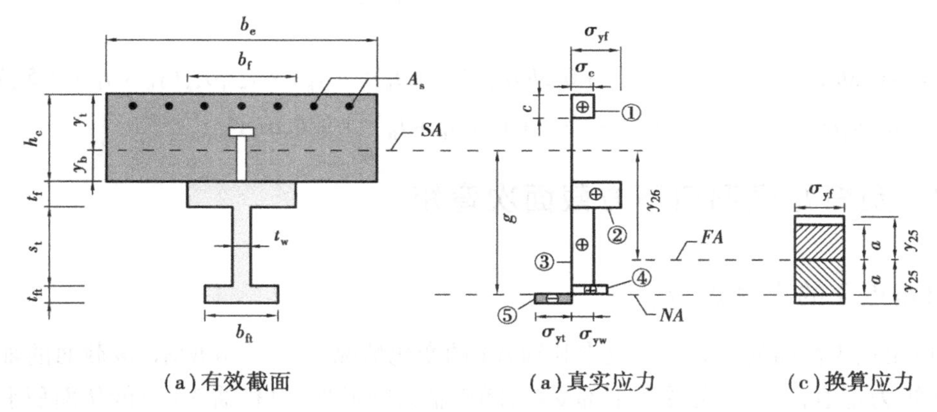


(a)有效截面 (a)真实应力 (c)换算应力

图7.9 中和轴 $NA$ 在补强板内时角点2截面上的应力分布图

此时满足条件：$\dfrac{y_{25} - t_{ft}}{y_{25}} \leqslant n_t \leqslant \dfrac{y_{25}}{y_{25}}$

①确定换算应力图中面积平分轴 $FA$ 的位置：

$$y_{25} = \frac{N_{plt}}{2b_{ft}\sigma_{yt}} \tag{7.39}$$

②确定形心轴 $SA$ 到面积平分轴 $FA$ 的距离：

$$y_{26} = (y_b + t_f + s_t + t_{ft}) - y_{25} \tag{7.40}$$

③确定洞口上方截面的无量纲轴力 $n_t$ 以及折算高度 $a$：

$$n_t = \frac{N}{N_{plt}} = \frac{2ab_{ft}\sigma_{yt}}{N_{plt}} \Rightarrow a = n_t\frac{N_{plt}}{2b_{ft}\sigma_{yt}} = n_t y_{25} \tag{7.41}$$

④确定形心轴 $SA$ 到中和轴 $NA$ 的距离：

$$g = y_{26} + a = y_{26} + n_t y_{25} \tag{7.42}$$

⑤将真实应力图中①~⑤部分的合力对形心轴 $SA$ 取矩可以得到次弯矩函数 $M_{2j}$ 的第3段函数式 $M_{23}$：

$$M_{23}=-M_{①}+M_{②}+M_{③}+M_{④}-M_{⑤}$$

$$=-b_e\sigma_c\frac{y_t^2-(y_t-c)^2}{2}+b_ft_f\sigma_{yf}\left(y_b+\frac{t_f}{2}\right)+t_ws_t\sigma_{yw}(y_b+t_f+0.5s_t)+$$

$$b_{ft}\sigma_{yt}\frac{g^2-(s_t+t_f+y_b)^2}{2}-b_{ft}\sigma_{yt}\frac{(y_b+t_f+s_t+t_{tft})^2-g^2}{2}$$

$$=b_{ft}\sigma_{yt}g^2-0.5b_{ft}\sigma_{yt}[(t_f+y_b+s_t)^2+(y_b+t_f+s_t+t_{ft})^2]+b_ft_f\sigma_{yf}(y_b+0.5t_f)-$$

$$0.5b_e\sigma_c[y_t^2-(y_t-c)^2]+t_ws_t\sigma_{yw}(y_b+t_f+0.5s_t) \tag{7.43}$$

将式(7.42)代入式(7.43)可以得到:

$$M_{23}=b_{ft}\sigma_{yt}(y_{26}+n_ty_{25})^2-0.5b_{ft}\sigma_{yt}[(t_f+y_b+s_t)^2+(y_b+t_f+s_t+t_{ft})^2]-$$

$$0.5b_e\sigma_c[y_t^2-(y_t-c)^2]+t_ws_t\sigma_{yw}(y_b+t_f+0.5s_t)+$$

$$b_ft_f\sigma_{yf}(y_b+0.5t_f)+b_ft_f\sigma_{yf}(y_b+0.5t_f) \tag{7.44}$$

简化后可以得到关于 $n_t$ 的函数式:

$$M_{23}=b_{ft}\sigma_{yt}y_{25}^2n_t^2+2b_{ft}\sigma_{yt}y_{25}y_{26}n_t+M_{23}^0 \tag{7.45}$$

式中:

$$M_{23}^0=-0.5b_e\sigma_c[y_t^2-(y_t-c)^2]+0.5b_f\sigma_{yf}[(y_b+t_f)^2-y_b^2]+t_ws_t\sigma_{yw}(y_b+t_f+0.5s_t)^2-$$

$$0.5b_{ft}\sigma_{yt}[(t_f+y_b+s_t)^2+(y_b+t_f+s_t+t_{ft})^2]+b_{ft}\sigma_{yt}y_{26}^2 \tag{7.46}$$

## 7.3.2 负弯矩区洞口下方截面次弯矩

### 1)洞口角点 3 的次弯矩 $M_{3j}$

洞口角点 3 截面的应力分布及中和轴 *NA* 的变化情况如图 7.10 所示,该截面的轴力为负值,次弯矩为正值,截面上部受压下部受拉,随着轴力的增加,中和轴 *NA* 只能从面积平分轴开始向下移动,由于面积平分轴只能出现在钢梁翼缘内,所以中和轴 *NA* 只经过一个区域,即 *NA* 在钢梁下翼缘内(图 7.10),次弯矩函数 $M_{3j}$ 仅由一段函数组成。

从图 7.10 中可以看出:当轴力为零,次弯矩达到最大值时,面积平分轴 *FA* 与中和轴 *NA* 重合[图 7.10(a)];随着轴力的增加,*NA* 依次经过轴力和弯矩共同存在的区域[图 7.10(b)];当轴力达到最大值时,相应的次弯矩为零[图 7.10(c)]。

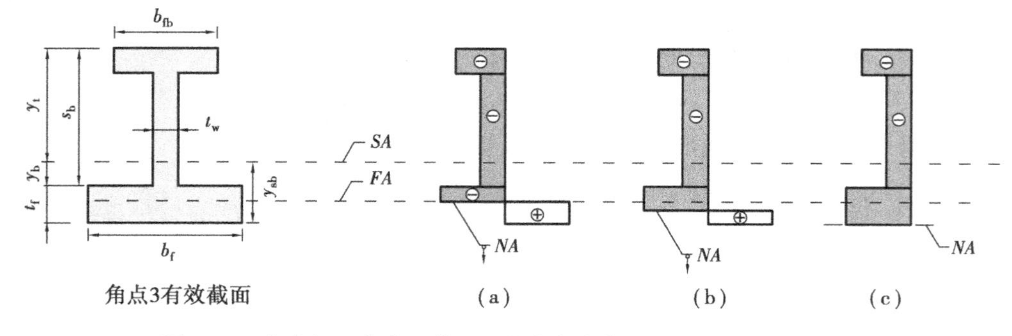


图 7.10 负弯矩区角点 3 截面上的应力分布以及中和轴的变化范围

**分析情况:中和轴 $NA$ 位于钢梁下翼缘内**

随着轴力的增加,中和轴从面积平分轴开始向下移动,中和轴的移动范围在钢梁下翼缘内,如图 7.11 所示。

此时满足条件:$0 \leqslant a \leqslant (y_{31} - y_s)$ 或 $0 \leqslant n_b \leqslant \dfrac{y_{31} - y_s}{y_{31}}$

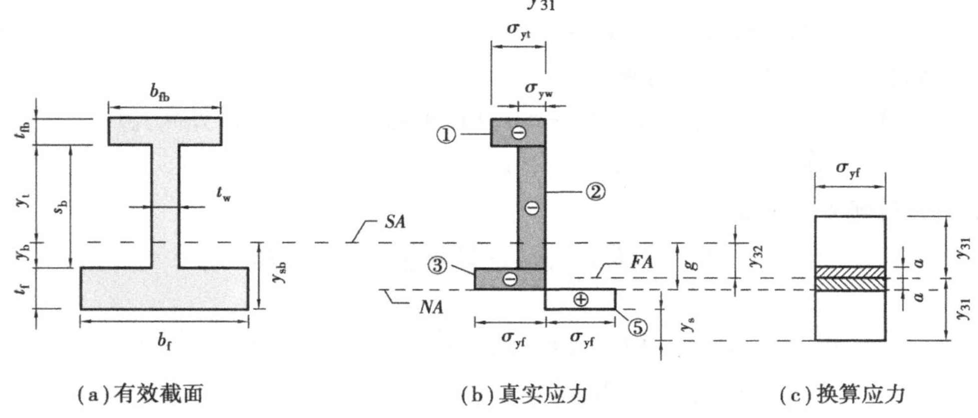


图 7.11　中和轴 $NA$ 在钢梁下翼缘内时角点 3 截面上的应力分布图

①确定角点 3 处截面的形心轴位置:

$$y_t = \frac{0.5 b_f t_f^2 \sigma_{yf} + A_{wb}\sigma_{yw}(t_f + 0.5 s_b) + A_{st}\sigma_{yt}(t_f + s_b + 0.5 t_{ft})}{A_{fb}\sigma_{yf} + A_w \sigma_{yw} + A_{st}\sigma_{yt}} \tag{7.47}$$

$$y_b = y_{sb} - t_f, \quad y_t = s_b - y_b \tag{7.48}$$

②由于中和轴位于钢梁下翼缘内,为了满足换算应力图中的面积平分轴与实际截面的面积平分轴位置相同,将洞口上方、洞口下方截面的最大塑性轴力差换算成钢梁翼缘的折算高度:

$$y_s = \frac{N_{plt} - N_{plb}}{2 b_f \sigma_{yf}} \tag{7.49}$$

$$N_{plb} = A_{fb}\sigma_{yf} + A_w \sigma_{yw} + A_{st}\sigma_{yt} \tag{7.50}$$

其中,$N_{plb}$为洞口下方截面的最大塑性轴力。

③确定换算应力图中面积平分轴 $FA$ 的位置:

$$y_{31} = \frac{N_{plt}}{2 b_f \sigma_{yf}} \tag{7.51}$$

④确定形心轴 $SA$ 到面积平分轴 $FA$ 的距离:

$$y_{32} = y_{sb} + y_s - y_{31} \tag{7.52}$$

⑤确定洞口上方截面的无量纲轴力 $n_b$ 以及折算高度 $a$:

$$n_b = \frac{N}{N_{plt}} = \frac{2 a b_f \sigma_{yf}}{N_{plt}} \Rightarrow \quad a = n_b \frac{N_{plt}}{2 b_f \sigma_{yf}} = n_b y_{31} \tag{7.53}$$

⑥确定形心轴 $SA$ 到中和轴 $NA$ 的距离:

$$g = y_{32} + a = y_{32} + n_b y_{31} \tag{7.54}$$

⑦将真实应力图中①~④部分的合力对形心轴 $SA$ 取矩可以得到次弯矩函数 $M_{3j}$ 的函数式 $M_{31}$:

$$\begin{aligned}M_{31} &= M_{①} - M_{②} + M_{③} + M_{④}\\ &= -0.5b_f\sigma_{yf}(g^2 - y_b^2) + 0.5b_f\sigma_{yf}(y_{sb}^2 - g^2) + 0.5t_w\sigma_{yw}(y_t^2 - y_b^2) +\\ &\quad 0.5b_{fb}\sigma_{yt}[(t_{fb} + y_t)^2 - y_t^2)]\\ &= -b_f\sigma_{yf}g^2 + b_f\sigma_{yf}(y_b^2 + y_{sb}^2) + 0.5t_w\sigma_{yw}(y_t^2 - y_b^2) +\\ &\quad 0.5b_{fb}\sigma_{yt}[(t_{fb} + y_t)^2 - y_t^2)]\end{aligned} \tag{7.55}$$

将式(7.54)代入式(7.55)可以得到：

$$\begin{aligned}M_{31} = &-b_f\sigma_{yf}(y_{32} + n_b y_{31})^2 + b_f\sigma_{yf}(y_b^2 + y_{sb}^2) + 0.5t_w\sigma_{yw}(y_t^2 - y_b^2) +\\ &0.5b_{fb}\sigma_{yt}[(t_{fb} + y_t)^2 - y_t^2)]\end{aligned} \tag{7.56}$$

简化后可以得到关于 $n_b$ 的函数式：

$$M_{31} = -b_f\sigma_{yf}y_{31}^2 n_b^2 - 2b_f\sigma_{yf}y_{31}y_{32}n_b + M_{31}^0 \tag{7.57}$$

式中：

$$\begin{aligned}M_{31}^0 = &-b_f\sigma_{yf}y_{32}^2 + 0.5b_f\sigma_{yf}(y_b^2 + y_{sb}^2) + 0.5t_w\sigma_{yw}(y_t^2 - y_b^2) +\\ &b_{fb}\sigma_{yt}t_{fb}(y_t + 0.5t_{fb})\end{aligned} \tag{7.58}$$

## 2)洞口角点 4 的次弯矩 $M_{4j}$

洞口角点 4 截面的应力分布及中和轴 NA 的变化情况如图 7.12 所示，该截面的轴力和次弯矩均为负值，截面上部受拉下部受压，随着轴力的增加，中和轴 NA 只能从面积平分轴开始向上移动，由于面积平分轴只能出现在钢梁内，所以中和轴 NA 可以经过 3 个区域，即 NA 在钢梁翼缘[图 7.12(a)、(b)]，NA 在钢腹板[图 7.12(c)]，NA 在补强板内[图 7.12(d)、(e)]。根据中和轴 NA 位置的不同，次弯矩函数 $M_{4j}$ 由 3 段函数组成。

从图 7.12 中可以看出：当轴力为零，次弯矩达到最大值时，面积平分轴 FA 与中和轴 NA 重合[图 7.12(a)]；随着轴力的增加，NA 依次经过轴力和弯矩共同存在的区域[图 7.12(b)、(c)、(d)]；当轴力达到最大值时，相应的次弯矩为零[图 7.12(d)]。

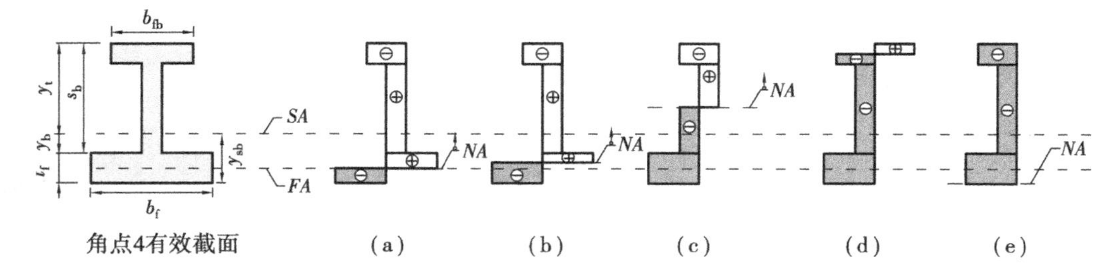


图 7.12　负弯矩区角点 4 截面上的应力分布以及中和轴的变化范围

**分析情况(一)：中和轴 NA 位于钢梁下翼缘内**

随着轴力的增加，中和轴从面积平分轴开始向上移动，中和轴的移动范围在钢梁下翼缘内，如图 7.13 所示。

此时满足条件：$0 \leqslant a \leqslant (y_{42} - y_b)$ 或 $0 \leqslant n_b \leqslant \dfrac{y_{42} - y_b}{y_{41}}$

①为了满足换算应力图中的面积平分轴与实际截面的面积平分轴位置相同，将洞口上方、洞口下方截面的最大塑性轴力差换算成钢梁翼缘的折算高度：

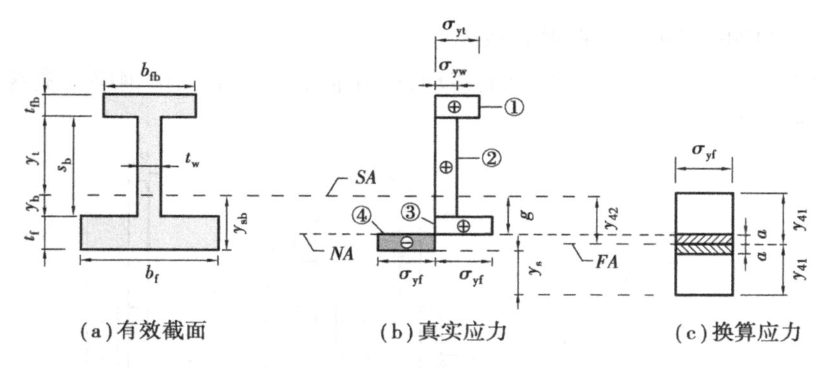


(a)有效截面　　(b)真实应力　　(c)换算应力

图7.13　中和轴 NA 在钢梁下翼缘内时角点4截面上的应力分布图

$$y_s = \frac{N_{plt} - N_{plb}}{2b_f\sigma_{yf}} \tag{7.59}$$

②确定换算应力图中面积平分轴 FA 的位置：

$$y_{41} = \frac{N_{plt}}{2b_f\sigma_{yf}} \tag{7.60}$$

③确定形心轴 SA 到面积平分轴 FA 的距离：

$$y_{42} = y_{sb} + y_s - y_{41} \tag{7.61}$$

④确定洞口上方截面的无量纲轴力 $n_b$ 以及折算高度 $a$：

$$n_b = \frac{N}{N_{plt}} = \frac{2ab_f\sigma_{yf}}{N_{plt}} \Rightarrow \quad a = n_b\frac{N_{plt}}{2b_f\sigma_{yf}} = n_b y_{41} \tag{7.62}$$

⑤确定形心轴 SA 到中和轴 NA 的距离：

$$g = y_{42} - a = y_{42} - n_b y_{41} \tag{7.63}$$

⑥将真实应力图中①～④部分的合力对形心轴 SA 取矩可以得到次弯矩函数 $M_{4j}$ 的第一段函数式 $M_{41}$：

$$\begin{aligned}M_{41} &= -M_{①} + M_{②} - M_{③} - M_{④}\\ &= 0.5b_f\sigma_{yf}(g^2 - y_b^2) - 0.5b_f\sigma_{yf}(y_{sb}^2 - g^2) - 0.5t_w\sigma_{yw}(y_t^2 - y_b^2) -\\ &\quad 0.5b_{fb}\sigma_{yf}[(t_{fb} + y_t)^2 - y_t^2]\\ &= b_f\sigma_{yf}g^2 - b_f\sigma_{yf}(y_b^2 + y_{sb}^2) - 0.5t_w\sigma_{yw}(y_t^2 - y_b^2) -\\ &\quad 0.5b_{fb}\sigma_{yf}[(t_{fb} + y_t)^2 - y_t^2]\end{aligned} \tag{7.64}$$

将式(7.63)代入式(7.64)可以得到：

$$\begin{aligned}M_{41} &= b_f\sigma_{yf}(y_{42} - n_b y_{41})^2 - 0.5b_f\sigma_{yf}(y_b^2 + y_{sb}^2) - 0.5t_w\sigma_{yw}(y_t^2 - y_b^2) -\\ &\quad 0.5b_{fb}\sigma_{yt}[(t_{fb} + y_t)^2 - y_t^2]\end{aligned} \tag{7.65}$$

简化后可以得到关于 $n_b$ 的函数式：

$$M_{41} = b_f\sigma_{yf}y_{41}^2 n_b^2 - 2b_f\sigma_{yf}y_{41}y_{42}n_b + M_{41}^0 \tag{7.66}$$

式中：

$$M_{41}^0 = b_f\sigma_{yf}y_{42}^2 - 0.5b_f\sigma_{yf}(y_b^2 + y_{sb}^2) - 0.5t_w\sigma_{yw}(y_t^2 - y_b^2) - b_{fb}t_{fb}\sigma_{yt}(y_t + 0.5t_{fb}) \tag{7.67}$$

**分析情况(二):中和轴 $NA$ 位于钢梁腹板内**

随着轴力继续增加,中和轴继续向上移动,中和轴的移动范围由钢梁下翼缘顶部移动到钢梁腹板内,如图 7.14 所示。

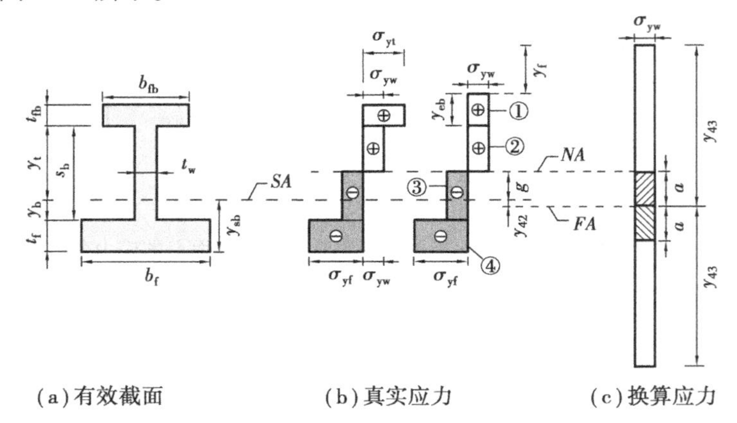


(a)有效截面　　(b)真实应力　　(c)换算应力

图 7.14　中和轴 $NA$ 在钢梁腹板内时角点 4 截面上的应力分布图

此时满足条件:$(y_{44}-y_b)\leqslant a\leqslant(y_{44}+y_b)$ 或 $\dfrac{y_{44}-y_b}{y_{43}}\leqslant n_b\leqslant\dfrac{y_{44}+y_b}{y_{43}}$

①为了满足换算应力图中的面积平分轴与实际截面的面积平分轴位置相同,将洞口上方、下方截面的最大塑性轴力差换算成钢梁翼缘的折算高度:

$$y_f = \frac{N_{plt}-N_{plb}}{2t_w\sigma_{yw}} \tag{7.68}$$

②确定换算应力图中面积平分轴 $FA$ 的位置:

$$y_{43} = \frac{N_{plt}}{2t_w\sigma_{yw}} \tag{7.69}$$

③为了满足换算应力图中的面积平分轴与实际截面的面积平分轴位置相同,将补强板截面实际厚度换算为腹板的折算高度:

$$y_{eb} = \frac{b_{fb}t_{fb}\sigma_{yt}}{t_w\sigma_{yw}} \tag{7.70}$$

④确定形心轴 $SA$ 到面积平分轴 $FA$ 的距离:

$$y_{44} = y_{43} - (y_{4f} + y_t + y_{eb}) \tag{7.71}$$

⑤确定洞口上方截面的无量纲轴力 $n_b$ 以及折算高度 $a$:

$$n_b = \frac{N}{N_{plt}} = \frac{2at_w\sigma_{yw}}{N_{plt}} \Rightarrow \quad a = n_b\frac{N_{plt}}{2t_w\sigma_{yw}} = n_b y_{43} \tag{7.72}$$

⑥确定形心轴 $SA$ 到中和轴 $NA$ 的距离:

$$g = a - y_{44} = n_b y_{43} - y_{44} \tag{7.73}$$

⑦将真实应力图中①~④部分的合力对形心轴 $SA$ 取矩可以得到次弯矩函数 $M_{4j}$ 的第二段函数式 $M_{42}$:

$$\begin{aligned} M_{42} &= -M_{①} - M_{②} - M_{③} - M_{④} \\ &= -0.5t_w\sigma_{yw}(y_t^2 - g^2) - 0.5t_w\sigma_{yw}(y_b^2 - g^2) - 0.5b_f\sigma_{yf}(y_{sb}^2 - y_b^2) - \\ &\quad 0.5b_{fb}\sigma_{yt}[(t_{fb} + y_t)^2 - y_t^2] \end{aligned}$$

$$= t_w\sigma_{yw}g^2 - t_w\sigma_{yw}(y_t^2 + y_b^2) - 0.5b_f\sigma_{yf}(y_{sb}^2 - y_b^2) - 0.5b_{fb}\sigma_{yt}[(t_{fb} + y_t)^2 - y_t^2] \quad (7.74)$$

将式(7.73)代入式(7.74)可以得到：

$$M_{42} = t_w\sigma_{yw}(n_b y_{43} - y_{44})^2 - t_w\sigma_{yw}(y_t^2 + y_b^2) - 0.5b_f\sigma_{yf}(y_{sb}^2 - y_b^2) - 0.5b_{fb}\sigma_{yt}[(t_{fb} + y_t)^2 - y_t^2] \quad (7.75)$$

简化后可以得到关于 $n_b$ 的函数式：

$$M_{42} = t_w\sigma_{yw}y_{43}^2 n_b^2 - 2t_w\sigma_{yw}y_{43}y_{44}n_b + M_{42}^0 \quad (7.76)$$

式中：

$$M_{42}^0 = t_w\sigma_{yw}y_{44}^2 - b_f\sigma_{yf}(y_{sb}^2 - y_b^2) - 0.5t_w\sigma_{yw}(y_t^2 + y_b^2) - b_{fb}t_{fb}\sigma_{yt}(y_t + 0.5t_{fb}) \quad (7.77)$$

**分析情况(三)：中和轴 *NA* 位于补强板内**

随着轴力继续增加，中和轴继续向上移动，中和轴的移动范围由钢梁腹板移动到补强板内，如图 7.15 所示。

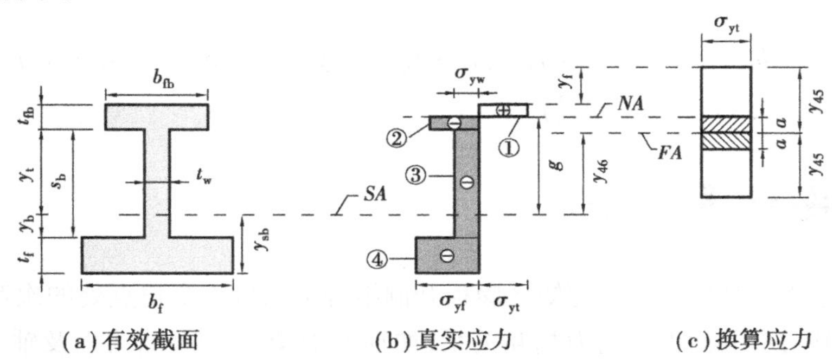


图 7.15　中和轴 *NA* 在补强板内时角点 4 截面上的应力分布图

满足条件：$(y_{45} - y_f - t_{fb}) \leqslant a \leqslant (y_{45} - y_f)$ 或 $\dfrac{y_{45} - y_f - t_{fb}}{y_{45}} \leqslant n_b \leqslant \dfrac{y_{45} - y_f}{y_{45}}$

①为了满足换算应力图中的面积平分轴与实际截面的面积平分轴位置相同，将洞口上方、下方截面的最大塑性轴力差换算成钢梁翼缘的折算高度：

$$y_f = \frac{N_{plt} - N_{plb}}{2b_{fb}\sigma_{yt}} \quad (7.78)$$

②确定换算应力图中面积平分轴 *FA* 的位置：

$$y_{45} = \frac{N_{plt}}{2b_{fb}\sigma_{yt}} \quad (7.79)$$

③确定形心轴 *SA* 到面积平分轴 *FA* 的距离：

$$y_{46} = (y_{4h} + t_{fb} + y_t) - y_{45} \quad (7.80)$$

④确定洞口上方截面的无量纲轴力 $n_b$ 以及折算高度 $a$：

$$n_b = \frac{N}{N_{plt}} = \frac{2ab_{fb}\sigma_{yt}}{N_{plt}} \Rightarrow a = n_b\frac{N_{plt}}{2b_{fb}\sigma_{yt}} = n_b y_{45} \quad (7.81)$$

⑤确定形心轴 *SA* 到中和轴 *NA* 的距离：

$$g = y_{46} + a = y_{46} + n_b y_{45} \quad (7.82)$$

⑥将真实应力图中①～④部分的合力对形心轴 *SA* 取矩可以得到次弯矩函数 $M_{4j}$ 的第三

段函数式 $M_{43}$：

$$\begin{aligned}M_{43} &= -M_{①} + M_{②} - M_{③} - M_{④} \\ &= -0.5b_{fb}\sigma_{yt}[(t_{fb}+y_t)^2 - g^2] + 0.5b_{fb}\sigma_{yt}(g^2 - y_t^2) - 0.5t_w\sigma_{yw}(y_b^2 - y_t^2) - \\ &\quad 0.5b_f\sigma_{yf}(y_{sb}^2 - y_b^2) \\ &= b_{fb}\sigma_{yt}g^2 - 0.5b_{fb}\sigma_{yt}[(t_{fb}+y_t)^2 + y_t^2] - 0.5t_w\sigma_{yw}(y_b^2 - y_t^2) - \\ &\quad 0.5b_f\sigma_{yf}(y_{sb}^2 - y_b^2)\end{aligned} \tag{7.83}$$

将式(7.81)代入式(7.82)可以得到：

$$\begin{aligned}M_{43} &= b_{fb}\sigma_{yt}(y_{46} + n_b y_{45})^2 - 0.5b_{fb}\sigma_{yt}[(t_{fb}+y_t)^2 + y_t^2] - 0.5t_w\sigma_{yw}(y_b^2 - y_t^2) - \\ &\quad 0.5b_f\sigma_{yf}(y_{sb}^2 - y_b^2)\end{aligned} \tag{7.84}$$

简化后可以得到关于 $n_b$ 的函数式：

$$M_{43} = b_{fb}\sigma_{yf}y_{45}^2 n_b^2 + 2b_{fb}\sigma_{yf}y_{45}y_{46}n_b + M_{43}^0 \tag{7.85}$$

式中：

$$\begin{aligned}M_{43}^0 &= b_{fb}\sigma_{yf}y_{46}^2 - 0.5b_{fb}\sigma_{yt}[(y_t + t_{fb})^2 + y_t^2] - 0.5t_w\sigma_{yw}(y_b^2 - y_t^2) - \\ &\quad 0.5b_f\sigma_{yf}(y_{sb}^2 - y_b^2)\end{aligned} \tag{7.86}$$

# 7.4 理论计算结果

在推导出了带补强措施的负弯矩区腹板开洞组合梁洞口 4 个角点处的次弯矩函数后，通过计算可以得到对应截面上的内力相互关系，如轴力-次弯矩相关曲线以及轴力-剪力相关曲线等，进而求出对应的总弯矩和总剪力。

## 7.4.1 内力相关曲线计算

为了用本书方法和公式计算负弯矩作用下带补强板的腹板开洞组合梁的极限承载力，选取了 3 根编号为 S1 ~ S3 的组合梁为计算对象，进行了比较分析。S1 梁的洞口处未设置补强板，作为对比梁；S2、S3 梁的洞口设置了不同尺寸的补强板，洞口中心线与钢梁形心轴重合，洞口位于负弯矩区。组合梁均为完全剪切连接设计，栓钉以等间距 100 mm 沿全梁均匀布置；混凝土翼板为 C30，钢材均为 Q235 热轧 H 型钢，混凝土板中钢筋采用了 HRB335 级钢筋，配筋率 0.8%，栓钉均采用 $\phi$19，长度为80 mm；材料属性采用第 2 章中试验得到的实测结果；各试件的几何尺寸以及基本参数分别见图 7.16 和表 7.1。

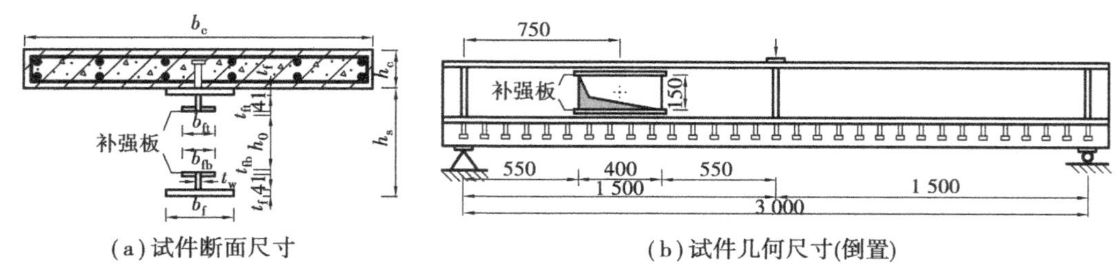


(a) 试件断面尺寸　　(b) 试件几何尺寸(倒置)

图 7.16　负弯矩区带补强板的组合梁示意图

表7.1　带补强板的组合梁参数

| 编号 | 钢梁尺寸/mm | 洞口尺寸/mm | 补强板/mm | 混凝土板/mm | | 配筋率/% | | 栓钉 |
|---|---|---|---|---|---|---|---|---|
| | $(h_s \times b_f \times t_w \times t_f)$ | $a_0 \times h_0$ | $b_{ft} \times t_{ft}/b_{ft} \times t_{ft}$ | $h_c$ | $b_c$ | 纵向 | 横向 | 单排 |
| S-1 | 250×125×6×9 | — | — | 110 | 1 000 | 0.8 | 0.5 | @100 |
| S-2 | 250×125×6×9 | 400×150 | 50×6 | 110 | 1 000 | 0.8 | 0.5 | @100 |
| S-3 | 250×125×6×9 | 400×150 | 80×9 | 110 | 1 000 | 0.8 | 0.5 | @100 |

根据本书提出的带补强措施的负弯矩区腹板开洞组合梁极限承载力计算方法对组合梁S1～S3进行计算，同时考虑洞口上方和下方截面的轴力平衡条件，得到对应的轴力-次弯矩相关曲线，如图7.17所示。

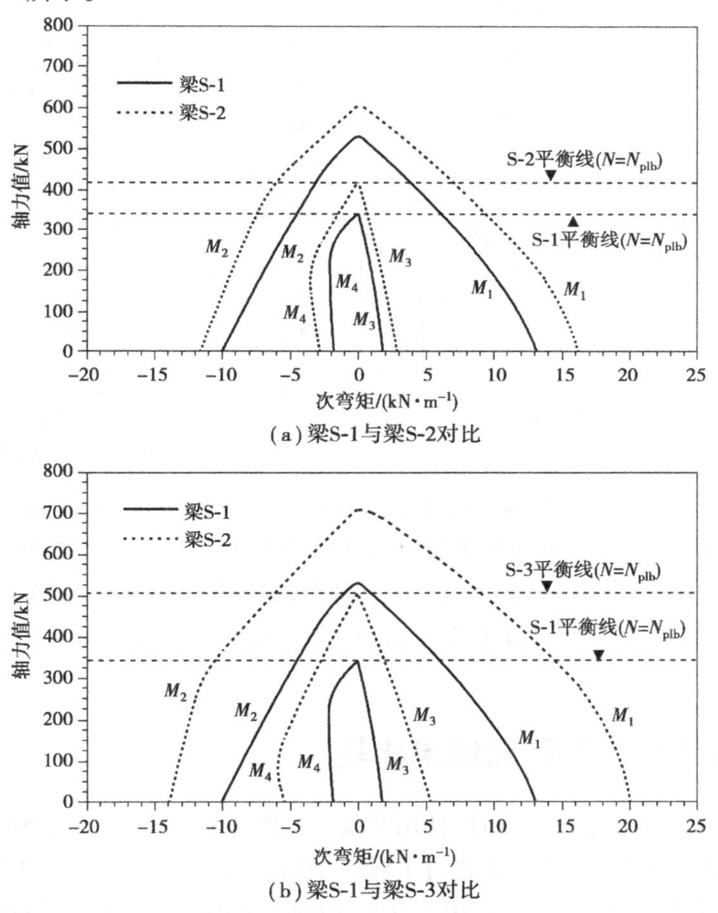

(a) 梁S-1与梁S-2对比

(b) 梁S-1与梁S-3对比

图7.17　不同补强板的负弯矩区腹板开洞组合梁轴力-次弯矩相关曲线

从图7.17中可以得出如下结论：

①随着轴力的增加，洞口上方截面的次弯矩 $M_1$、$M_2$ 和洞口下方截面的次弯矩 $M_3$、$M_4$ 都逐渐减小，当轴力达到各自截面的最大塑性轴力时，对应的次弯矩为零；平衡线以下的部分为轴力平衡区域，即洞口上方、下方截面的轴力相互平衡，而平衡线以上的部分轴力不能平衡，只有平衡区内的次弯矩 $M_1$、$M_2$ 是可以利用的；各平衡线所对应的轴力值是下方截面的最大

塑性轴力 $N_{plb}$。

②没有补强的组合梁 S-1 与洞口处设置了补强板的组合梁 S-2、S-3 相比，其次弯矩和轴力值均最小，组合梁 S-2、S-3 在设置补强板后次弯矩值和轴力均有很大提高；同时，设置补强板后满足轴力平衡的范围也明显扩大，使得次弯矩 $M_1$、$M_2$ 的有效利用区域增加，原因是补强板提高了洞口下方截面的最大塑性轴力 $N_{plb}$；可见在洞口处设置水平补强板使得次弯矩明显提高，补强板面积越大，次弯矩增加越多。

计算得到了组合梁 S1 ~ S3 的轴力-剪力相关曲线，如图 7.18 所示。通过比较可以看出：组合梁 S-2、S-3 与组合梁 S-1 相比，洞口上方和下方截面的抗剪承载力（$V_b$、$V_t$）都明显增大，由于组合梁 S-3 的补强板面积最大，对应的剪力增加幅度也最多。同时发现，洞口上方截面的剪力 $V_t$ 远大于下方截面的剪力 $V_b$，再次说明了混凝土翼板对负弯矩作用下的腹板开洞组合梁的竖向抗剪承载力有很大贡献。

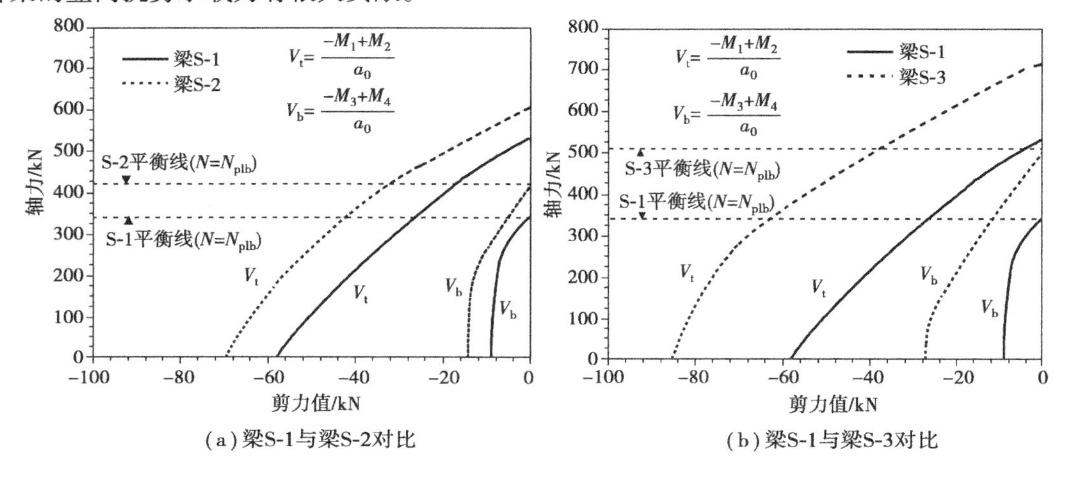


图 7.18 不同补强板的负弯矩区腹板开洞组合梁轴力-剪力相关曲线

在计算得到的轴力-次弯矩相关曲线和轴力-剪力相关曲线基础上，给出相应的轴力值，就可以求得对应截面的总弯矩 $M_g$ 和总剪力 $V_g$，其中，总弯矩由主弯矩和次弯矩叠加得到，即 $M_g = (M_g^L + M_g^R)/2$；总剪力由洞口上方截面剪力 $V_t$ 和下方截面剪力 $V_b$ 叠加得到，即 $V_g = (V_t + V_b)$。

## 7.4.2 理论结果与有限元结果比较

为了验证书中理论方法的准确性，使用有限元软件 ANSYS 对组合梁 S1 ~ S3 进行了模拟计算，将有限元结果与理论计算结果进行了对比，见表 7.2。从表 7.2 中可以看出：理论计算结果与有限元结果吻合较好，误差在 10% 以内，验证了书中计算方法的准确性；与有限元结果相比，理论结果偏大，主要原因是理论方法计算中假定洞口 4 个角都进入全截面塑性状态，同时假定混凝土板内钢筋均达到了屈服强度；从结果中还可以看出，与没有设置补强板的组合梁 S-1 相比，组合梁 S-2、S-3 的补强板面积依次增大，对应的总剪力分别提高了 11.8% 和 20.4%，可见在负弯矩区腹板开洞组合梁洞口处设置横向补强板后，其抗剪承载力显著提高，并且随着补强板面积的增大而提高。

表 7.2　理论结果与有限元结果比较

| 编号 | 洞口尺寸/mm $a_0 \times h_0$ | 补强板/mm $b_{ft} \times t_{ft}/b_{ft} \times t_{ft}$ | 有限元结果 | | 理论结果 | | $\lvert V_g^s \rvert / V_g^a$ | $\lvert M_g^s \rvert / M_g^a$ |
|---|---|---|---|---|---|---|---|---|
| | | | $V_g^a$/kN | $M_g^a$/kN · m | $\lvert V_g^s \rvert$/kN | $\lvert M_g^s \rvert$/(kN · m$^{-1}$) | | |
| S-1 | 400 × 150 | — | 52.34 | 33.11 | 54.31 | 35.27 | 1.04 | 1.06 |
| S-2 | 400 × 150 | 50 × 6 | 58.52 | 38.97 | 59.69 | 40.14 | 1.02 | 1.03 |
| S-3 | 400 × 150 | 80 × 9 | 63.02 | 43.32 | 65.54 | 45.48 | 1.04 | 1.05 |

# 7.5 小　结

本章根据空腹桁架力学模型，考虑混凝土翼板参与抗剪，按洞口区域塑性应力分布推导对应的次弯矩函数，建立了带补强措施的负弯矩区腹板开洞组合梁极限承载力计算公式，并对设置不同补强板的负弯矩区腹板开洞组合梁进行了计算分析，将计算结果和有限元结果进行了对比，得出以下结论：

①随着轴力的增加，洞口上方截面的次弯矩 $M_1$、$M_2$ 和洞口下方截面的次弯矩 $M_3$、$M_4$ 都逐渐减小；洞口上方截面的材料强度不能完全得到充分利用，只有平衡区内的次弯矩 $M_1$、$M_2$ 是可以利用的。

②设置补强板后满足轴力平衡的范围明显扩大，使得次弯矩 $M_1$、$M_2$ 的有效利用区域增加（图 7.17）。

③洞口设置补强板能有效提高负弯矩区腹板开洞组合梁的抗剪承载力，而且随着补强板面积的增大而明显提高（图 7.18）。

④通过对比分析，理论结果与有限元结果吻合较好（表 7.2），由此验证了本书理论计算方法的正确性。

# 第 8 章
# 结论与展望

## 8.1 结　论

本书通过试验、有限元模拟及理论计算等方法，对负弯矩区腹板开洞组合梁的力学特性、抗剪承载力、影响参数以及补强措施等进行了系统研究。分析了负弯矩区腹板开洞组合梁的受力机制，建立了对应的力学模型，提出了负弯矩作用下洞口无补强措施和带补强措施的腹板开洞组合梁极限承载力计算方法，进一步完善和扩充了腹板开洞组合梁的相关研究内容。

论文完成的主要工作和主要结论如下：

①对负弯矩区腹板开洞组合梁进行了试验研究，设计了 6 根反向加载的组合梁试件，其中 5 根为腹板开洞组合梁试件，1 根为无洞对比组合梁试件，以混凝土翼板厚度、配筋率等为主要变化参数，分析不同参数对其抗剪性能和变形能力的影响，研究洞口区域的剪力承担情况；分析洞口截面的应力、应变规律以及栓钉和钢筋的受力性能。通过试验得到如下结论：

a. 负弯矩区的组合梁腹板开洞后，其刚度、承载力及变形能力都有显著下降；破坏形态为空腹破坏，主要表现形式为洞口角点出现塑性铰，洞口两侧混凝土板发生断裂。

b. 增加混凝土翼板厚度可以在一定程度上提高负弯矩区腹板开洞组合梁的抗剪承载力，而且提高效果明显大于正弯矩区的腹板开洞组合梁，但其变形能力基本不能增加；增大纵向钢筋配筋率不能有效提高抗剪承载力，但可以明显提高负弯矩区腹板开洞组合梁的变形能力，其提高效果比正弯矩作用下的腹板开洞组合梁要高很多。

c. 负弯矩区腹板开洞组合梁的挠度曲线在洞口处出现了明显的突变，洞口右侧的挠度增加幅度大于洞口左侧，达到极限荷载时，最大挠度值出现在洞口右端，与最大弯矩处的挠度值相差不大。

d. 由于在洞口处发生了较大的剪切变形以及界面滑移的影响，使得洞口截面应变曲线沿截面高度呈 S 形分布，不再满足平截面假定。

e. 由于开洞削弱了承担剪力的腹板截面，导致负弯矩区洞口上方的混凝土板承担了洞口区截面的大部分剪力，占到截面总剪力的 82.3% ~90.2%，比正弯矩作用下所占比重要大很多，即负弯矩区洞口上方混凝土板的抗剪性能比正弯矩区更为突出；混凝土翼板对负弯矩区腹板开洞组合梁的抗剪承载力有极大贡献，可以考虑加强混凝土翼板，如在混凝土翼板内设置抗剪钢筋。

f. 负弯矩区开洞组合梁的界面水平滑移及竖向掀起位移在洞口区域都出现了一定的突变,对应的栓钉应变也大于其他测点,说明洞口上方的栓钉受力较为不利,建议在实际工程中对洞口区域的栓钉进行加密处理。

g. 洞口区域的一部分纵向钢筋起到了抗拉的作用,但只有洞口右端截面的上部纵向钢筋抗拉效果最为明显,可以考虑加强该区域的钢筋布置。在荷载作用初期,洞口截面上的纵向钢筋应变沿着混凝土板宽度分布比较均匀,协同工作性能良好,但随着荷载的增加,应变分布差异开始增大,靠近洞口的纵向钢筋应变最大。

②使用有限元软件 ANSYS 对试验试件进行了非线性有限元计算,得到了与试验相似的破坏形态和变形特征,所得各试件的荷载-挠度曲线符合试验结果,试件的极限承载力与试验值吻合较好,验证了有限元方法的准确性,得到了可以很好地模拟负弯矩区腹板开洞组合梁受力过程的有限元模型。

③对 18 根负弯矩区腹板开洞组合梁进行非线性有限元计算,全面分析了不同影响参数对负弯矩作用下腹板开洞组合梁受力性能的影响,为工程实际应用提供参考。选择的影响参数有:混凝土板厚度、纵筋配筋率、洞口位置、洞口高度、洞口宽度、洞口形状和洞口偏心等;研究内容包括承载力及变形能力、洞口区域剪力分担情况、栓钉水平滑移分布等。

④在试验研究基础上,推导出一种负弯矩区腹板开洞组合梁极限承载力的实用计算方法,该方法考虑了洞口上方混凝土板的抗剪作用,更接近实际情况。使用该方法对试验梁进行了计算分析,所得各试件计算结果与试验结果吻合良好,误差在 10% 以内,可以满足工程设计的要求,为实际工程应用提供了一种可行的理论计算方法。为了便于实际应用,制作了负弯矩作用下洞口区截面的轴力-剪力-弯矩相关曲线图,可以更为直观地得到洞口处的抗弯和抗剪承载力。

⑤对负弯矩区腹板开洞组合梁的补强方法进行了研究,考虑到实际应用的可行性,提出了几种有效的补强方法,并分别对其承载力、变形能力和抗剪性能进行了对比分析,得到如下结论:

a. 通过在洞口周边设置加劲肋进行补强,提高了负弯矩区腹板开洞组合梁的承载力和变形能力,起到了较好的补强效果;其中,除了井字形加劲肋外,所提出的 V 形加劲肋和 U 形加劲肋的补强效果最为突出。

b. 从抗剪性能来看,井字形加劲肋、V 形加劲肋和 U 形加劲肋等 3 种洞口区补强方法对负弯矩区腹板开洞组合梁的抗剪承载力都是有利的,可以较好地补充开洞造成的抗剪承载力损失,其中 V 形加劲肋的效果最为突出。

c. 加密洞口区栓钉可以在一定程度上提高负弯矩区腹板开洞组合梁的承载力,但对变形能力的提高效果则不明显,因此建议在实际工程中将栓钉加密与其他补强措施结合使用,可以起到更好的补强效果。

d. 设置钢管支撑可以显著提高负弯矩区腹板开洞组合梁的承载力,变形能力也有明显的提高,可见钢管支撑除了设置方便的优点外,还起到了很好的补强效果。

e. 结合工程实际,在便于施工的前提下,选择多种补强措施结合使用可以起到更好的补强效果。

⑥推导了带补强措施的负弯矩区腹板开洞组合梁极限承载力计算公式,考虑了补强板对洞口区域受力性能的有利影响,对设置不同补强板的负弯矩区腹板开洞组合梁进行了计算分析,并与有限元结果进行对比,得到以下结论:

a. 设置补强板后满足轴力平衡的范围明显扩大,使得次弯矩 $M_1$、$M_2$ 的有效利用区域增加。

b. 洞口设置补强板能有效提高负弯矩区腹板开洞组合梁的抗剪承载力,而且随着补强板面积的增大而明显提高。

c. 通过对比分析,理论结果与有限元结果吻合较好,由此验证了理论计算方法的正确性。

## 8.2 展 望

合理使用腹板开洞组合梁可以获得很好的经济效益和社会效益,实际工程中对腹板开洞组合梁的使用已经越来越多,为了更好地应用和推广,还需要对其进行深入研究。在已有研究成果中,仍然缺乏对负弯矩作用下腹板开洞组合梁的研究,很多问题值得进一步的研究:

①目前,已经有了对多洞口腹板开洞组合梁的研究,对于负弯矩区的腹板开洞组合梁来说,开多洞口后会有怎样的受力表现,能否实现其使用功能,这一方面还需进行进一步的研究。

②为了有效控制混凝土板的开裂,应该对负弯矩区腹板开洞组合梁的裂缝产生机制以及发展规律进行全面的试验研究和理论分析。

③高性能混凝土在组合梁上的应用和研究已经越来越多,将高性能混凝土应用于负弯矩区的腹板开洞组合梁会起到哪些效果,对其受力性能有哪些有利作用,这一方面值得研究。

④目前没有看到有关腹板开洞组合梁抗震性能的研究报道,我们可以展开该方面的研究工作。

# 参考文献

[1] Andrews E. Elementary Principles of reinforced concrete construction[M]. England: Scott. Greenwood and Sons, 1912.

[2] Davies C. Steel-concrete composite beams with flexible connectors-a survey of research[J]. concrete, 1967, 1(12): 425-430.

[3] Newmark N M, Siess C P, Viest I. Tests and analysis of composite beams with incomplete interaction[J]. Proc. Soc. Exp. Stress Anal, 1951, 9(1): 75-92.

[4] Viest I M. Investigation of stud shear connectors for composite concrete and steel t-beams[C]. ACI Journal Proceedings. ACI, 1956, 52(4).

[5] Thurlimann B. Fatigue and static strength of stud shear connectors[C]. ACI Journal Proceedings. ACI, 1959, 55(6).

[6] Davies C. Small-scale push-out tests on welded stud shear connectors[J]. Concrete, 1967, 1(9): 311-316.

[7] Viest I M. Review of research on composite-steel concrete beams[J]. Structural Division, 1960, 86(6): 1-21.

[8] Chapman. Experiments on composite beams[J]. The Structural Division, 1964, 42(11): 369-383.

[9] Barnard P R, Johnson R. Ultimate strength of composite beams[C]. Thomas Telford, 1965: 161-179.

[10] Adekola. Effective Widths of Composite Beams of Steel and Concrete[J]. The Structural Engineer, 1968, 46(9): 285-289.

[11] Davies. Tests on half-scale steel concrete composite beams with welded stud connectors[J]. The Structural engineer, 1969, 47(1): 29-40.

[12] Ollgaard H G, Slutter R G, Fisher J D. Shear strength of stud connectors in lightweight and normal-weight concrete[J]. Engineering Journal of American of Steel Construction, 1971, 8

(2):55-64.

[13] Colville, James. Tests of curved steel-concrete composite beams[J]. Journal of the Structural Division, 1973, 99(7)(Proc Paper):1555-1570.

[14] Yam L, Chapman J. Inelastic behaviour of continuous composite beams of steel and concrete [C]. 1972.

[15] Singh, Mallick. Experiments on steel-concrete beams subjected to torsion combined flexure and torsion[J]. Indian Concrete Journal, 1977, 51(1):24-30.

[16] Ansourian P, Roderick J W. Analysis of composite beams[J]. Journal of the Structural Division, 1978, 104(10):1631-1645.

[17] Basu G, Mallick S. Interaction of flexure and torsion in steel-concrete composite beams[J]. Indian Concrete Journal, 1980, 54(3).

[18] Akao S, Kurita A. Concrete placing and fatigue of shear studs[C]. Fatigue of Steel and Concrete Structures, IABSE Colloquium Lausanne. 1982.

[19] Ansourian P. Experiments on continuous composite beams [C]. Thomas Telford. 1982: 26-51.

[20] Hawkins N M, Mitchell D. Seismic response of composite shear connections[J]. Journal of Structural Engineering, 1984, 110(9):2120-2136.

[21] Oehlers D J, Coughlan C G. The shear stiffness of stud shear connections in composite beams [J]. Journal of Constructional Steel Research, 1986, 6(4):273-284.

[22] Basu P K, Sharif A M, Ahmed N U. Partially prestressed continuous composite beams[J]. Journal of Structural Engineering, 1987, 113(9):1909-1925.

[23] Wright H. The deformation of composite beams with discrete flexible connection[J]. Journal of Constructional Steel Research, 1990, 15(1):49-64.

[24] Crisinel M. Partial-interaction analysis of composite beams with profiled sheeting and non-welded shear connectors[J]. Journal of Constructional Steel Research, 1990, 15(1):65-98.

[25] Hiragi H, Matsui S, Fukumoto Y. Static and fatigue strength of studs[C]. International Association for Bridge and Structural Engineering. Iabse Symposium Brussels. 1990 (60): 197-202.

[26] Bradford M A, Gilbert R I. Experiments on composite beams at service loads[J]. Journal of Structural Engineering, 1991, 60(3):967-972.

[27] Bradford M A, Gilbert R I. Composite beams with partial interaction under sustained loads [J]. Journal of Structural Engineering, 1992, 118(7):1871-1883.

[28] Porco G, Spadea G, Zinno R. Finite element analysis and parametric study of steel-concrete composite beams[J]. Cement and Concrete Composites, 1994, 16(4):261-272.

[29] Kemp A, Dekker N, Trinchero P. Differences in inelastic properties of steel and composite beams[J]. Journal of Constructional Steel Research, 1995, 34(2): 187-206.

[30] Gattesco N, Giuriani E. Experimental study on stud shear connectors subjected to cyclic loading[J]. Journal of Constructional Steel Research, 1996, 38(1): 1-21.

[31] Taplin G, Grundy P. Incremental slip of stud shear connectors under repeated loading[C]// Composite construction-conventional and innovative. International conference. 1997: 145-150.

[32] Yen J R, Lin Y, Lai M. Composite beams subjected to static and fatigue loads[J]. Journal of structural engineering, 1997, 123(6): 765-771.

[33] Wang Y C. Deflection of steel-concrete composite beams with partial shear interaction[J]. Journal of Structural Engineering, 1998, 124(10): 1159-1165.

[34] Fabbrocino G, Manfredi G, Cosenza E. Non-linear analysis of composite beams under positive bending[J]. Computers & structures, 1999, 70(1): 77-89.

[35] Thevendran V, Chen S, Shanmugam N, et al. Nonlinear analysis of steel-concrete composite beams curved in plan[J]. Finite Elements in Analysis and Design, 1999, 32(3): 125-139.

[36] Manfredi G, Fabbrocino G, Cosenza E. Modeling of steel-concrete composite beams under negative bending[J]. Journal of engineering mechanics, 1999, 125(6): 654-662.

[37] Thevendran V, Shanmugam N, Chen S, et al. Experimental study on steel-concrete composite beams curved in plan[J]. Engineering structures, 2000, 22(8): 877-889.

[38] Salari M R, Spacone E. Analysis of steel-concrete composite frames with bond-slip[J]. Journal of Structural Engineering, 2001, 127(11): 1243-1250.

[39] Baskar K, Shanmugam N E, Thevendran V. Finite-element analysis of steel-concrete composite plate girder[J]. Journal of Structural Engineering, 2002, 128(9): 1158-1168.

[40] Amadio C, Fragiacomo M. Effective width evaluation for steel-concrete composite beams[J]. Journal of Constructional Steel Research, 2002, 58(3): 373-388.

[41] Faella C, Martinelli E, Nigro E. Shear connection nonlinearity and deflections of steel-concrete composite beams: a simplified method[J]. Journal of Structural Engineering, 2002, 129(1): 12-20.

[42] Loh H Y, Uy B, Bradford M A. The effects of partial shear connection in the hogging moment regions of composite beams: Part I—Experimental study[J]. Journal of constructional steel research, 2004, 60(6): 897-919.

[43] Fragiacomo M, Amadio C, Macorini L. Finite-element model for collapse and long-term analysis of steel-concrete composite beams[J]. Journal of Structural Engineering, 2004, 130(3):

489-497.

[44] Zona A, Ranzi G. Finite element models for nonlinear analysis of steel-concrete composite beams with partial interaction in combined bending and shear[J]. Finite Elements in Analysis and Design, 2011, 47(2): 98-118.

[45] Lin W, Yoda T, Taniguchi N, et al. Mechanical Performance of Steel-Concrete Composite Beams Subjected to a Hogging Moment[J]. Journal of Structural Engineering, 2013, 140(1): 1-11.

[46] 聂建国,余志武. 钢混凝土组合梁在我国的研究及应用[J]. 土木工程学报,1999,32(2):3-8.

[47] 聂建国,卫军. 剪力连接件在钢-混凝土组合梁中的实际工作性能[J]. 郑州工学院学报,1991,12(4):44-47.

[48] 聂建国,余志武. 考虑滑移效应的钢-混凝土组合梁变形计算的折减刚度法[J]. 土木工程学报,1995,28(6):11-17.

[49] 聂建国,沈聚敏. 滑移效应对钢-混凝土组合梁弯曲强度的影响及其计算[J]. 土木工程学报,1997,30(1):31-36.

[50] 聂建国,王洪全. 钢-混凝土组合梁纵向抗剪的试验研究[J]. 建筑结构学报,1997,18(2):13-19.

[51] 王连广,刘之洋. 钢-轻骨料混凝土组合梁变形理论与试验研究[J]. 工业建筑,1997,27(9):13-16.

[52] 聂建国,樊健生. 组合梁在负弯矩作用下的刚度分析[J]. 工程力学,2002,19(4):33-36.

[53] 樊健生,聂建国. 负弯矩作用下考虑滑移效应的组合梁承载力分析[J]. 工程力学,2005(03):177-182.

[54] 薛建阳,成果,赵鸿铁,等. 钢-混凝土组合梁在负弯矩作用下抗剪性能的试验研究[J]. 建筑结构学报,2008(S1):83-87.

[55] 付果. 考虑界面滑移及掀起影响的钢-混凝土组合梁试验与理论研究[D]. 西安:西安建筑科技大学,2008.

[56] 张彦玲,李运生,樊健生,等. 钢-混凝土组合梁负弯矩区有效翼缘宽度的研究[J]. 工程力学,2010(02):178-185.

[57] 郑则群,房贞政,宗周红. 预应力钢-混凝土组合梁非线性有限元解法[J]. 哈尔滨工业大学学报,2004(02):218-222.

[58] 余志武,郭风琪. 部分预应力钢-混凝土连续组合梁负弯矩区裂缝宽度试验研究[J]. 建筑结构学报,2005,25(4):55-59.

[59] 聂建国,陶慕轩. 预应力钢-混凝土连续组合梁的变形分析[J]. 土木工程学报,2007(12):38-45.

[60] 许伟,王连广,朱浮声,等. 钢与高强混凝土组合梁变形性能试验研究[J]. 东北大学学报,2003(04):389-392.

[61] 聂建国,王洪全,谭英,等. 钢-高强混凝土组合梁的试验研究[J]. 建筑结构学报,2004(01):58-62.

[62] 聂建国,田春雨. 简支组合梁板体系有效宽度分析[J]. 土木工程学报,2005,38(2):8-12.

[63] 周东华,孙丽莉,樊江,等. 组合梁挠度计算的新方法-有效刚度法[J]. 西南交通大学学报,2011,46(4):541-546.

[64] Redwood R G,Cutcheon J O. Beam tests with unreinforced web openings[J]. Journal of the Structural Division,1968,12(5):46-54.

[65] Redwood R G,Shrivastava S. Design recommendations for steel beams with web holes[J]. Canadian Journal of Civil Engineering,1980,7(4):642-650.

[66] Cooper P B,Snell R R. Tests on beams with reinforced web openings[J]. Journal of the Structural Division,1972,98(3):611-632.

[67] Todd D M, Cooper PB. Strength of composite beams with web openings[J]. Journal of the Structural Division, 1980,106(ASCE 15179).

[68] Clawson W C,Darwin D. Tests of composite beams with web openings[J]. Journal of the Structural Division,1982,108(1):145-162.

[69] Clawson W C,Darwin D. Strength of composite beams at web openings[J]. Journal of the Structural Division,1982,108(3):623-641.

[70] Redwood R G,Poumbouras G. Tests of composite beams with web holes[J]. Canadian Journal of Civil Engineering,1983,10(4):713-721.

[71] Redwood R G,Pournbouras G. Analysis of composite beams with web openings[J]. Journal of Structural Engineering,1984,110(9):1949-1958.

[72] Donahey R C,Darwin D. Web openings in composite beams with ribbed slabs[J]. Journal of Structural Engineering,1988,114(3):518-534.

[73] Darwin D,Donahey R C. LRFD for composite beams with unreinforced web openings[J]. Journal of Structural Engineering,1988,114(3):535-552.

[74] Darwin D,Lucas W K. LRFD for steel and composite beams with web openings[J]. Journal of Structural Engineering,1990,116(6):1579-1593.

[75] Darwin D. Steel and composite beams with web openings:design of steel and composite beams

with web openings[M]. American Institute of Steel Construction,1990.

[76] Narayanan R,Al-Amery R I M,Roberts T M. Shear strength of composite plate girders with rectangular web cut-outs[J]. Journal of constructional steel research,1989,12(2):151-166.

[77] Roberts T,Al-Amery R. Shear strength of composite plate girders with web cutouts[J]. Journal of Structural Engineering,1991,117(7):1897-1910.

[78] Cho S H,Redwood R G. Slab behavior in composite beams at openings. Ⅰ:Analysis[J]. Journal of Structural Engineering,1992,118(9):2287-2303.

[79] Cho S H,Redwood R G. Slab behavior in composite beams at openings. Ⅱ:Tests and Verification[J]. Journal of Structural Engineering,1992,118(9):2304-2322.

[80] Fahmy E H. Analysis of composite beams with rectangular web openings[J]. Journal of Constructional Steel Research,1996,37(1):47-62.

[81] Darwin D. Design of composite beams with web openings[J]. Progress in Structural Engineering and Materials,2000,2(2):157-163.

[82] Chung K,Lawson R. Simplified design of composite beams with large web openings to Eurocode 4[J]. Journal of Constructional Steel Research,2001,57(2):135-164.

[83] Lawson R M,Hicks S J. Design of composite beams with large web openings[J]. The Steel Construction Institute,Publication No. SCI P355,2011,57:135-142.

[84] Park J,Kim C,Yang S. Ultimate strength of ribbed slab composite beams with web openings [J]. Journal of structural engineering,2003,129(6):810-817.

[85] Zhou D. Besonderheiten von Durchlaufverbundträgern mit Stegöffnungen[J]. Stahlbau, 2004,73(5):356-359.

[86] Chung K. Recent Advances in Design of Steel and Composite Beams with Web Openings[J]. Advances in Structural Engineering,2012,15(9):1521-1536.

[87] 周东华,赵惠敏,王明锋,等. 带腹板开洞组合梁的非线性计算[J]. 四川建筑科学研究,2004,30(2):21-24.

[88] 陈涛,李华,顾祥林. 负弯矩区腹板开洞钢-混凝土组合梁承载力试验研究与理论分析[J]. 建筑结构学报,2011,32(4):63-71.

[89] Chen T. Behavior of steel-concrete composite cantilever beams with web openings under negative moment[J]. international journal of steel structures,2011,11(1):39-49.

[90] 王鹏,周东华,王永慧. 腹板开洞钢-混凝土组合梁抗剪承载力试验研究[J]. 工程力学,2013,30(3):297-305.

[91] 王鹏,周东华,王永慧,等. 带加劲肋腹板开洞组合梁极限承载力理论研究[J]. 工程力学,2013,30(5):138-146.

[92] 李龙起,周东华,廖文远,等. 腹板开洞钢-混凝土连续组合梁塑性铰及内力重分布试验研究[J]. 工程力学,2015(11):123-131.

[93] 李龙起,周东华,廖文远,等. 腹板开洞钢-混凝土连续组合梁受剪性能试验研究[J]. 西南交通大学学报,2015(04):648-655.

[94] 薛建阳,成果,赵宏铁. 钢-混凝土组合梁在负弯矩作用下抗剪性能的试验研究[J]. 建筑结构学报:增刊,2008(S1):83-87.

[95] Porter D,Cherif Z. Ultimate shear strength of thin webbed steel and concrete composite girders[J]. Elsevier Applied Science Publishers,1987(7):55-64.

[96] 陈林. 钢-混凝土组合梁抗剪性能的试验研究[D]. 北京:清华大学,2001.

[97] 中华人民共和国住房和城乡建设部. GB 50017—2017 钢结构设计标准[S]. 北京:中国建筑工业出版社,2017.

[98] AISC-LRFD-1994. Load and resistance factor design specifications for structural steel buildings[M]. Chicago:American Institute of Steel Construction,1994.

[99] Eurocode 4. Design of composite steel and concrete structures,Part 1. 1:General rules and rules for buildings [M]. Brussels,Belgium:European Committee for Standardization(CEN),1994.

[100] GB/T 2975—2018 钢及钢产品力学性能试验取样位置及试样制备[S]. 北京:中国标准出版社,1998.

[101] GB 228—76 中华人民共和国国家标准金属拉力试验法[S]. 北京:中国标准出版社,1976.

[102] GB 6397—86 金属拉伸试样[S]. 北京:中国标准出版社,1986.

[103] 金属拉伸试验方法 GB 228—2002[S]. 北京:中国标准出版社,2002.

[104] GB/T 50081—2012 普通混凝土力学性能试验方法标准[S]. 北京:中国标准出版社,2003.

[105] 聂建国,陈林,肖岩. 钢-混凝土组合梁抗剪研究中的塑性分析方法[J]. 工程力学,2002,19(5):48-51.

[106] 聂建国,肖岩. 钢-混凝土组合梁正弯矩截面的组合抗剪性能[J]. 清华大学学报:自然科学版,2002,42(6):835-838.

[107] 王勖成,邵敏. 有限单元法基本原理和数值方法[M]. 北京:清华大学出版社,1985.

[108] 王新敏. ANSYS 工程结构数值分析[M]. 北京:人民交通出版社,2007.

[109] GB 50010—2010 混凝土结构设计规范[S]. 北京:中国建筑工业出版社,2010.

[110] Hognestad E,Hanson N W. Concrete stress distribution in ultimate strength design[J]. ACI Journal Proceedings,1995,52(4):455-479.

[111] Liang Q Q, Uy B, Bradford M A, et al. Strength analysis of steel-concrete composite beams in combined bending and shear[J]. Journal of Structural Engineering, 2005, 131(10): 1593-1600.

[112] 陈惠发. 土木工程材料的本构方程:第二卷 塑性与建模[M]. 余天庆,王勋文,等,译. 武汉:华中科技大学出版社,2009.

[113] Johnson R P, Molenstra N. Partial shear connection in composite beams in building[J]. Proc. Inst. Civ. Engrs, part 2, 1991(91): 679-704.

[114] Aribert J M, Labib A G. Modele de calcul elasto-plastique de poutres mixtes a connexion partielle[J]. Constr. Metallique, 1982(4): 3-51.

[115] 聂建国,李勇. 钢-混凝土组合梁刚度的研究[J]. 清华大学学报:自然科学版,1998,38(10):38-41.

[116] Fabbrocino G, Manfredi G, Cosenza E. Analysis of continuous composite beams including partial interaction and bond[J]. Journal of Structural Engineering, 2000, 126(11): 1288-1294.

[117] 聂建国. 钢-混凝土组合梁结构:试验、理论与应用[M]. 北京:科学出版社,2005.

[118] ASCE Task Committee on Design criteria for composite structures in steel and concrete[S]. Commentary on proposed specification for structural steel beams with web openings. Joumal of Structural Engineering, 1992, 118(12): 3325-3349.

[119] Zhou D. Ein Rechenverfahren von Verbundträgern mit Stegöffnungen-Teil 2[J]. Stahlbau, 2003, 72(10): 744-747.